TRABA LHA BILI DADE

A necessidade da AGILIDADE

Livro 2

TRABALHABILIDADE

A necessidade da AGILIDADE

Design de capa, projeto gráfico e diagramação: Bruno Ortega

Dados Internacionais de Catalogação na Publicação (CIP)
(Câmara Brasileira do Livro, SP, Brasil)

Mirshawka, Victor
Trabalhabilidade : a necessidade da agilidade / Victor Mirshawka. -- 1. ed. -- São Paulo : DVS Editora, 2022.

ISBN 978-65-5695-071-6

1. Carreira profissional - Desenvolvimento 2. Desenvolvimento pessoal 3. Desenvolvimento profissional 4. Empreendedorismo 5. Mudança - Planejamento 6. Tecnologia - Aspectos sociais I. Título.

22-133258 CDD-306.3

Índices para catálogo sistemático:

1. Trabalho : Aspectos sociais 306.3

Aline Graziele Benitez - Bibliotecária - CRB-1/3129

***Nota:** Muito cuidado e técnica foram empregados na edição deste livro. No entanto, não estamos livres de pequenos erros de digitação, problemas na impressão ou de uma dúvida conceitual. Para qualquer uma dessas hipóteses solicitamos a comunicação ao nosso serviço de atendimento através do e-mail: atendimento@dvseditora.com.br. Só assim poderemos ajudar a esclarecer suas dúvidas.*

TRABALHABILIDADE

A necessidade da AGILIDADE

Livro 2

Victor Mirshawka

DVS EDITORA

www.dvseditora.com.br
São Paulo, 2022

ÍNDICE

INTRODUÇÃO

A minha intenção ao escrever esses três livros foi a de analisar ao máximo o conceito de trabalhabilidade, isto é, a capacidade de uma pessoa gerar renda para si a partir de seus talentos e por toda a vida.

Trabalhabilidade é quando uma pessoa se preocupa com o trabalho que ela pode desenvolver e o veja como algo além do emprego.

A trabalhabilidade está num patamar superior ao da empregabilidade a qual está mais atrelada à capacidade de ter uma boa colocação durante a sua carreira profissional.

Ou seja, ao se preocupar com a empregabilidade – que continua sendo muito importante – abordam-se especialmente os conhecimentos técnicos e comportamentais exigidos pelo mercado de trabalho para que uma pessoa consiga se manter em um emprego formal e desenvolva a sua carreira a partir dessa perspectiva.

Não é segredo para ninguém, que a forma de trabalhar hoje em dia não é a mesma de há 10 anos, e praticamente nem se compara com o que era feito 20 anos atrás, pois muita tecnologia foi incorporada e aconteceram significativas transformações digitais em todas as áreas.

Justamente para que as pessoas aprendam a desenvolver a sua trabalhabilidade que decidi escrever esses três livros.

1) Trabalhabilidade: A Obrigatoriedade da Adaptação.

2) Trabalhabilidade: A Necessidade da Agilidade.

3) Trabalhabilidade: A Essencialidade do Aperfeiçoamento.

De forma resumida, pode-se afirmar que para alcançar um elevado patamar de trabalhabilidade é vital saber **adaptar-se** (o que implica em ter conhecimento), **agilizar-se** (o que impõe em ser mais flexível e não ter medo de fazer algo de maneira diferente) e **aperfeiçoar-se** (o que obriga a investir continuamente na melhoria da sua educação).

São esses três verbos que começam com A – os **3As** – que serão enfatizados e detalhados para que façam parte das ações e das atitudes das pessoas no seu dia a dia.

No livro 1 – ***Trabalhabilidade: A Obrigatoriedade da Adaptação*** –, que consta de oito capítulos começa-se discutindo as condições que passaram a preponderar no século XXI, as megatendências que prevaleceram e influenciaram a sociedade, especialmente no que se refere ao trabalho.

Desde o início do século XXI aconteceram alterações significativas caracterizadas pelos **6Cs** – **contratação temporária**, **conectividade**, **colaboração**, **compartilhamento**, **construção individual** (cultura *maker*), **criatividade** (com um impulso significativo da economia criativa).

Sem dúvida, aí tornou-se também indispensável discutir como se incrementa a **empregabilidade** e se desenvolve a **trabalhabilidade** de uma pessoa, quando o foco dela não está mais apenas na conquista de um emprego, mas na própria capacidade de gerar trabalho e renda.

Entre as grandes atribulações que as pessoas precisaram enfrentar e se adaptar estão o cenário criado pelo **mundo VICA** (com muita volatilidade, incerteza, complexidade e ambiguidade), acomodar-se o mais rápido possível as exigências e as alterações que foram sendo introduzidas pela **4ª Revolução Industrial** (particularmente a automação, a Internet das Coisas e a inteligência artificial), sobreviver as turbulências do **mundo FANI** (frágil, ansioso, não linear e incompreensível) e acostumar-se com os **novíssimos normais** (decorrentes do isolamento provocado pela pandemia do novo coronavírus entre os quais a telemedicina, educação remota, entretenimento virtual, compras pela Internet etc.)

As **transformações digitais** - que podem ser definidas como sendo um fenômeno no qual se incorporou o usa da tecnologia digital para promover soluções de problemas tradicionais – modificaram os paradigmas de utilização da tecnologia em muitas áreas como na comunicação global, educação, medicina, artes e especialmente no mercado de trabalho no qual muitos postos de trabalho desapareceram e continuam sendo eliminados!?!?

E isso suscitou a necessidade de se envolver com o **futurismo** para "tentar acertar" sobre qual ocupação ou profissão uma pessoa deveria ter, se preparar ou pelo menos se adaptar adequadamente, para o que exige o mercado de trabalho.

Claro que entre as principais competências do profissional do futuro estão os 3As – **adaptabilidade**, **agilidade** e **aperfeiçoamento** – que devem ser incrementadas continuamente!!!

Se a adaptação é um processo pelo qual os seres humanos (e outros seres vivos) desenvolvem características que os ajudam a sobreviver no seu meio, nesse livro, sem dúvida o principal objetivo é ensinar como **adaptar-se** para ter um trabalho que lhe garanta uma renda, suficiente para pelo menos viver!!!

No livro 2 – *Trabalhabilidade: A Necessidade da Agilidade* –, procurou-se destacar que a trabalhabilidade é tida por muitos especialistas como o futuro da vida profissional.

Isto porque ela abrange características que se tornaram indispensáveis para qualquer trabalho, ou seja, a agilidade e a flexibilidade na maneira como se estabelecem as relações de trabalho - como é o caso da colaboração voluntária, a criação de *startups* (empresas iniciantes com caráter escalável, disruptivo e repetível).

É claro que se tornou necessário descrever como se pode tornar **empreendedor**, bem como salientar as vantagens de se empreender assim como ressaltar as dificuldades que se deve superar ou enfrentar no empreendedorismo.

No mundo hoje existem muitos exemplos nos quais se pode inspirar para se desenvolver no empreendedorismo, especificamente comparecendo a eventos espetaculares organizados em diversas partes do planeta, inclusive em cidades do Brasil, para conhecer ideias incríveis para novos negócios.

É o conceito de trabalhabilidade que estimula que cada pessoa desenvolva o seu potencial voltando-se para competências específicas como **pensamento criativo**, **criatividade**, **solução de problemas**, **inovação** etc.

Dedicou-se a esses temas uma boa parte do livro 2, isto é, para conceituar como o pensamento (tanto o indutivo como o dedutivo) se desenvolve no cérebro das pessoas, possibilitando-lhes a criação de **modelos mentais** com os quais elas procuram simplificar a realidade que encontram a sua frente.

É o modelo mental que nos possibilita ter uma abstração do presente e estabelecer uma base para construir o futuro!!!

Entre os exemplos de modelos mentais estão os **conceitos**, os **estereótipos**, as **ideias**, os **paradigmas**, os **paradoxos** etc.

Um conceito é um modelo mental formado por meio da integração mental de diversos elementos.

Um estereótipo é um conceito ou imagem preconcebida, padronizada ou generalizada estabelecida pelo senso comum, sem um conhecimento profundo, sobre algo ou alguém.

Ideia é o primeiro e mais óbvio dos atos de percepção, podendo ser uma imagem ou representação mental de um objeto.

Por sua vez paradigma é fazer algo diferente do que vinha sendo feito, como por exemplo a substituição do trabalho feito por um ser humano colocando aí um robô, o que ameaça seriamente a sobrevivência das pessoas.

O norte-americano Joel Arthur Barker, pesquisador independente e futurista, que popularizou o conceito de mudança de paradigmas, tornando-se inclusive conhecido como o **"homem do paradigma"** disse:

"As pessoas (e, também, as empresas) não se adaptam facilmente às mudanças de paradigmas, pois se sentem presas à segurança e estabilidade dos paradigmas atuais e temem ou relutam muito em alterar seus comportamentos através da aquisição de outros padrões que rompem os vigentes."

Claro que as pessoas que não se agilizam e rompem com os paradigmas antigos, assumem no mínimo uma atitude paradoxal, como se não houvesse um adequado modelo mental para se ajustar, por exemplo, à época em que vivemos sob o impacto de transformações digitais devastadoras que todos, de alguma forma devem introduzir!!!

Naturalmente o que se espera por exemplo de um empreendedor para que ele tenha sucesso é que seja criativo e inventivo, o que significa que deve ter conhecimentos razoavelmente bons sobre a criatividade e a inovação (que é a invenção que se transformou em um sucesso).

A criatividade é a aptidão que a pessoa tem para mudar a sua percepção da realidade, criando novos modelos mentais.

Para se tornar criativo é necessário ser criterioso, saber usar bem o julgamento, especialmente ao se deparar com os pensamentos convergente e divergente, lidar bem com as dúvidas (especialmente saber quando abandonar uma modelo mental), não se assustar com as restrições, pois só assim vai se poder chegar à inovação (quando se consegue mudar alguma realidade...).

São os criativos que convivem frequentemente com os **momentos caramba** – quando de repente percebem que alguns dos seus modelos mentais estão "fora de moda", isto é, obsoletos, e por isso precisam ser abandonados –, e os **momentos eureka!**, quando inopinadamente descobrem uma nova maneira de ir para frente, de progredir com algo inovador.

É possível ter inovação sem criatividade (!?!?) basta por exemplo copiar ou "**imovar**" (imitar uma inovação) uma ideia, e desenvolvê-la e colocar no mercado um produto ou serviço mais **agilmente** que o inovador pioneiro.

Não é nada ruim fazer isso, aliás inspirando-se nas boas ideias dos outros podemos ter muito sucesso também!!!

Naturalmente continua valendo, porém, que o primeiro a chegar a uma inovação tem uma probabilidade bem grande de ser bem-sucedido nos negócios atrelados a ela.

Exemplos incríveis na prática de criatividade são as *startups* que surgiram sempre com a condição de se aproveitarem de ideias disruptivas, que lhes permitiram um **crescimento exponencial**!!!

A comprovação disso é que até o final de 2021, tínhamos 26 *startups* brasileiras, que chegaram de maneira relativamente rápida à categoria de **unicórnio** (com valor de mercado superior a US$ 1 bilhão), e que de fato atenderam a demanda que existia no mercado de forma atraente e inédita.

Aliás, uma grande vitrine da trabalhabilidade são todas as *startups* – naturalmente as que são unicórnios constituem exemplos espetaculares -de como as pessoas podem criar trabalho para si (e, também para muitas pessoas que empregam...).

As histórias dos empreendedores que chegaram ao sucesso são, porém, repletas de "**tropeções**" quando eles cometeram falhas, inclusive chegaram a grandes fracassos.

De saída é bom lembrar que o único lugar que o sucesso vem antes do trabalho é no dicionário.

O segredo para se chegar ao sucesso é manter a **constância de propósito**, ou seja, que se pode chegar a ele, passando inclusive de fracasso em fracasso, sem, entretanto, perder o entusiasmo para chegar ao objetivo almejado, aprendendo com eles lições inesquecíveis, isto é, que não se repetirão jamais daí para frente!!!

Há quem diga, exagerando bastante, que o sucesso é construído de **99% de fracassos**.

No penúltimo capítulo do livro – o sétimo – comenta-se que depois de muito trabalho, de árdua dedicação, de sobreviver a despontamentos, quando chegam ao sucesso, alguns empreendedores se enebriam com o mesmo a ponto de ficarem descuidados, deixando de ser ágeis nas necessárias e contínuas adaptações que o mercado exige de suas empresas e assim acabam definhando, declinando e até indo para a falência!!!

Pois bem, você caro(a) leitor(a) deve ficar bem atento(a) para esses alertas para que isso não lhe aconteça, **viu?**

No livro 3 – *Trabalhabilidade: A Essencialidade do Aperfeiçoamento* – inicialmente discute-se a importância do **aperfeiçoamento** (ou aprimoramento) para que uma pessoa possa desenvolver as necessárias competências que não poderão ser dos robôs para substituir os seres humanos, pelo menos nos próximos anos...

Claro que isso tem tudo a ver com as principais fases do ciclo de vida de uma pessoa que são: **nascer**, **educar**, **trabalhar**, **amar**, **viajar**, **legar**!!!

É durante a fase nascer que se pode identificar se uma pessoa tem os dons inatos que devem ser aprimorados, bem como talentos que podem (e devem...) ser desenvolvidos através do aprendizado.

Naturalmente é vital saber educar-se e mais especificamente estudar sempre, o que deverá ser feito ao longo de toda a vida da pessoa.

Em outras palavras toda pessoa deve aceitar que agora o aprendizado é para sempre (*lifelong learning*), devendo ser bem orientado para que isto possibilite alcançar a trabalhabilidade (empregabilidade) para as muitas décadas da sua vida, quando ela vai amar, viajar e deixar um legado!!!

Ninguém mais pode considerar que está definitivamente formado em algo!!!

Hoje vivemos numa dúvida se devemos ter uma **especialidade** ou sermos **generalistas**, por isso procurou-se no texto dar algumas orientações de como se deve fazer as escolhas...

O que é preferível dedicar-se mais as *soft skills* ("aptidões socioemocionais") os as *hard skills* ("habilidades técnicas")?

Entre as *soft skills* temos: inteligência emocional, espírito de equipe, empatia, resiliência, pensamento criativo etc.

Já algumas *hard skills* importantes, isto é, competências técnicas são: raciocínio analítico, inteligência artificial, conhecimento de línguas, gestão de projetos, computação em nuvem, manuseio de ferramentas etc.

Claro que as *hard skills* são quantificáveis e bem concretas, enquanto as *soft skills* são mais subjetivas e difíceis de mensurar.

Mas ambas são fundamentais para os profissionais em diversas áreas de atuação!!!

Obviamente quem for uma pessoa talentosa e souber ir se aprimorando corretamente ao longo da vida acabara acumulando ao menos um dos seguintes tipos de capital social: o **intelectual**, o **econômico**, o **social** e o **erótico**, o que naturalmente deixará essa pessoa orgulhosa, entusiasmada e feliz.

Para se tornar um profissional que tenha uma grande trabalhabilidade é importante que ele construa uma **marca pessoal** admirada.

A marca pessoal (*personal branding*) é a percepção que alguém tem sobre você, resultado de como o seu "eu" está representado na mente de outras pessoas.

Toda pessoa que consegue estabelecer uma marca pessoal atraente graças ao seu talento e o seu capital intelectual, acaba facilmente criando um grande capital social valendo-se das redes sociais (e posteriormente isso lhe traz também um capital econômico), com o que ela adquire uma profissão nova, passando a ser chamado(a) de **influenciador(a)**.

Quem continuamente for se aperfeiçoando, agilizando e adaptando, no fundo está seguindo um roteiro que permitirá no mínimo desenvolver bem a sua carreira, aliás como se fosse um *Supereight*, isto é, um reputado profissional ou mentor (*coach*) que usa o método sequencial e repetitivo dos **8Is**, ou seja: **iniciativa**, **informação**, **ideias**, **inovação**, **insistência**, **integração**, **implementação** e **introspecção**, girando sem parar essa "**roda da melhoria**".

Aliás a técnica dos 8Is não é nada mais do que uma expansão do modelo PDCA [*plan* (planeje), *do* (faça) *check* (verifique) e *act* (aja)] que foi popularizado pelo guru norte-americano William Edwards Deming (1900-1993) para se desenvolver melhorias na produtividade e qualidade das empresas.

Finaliza-se o livro, destacando que a chave para a manutenção do sucesso tanto pessoal como profissional é privilegiar sempre os comportamentos ou atitudes caracterizadas pelas palavras que constituem o acrônimo **PREVALECER**, ou seja: **paixão**, **realismo**, **ética**, **visão**, **atitudinal**, **liderança**, **entusiasmo**, **coragem**, **empatia** e **racional**.

Espero que depois de ler com atenção esses três livros, você prezado (a) leitor (a) considere-se com justiça e mérito um integrante da Associação dos Antenados Admirados (AAA).

Note que isso só é possível pois você é um 3A – privilegia a **adaptação**, a **agilidade** e o **aperfeiçoamento**.

Em muitos casos dizer que algo é 3A significa que se alcançou um patamar invejável, ou seja, o "título" 3A indica que se está entre os melhores, os de maior competência.

Isto é o que acontece com o conceito de *triple* A no mercado imobiliário quando se quer referir ao que há de melhor na categoria de empreendimentos, quanto ao nível máximo de qualidade, padrão de construção e tecnologia existente nos sistemas prediais.

Na indústria de *videogames* a classificação 3A é utilizada para os jogos com os maiores orçamentos e níveis de promoção.

De qualquer forma para mim quem for 3A é uma pessoa que busca constantemente se adaptar, agilizar e aperfeiçoar. Esse ser humano merece também ser encarado como sendo alguém **atento**, **atraente** e **agradável**, não ficando abalado pela **aflição** do que fez de errado no passado, pela **angústia**, que é um sofrimento ligado ao presente e nem pela **agonia** (ou ansiedade) provocada pelo temor em relação ao futuro!!!

É oportuno aqui repetir uma parte do lindíssimo poema *O Tempo*, de Carlos Drummond de Andrade (1902 - 1987): "Quem teve a ideia de cortar o tempo em fatias, a que se deu o nome de ano, foi um indivíduo genial.

Industrializou a esperança, fazendo-a funcionar no limite da exaustão. Doze meses dão para qualquer ser humano se cansar e entregar os pontos.

Aí entra o milagre da renovação e tudo começa outra vez, com outro número e outra vontade de acreditar que daqui para adiante vai ser diferente."

Assim, após a leitura desses três livros, que eu levei um ano para escrever e publicar e acredito que você estimado (a) leitor (a) conseguiu ler em não mais que três semanas, espero que as ideias e conhecimentos que assimilou o (a) tornem um (a) profissional **super 3A!!!**

Inspire-se nas diversas sugestões destacadas nos livros para orientar de forma exitosa sua carreira profissional e sua vida pessoal, voltada sempre para um **propósito** que lhe permita deixar um grande **legado** para os que conviveram contigo e os que virão depois.

Essa é a nova etapa de vida que lhe desejo, viu!

Victor Mirshawka

CAPÍTULO 1

A IMPORTÂNCIA DA AGILIDADE

De acordo com o dicionário *Michaelis*, o adjetivo "**ágil**" qualifica um indivíduo como alguém de **raciocínio rápido**; **desembaraçado**, **ligeiro** e **perspicaz**; **eficiente**. Assim, pode-se entender **agilidade** como a capacidade de executar movimentos **ligeiros** e **rápidos**, como as mudanças efetivadas nos rumos adotados; como a **destreza** de fazer algo de forma **veloz**. Ser ágil é **saber adaptar-se prontamente** às mudanças que acontecem!!!

MAS O QUE SIGNIFICA SER VELOZ?

Mais uma vez de acordo com o *Michaelis*, o vocábulo **veloz** representa aquilo que **se desloca muito depressa**; que é **rápido** e **ligeiro**. É possível concluir que velocidade é uma consequência da **eficiência** trazida pela agilidade de uma pessoa, seja na sua vida profissional ou privada, como também a demonstrada pelas estratégias desenvolvidas por uma empresa.

Vivemos numa **sociedade digital** na qual a informação se movimenta em velocidade espantosa. Tudo acontece à mercê de um clique e, por conta disso, a **lentidão** já não é mais aceita... Porém, **rapidez** não deve ser confundida com **pressa** (!?!?), uma vez que são conceitos bem distintos. É óbvio que nessa era digital é importante ser rápido, mas isso não significa estar ansioso. Tudo deve ser feito no tempo certo, sem precipitações.

É preciso ser **ágil** na identificação dos problemas e na implementação das mudanças necessárias, encarando-as com maturidade, dando-lhes a devida atenção para as reações provocadas e ao momento certo de tomar decisões. Portanto, a pressa não é uma atitude positiva no trabalho, como, aliás, já diz a sabedoria popular: "**A pressa passa, mas o erro permanece.**"

É relativamente simples perceber a diferença entre **pressa** e **agilidade**, bastando para isso observar onde está o centro de comando do indivíduo e como está seu autocontrole. Caso a pessoa seja comandada de fora para dentro, ela normalmente reagirá de forma **pouco racional** às pressões externas do mundo turbulento em que vivemos. Por outro lado, se o comando vier de dentro para fora, ela conseguirá se manter sempre no ritmo adequado e reagir de forma proativa a eventos externos. Se alguém for **ansioso**, sua correria em executar o trabalho indicará estresse, porém, se for **ágil**, ela demonstrará autocontrole emocional e reagirá a partir de comandos cerebrais adequados.

Dá para entender o que é flexibilidade?
Você consegue entender assim o que significa **flexibilidade**?

Outra forma de compreender a diferença entre **velocidade** e **agilidade** é observar que a primeira visa definir que alguém é **rápido em fazer algo**; a segunda a **habilidade** para **fazer alguma coisa**. A agilidade tem tudo a ver com possuir o poder de **adaptabilidade** e **flexibilidade**. Lamentavelmente, nos dias de hoje muitas pessoas ainda confundem **agilidade** com **senso de urgência**. Isso decorre dos desafios enfrentados pelas empresas por conta das transformações digitais, que fazem com que elas cada vez mais "abracem" a velocidade como melhor alternativa...

Outra maneira simples para entender o conceito de agilidade está na declaração: "Feito é melhor que perfeito, mas isso não justifica defeito. Não use a sua agilidade para fazer serviço mal feito." Isso significa que não devemos ter pressa, mas também não devemos perder tempo. A agilidade começa na competência, passa pela boa execução e termina no resultado. Isso é ser ágil.

O famoso filósofo e matemático britânico Bertrand Russell (1872-1970), considerado um profeta da vida racional e da criatividade, disse: "Com um pouco de **agilidade mental** e algumas leituras em segunda mão, qualquer ser humano encontra as provas daquilo em que deseja acreditar..."

Com essa frase Bertrand Russell certamente quis enfatizar que o **bem-estar mental** almejado por uma pessoa depende de sua incrível agilidade para pensar, seguindo obviamente alguns princípios lógicos. E de fato as pessoas deveriam ter como um de seus principais objetivos manter sua **agilidade emocional**, para poder dessa forma preservar sempre viva a sensação de desafio e oportunidade para tudo que for encontrando em sua vida.

Aliás, Susan David, psicóloga e professora da Harvard Medical School (EUA), autora do livro *Agilidade Emocional: Abra sua Mente, Aceite as Mudanças e Prospere no Trabalho e na Vida*, durante o evento *HSM Leadership Summit 2015* (realizado em São Paulo), afirmou: "A agilidade emocional é essencial para termos sucesso em todos os aspectos da nossa vida. E para se ter **agilidade organizacional** isso obviamente demanda **agilidade emocional**.

A agilidade emocional não consiste apenas em eliminar seus pensamentos ruins e emoções negativas, mas os padrões inúteis, cultivando hábitos e comportamentos que trazem à tona **o que há de melhor em você**!!! Nunca se esqueça, porém, que a beleza da vida é inseparável de sua fragilidade!!!"

OBSERVAÇÃO IMPORTANTE (OI)

Na condução dos seus negócios, e especialmente de sua carreira, o único medo que você deve ter é o **medo de ter medo**! É preciso, porém, estar ciente de que nem tudo o que irá enfrentar pode ser modificado, e estar convicto de que nada pode ser modificado até que seja enfrentado agora e com muita agilidade!!!

Entretanto, não se afobe demais, pois o futuro sempre chega a uma velocidade de 60 minutos por hora!!! Mas quando a ordem natural das coisas estiver mudando, você necessariamente deve se adaptar de forma ágil a essas alterações, e assim garantir sua **trabalhabilidade / empregabilidade**!!!!

VOCÊ JÁ EXPERIMENTOU ACREDITAR EM SI MESMO?

Pois é, tente seguir por esse caminho e logo perceberá que não faz ideia do que – nem do quanto – é **realmente capaz**! E para descobrir um pouco dessa sua capacidade, a sugestão é refletir um pouco sobre as **8 ideias básicas** descritas por Susan David no livro mencionado anteriormente:

1ª) Sentir-se à vontade.

2ª) Agir conforme seus valores.

3ª) Aceitar o desconforto.

4ª) Encarar as emoções difíceis.

5ª) Perguntar-se: "Qual é a minha função?".

6ª) Não falsificar suas emoções.

7ª) Ouvir a pulsão do "Por quê?".

8ª) Rotular suas emoções.

Na 3ª década do século XXI a agilidade (e a flexibilidade) serão cada vez mais demandadas, até porque, como explicado por Kevin Fann, vivemos na **era da agilidade**. Em seu livro *Growing Up Fast: How New Agile Practices Can Move Marketing and Innovation Past the Old Business Stalemates* (*Crescendo Rápido: Como os Novos Métodos Ágeis Podem Impulsionar o*

Marketing e a Inovação para Suplantar os Antigos Impasses nos Negócios, em tradução livre), escrito em coautoria com Jascha Kaykas-Wolff e Sean Martinez, destacou-se que antes dessa era tivemos três importantes predecessoras!!!

- **Era da eficiência** (1880-1940) – Durante a qual focou-se em engenharia de processos, na mecanização e nas linhas de produção.
- **Era do social** (1940-1980) – Período em que ocorreu grande prosperidade (logo depois do término da 2ª Guerra Mundial, em 1945), quando os negócios foram se transformando em um mecanismo coletivo, com o que consolidaram-se várias reformas sociais.
- **Era do acionista** (1980-2010) – Teve início com a desregulação econômica, quando as empresas se afastaram um pouco das preocupações sociais e privilegiaram a especialização profissional. Surgiu aí uma grande disparidade entre os salários pagos aos profissionais mais demandados (!?!?) em comparação àqueles pagos aos menos preparados.

Pode-se dizer que a partir de 2010 chegou-se a **era da agilidade**, quando qualquer empresa, em especial uma *startup* (da empresa recém-criada), percebeu que para ter sucesso devia criar ambientes, redes, equipes, metodologias e práticas que ampliem o uso do **pensamento criativo**, capaz de levar a **inovações** de forma sistemática.

Isso, aliás, é algo **paradoxal**, pelo menos à primeira vista. Uma **inovação** não se desenvolve facilmente com abordagens sistemáticas, uma vez que estas raramente conduzem a novas práticas!?!?

Assim, na era da agilidade a prioridade nas empresas passou a ser sua capacidade de ter lideranças competentes, capazes de implementar nelas a **cultura da inovação**.

Isso significa que esses líderes-gestores deviam praticar uma **administração ágil**, ou seja, aquela que acontece quando os principais executivos da organização procuram desenvolver nela – e de forma concreta – o **uso da criatividade**, valorizem a **intuição humana**, para além dos cálculos analíticos e de muita racionalidade, embora de alguma forma as diversas ações executadas continuem sendo guiadas pela lógica!!!

Na era da agilidade, os gestores precisam obter de forma imediata respostas convincentes para perguntas embaraçosas, do tipo:

- Como se adaptar às mudanças ambientais?
- Como é possível enfrentar dificuldades, como as existentes nos mundos VICA e FANI, e lidar com as NNs?
- Como se pode maximizar o lucro num mundo em que não se sabe qual é a melhor forma de administrar os negócios e fazer as coisas?

Naturalmente, a preocupação com a agilidade se manifestou há muitas décadas. Pode-se dizer que um método ágil que permitiu incrementar a produtividade foi o *Kanban* (palavra japonesa para "**cartão**" ou "**sinalização**") que foi criado em 1953 pelo engenheiro japonês Taiichi Ohno, diretor da Toyota.

Ohno teve a ideia para o *Kanban* durante uma visita aos EUA, onde observou que nos supermercados locais as mercadorias eram recolocadas nas prateleiras rapidamente a partir do momento em que elas eram retiradas pelos compradores!!! Naquele momento ele teve a "**grande sacada**": seu "sistema puxado", em que novos produtos eram repostos pelo estoquista assim que os da prateleira eram adquiridos, que acabaria se tornando a base da filosofia de gerenciamento da fabricação "***just in time***".

A expressão "*just in time*", cujo significado é "**no momento certo**", é um sistema desenvolvido com o objetivo de produzir a quantidade exata de um produto, conforme sua demanda (sem a manutenção de estoques), e de forma rápida, disponibilizando-o em seu destino no momento adequado. É por isso que tem esse nome!!!

A chamada produção *just in time* foi seriamente abalada nos anos mais agudos da pandemia causada pelo *Covid-19*, quando se tornou extremamente difícil para as empresas que a adotaram não ter praticamente estoques, isto é, eles serem bem reduzidos. Isso aconteceu inclusive na própria Toyota, que parou de receber *chips*, o que interrompeu as atividades na montadora!!!

Muito tempo depois, em 2010, David J. Anderson criou o **método *Kanban***, que utilizava uma adaptação do sistema de desenvolvimento de *softwares* (que será analisado mais adiante...), combinando um *lean mindset* ("**mentalidade enxuta**") com a teoria das restrições, e transformando-o numa abordagem enxuta para o ágil desenvolvimento de *software*.

Mais detalhes sobre o que foi proposto por David J. Anderson podem ser encontrados no livro de sua autoria, intitulado *Kanban: Mudança Evolucionária de Sucesso para seu Negócio de Tecnologia*, no qual ele explicou de que modo o *Kanban* pode ser implementado pelas equipes dentro dos processos atuais para se tornarem mais ágeis.

Não há dúvida de que atualmente é preciso recorrer a métodos ágeis, que surgiram como uma alternativa para o gerenciamento de projetos, quando revisões e adaptações frequentes se fazem necessárias. No trabalho ágil busca-se aproveitar ao máximo cada minuto do dia, concentrando-se nas prioridades.

Para ser ágil no trabalho é vital que uma pessoa tenha os seguintes hábitos:

1º) **Planejar seu dia, definindo prioridades** – Essa atitude é fundamental para que todas as tarefas sejam executadas e de forma satisfatória. Nesse sentido é útil fazer uma lista de controle (*checklist*), destacando as atividades de maior valor, ou seja, as **mais essenciais**.

2º) **Ser flexível e adaptável** – Um comportamento vital para quem quer desenvolver agilidade no seu trabalho é ser **flexível**. De fato, a flexibilidade é imprescindível para se poder reconhecer as mudanças que estão acontecendo, e como se adaptar a elas.

3º) **Não procrastinar** – Durante um dia de trabalho sempre surgem algumas tarefas desagradáveis para serem realizadas, mas você não deve postergá-las ou adiá-las. Ao contrário, comece logo a executá-las, pois assim ficará menos ansioso e poderá dedicar-se com mais tranquilidade às que lhe dão mais prazer.

4º) **Controlar o tempo gasto nas tarefas** – Para ser mais ágil no trabalho é fundamental encarar tudo o que deve ser executado, não deixando que certas tarefas se acumulem. Para que isso não aconteça, é primordial planejar o tempo para realizá-las, não permitindo que se tenha trabalho em excesso em cada dia.

5º) **Colaborar mais e rivalizar menos** – Isso é fundamental, especialmente quando se trabalha em equipe. Quem alertou muito para isso foi o Michael Jordan, considerado por muitos como o melhor jogador de basquete do mundo (pelo menos até agora...). E ele se destacou não somente pelas incríveis cestas que marcou, mas pelos muitos passes precisos que permitiram que seus companheiros também convertessem pontos para a equipe!!! É dessa maneira que se consegue uma equipe ágil.

6º) **Fazer pequenas pausas** – É importante realizar pequenos intervalos entre as atividades durante o período de trabalho, pois isso permite que os funcionários partam para a próxima tarefa mais bem dispostos.

A **agilidade** está de fato muito ligada a **adaptabilidade** (há quem ache inclusive que os temos funcionem como sinônimos...), pois é uma característica muito importante para saber se acomodar e sobreviver em um ambiente de incertezas e ansiedades em que estamos vivendo agora. Mas sem dúvida o termo **agilidade** ganhou muita popularidade no ambiente de desenvolvimento de *software*, no qual se adotou a **metodologia ágil *Scrum***!!!

O QUE É *SCRUM*?

Trata-se de um conjunto de boas práticas empregado no gerenciamento dos projetos complexos nos quais não se conhecem todas as etapas ou suas necessidades!?!? Essa metodologia é baseada nas principais técnicas ágeis, tendo como objetivo reduzir o tempo de entrega dos produtos e se adaptar as mudanças com a maior facilidade durante as etapas produtivas.

Scrum foi idealizado por vários programadores de *software* – entre os quais Robert Cecil Martin, Mike Beedle, Ken Schwaber, Jeff Sutherland – que formularam o *Manifesto Ágil*, ou seja, o *Manifesto para o Desenvolvimento de Software*, que é fundamentado em 12 princípios.

BRILHE 1

Você sabia que existe um documento chamado *Manifesto dos Humoristas*?

Bem, passar um dia ou outro mal-humorado é **inevitável**, afinal, quem nunca se irrita com reuniões estressantes no trabalho ou com os enormes congestionamentos pela cidade. Porém, levantar-se com o pé esquerdo (se não for o dominante...) todos os dias pode ser um transtorno psicológico chamado de **distimia**, uma condição que se tornou muito comum entre os brasileiros imersos nos mundos VICA e FANI, abalados pela pandemia do *Covid-19*. Acredita-se que esse transtorno atinja cerca d **6%** da nossa população!!! Obviamente existem outras causas bem comuns para o mau humor constante, como os **distúrbios de tireoide** (tanto o hipotireoidismo quanto o hipertireoidismo), a **insônia**, as **dietas restritivas** etc.

A distimia, entretanto, pode ser classificada como uma **depressão leve e crônica** (com duração superior a dois anos), provocada por algum componente genético ou ambiental, como um trauma na infância. O distímico é **pessimista**, **vive reclamando** e está **sempre insatisfeito**!!!

Uma vez que o distímico consegue executar, mesmo que de forma precária, suas tarefas rotineiras, esse seu distúrbio pode ser confundido como um traço da personalidade (como **mau humor**), ou seja, algo intrínseco à sua natureza. Infelizmente o distímico parece enxergar o mundo através de lentes negras!?!? Ele parece **não perceber** os eventos positivos, **supervalorizando apenas os negativos**.

Para o tratamento da distimia recorre-se aos antidepressivos, mas o mais recomendável é ingerir os chamados "**alimentos da alegria**", em especial o aminoácido **triptofano** (matéria-prima da serotonina e da melatonina). O triptofano é encontrado na **banana**, nos **laticínios** e nas **carnes brancas**. É recomendável também comer mais frutas, nozes e vegetais de cor verde escura, **viu?**

Cuidadoso(a) leitor(a), mesmo não sofrendo de distimia, e sempre que estiver de mau humor pelos mais variados motivos, procure não apenas comer os "alimentos da alegria", mas alimentar o seu cérebro com pensamentos "**pinçantes**", que despertem na sua mente o **entusiasmo**, a **emoção** e o **encantamento**, levando ao estado de alegria e felicidade.

No livro 1 foram citadas várias profissões do futuro, e agora é preciso ressaltar que algumas antigas permanecerão valorizadas, como é o caso do **humorista** (apesar que hoje em dia utilizando nossos *smartphones* também é possível encontrar muita coisa engraçada...), pois os seres humanos querem ver os gestos, ouvir a voz e observar as expressões faciais etc., dos profissionais que contam piadas, anedotas ou dizem coisas "contraditórias". E é por isso que há tanta coisa voltada para o humor nesse conjunto de três livros. O objetivo é estimulá-lo a ser um **profissional excelente**, **bem divertido** (!!!), digamos, uma pessoa cativante!!!

É claro que qualquer indivíduo pode almejar se tornar, pelo menos em parte, como se tornou o José Eugênio "Jô" Soares (que infelizmente faleceu no dia 5 de agosto de 2022), que se destacou não apenas como humorista, mas também como apresentador de TV, escritor, dramaturgo, diretor teatral, ator e músico. Aliás, durante uma época de sua vida ele escreveu para a revista *Veja*, e seus artigos se tornaram bem populares, pois deixavam os leitores mais alegres, bem-dispostos e energizados!!!

Aí vão algumas as transcrições de três artigos seus publicados na revista *Veja* há mais de três décadas.

O motivo para a elaboração do *Manifesto dos Humoristas* foi o seguinte: "Suficientemente aborrecidos, ao ponto de nos darmos ao trabalho de redigir este documento, resolvemos tomar atitudes enérgicas para debelar, em nome da gargalhada, tudo o que tem sido feito contra o humor.

Cansados da usurpação de alguns amadores, que insistem em querer fazer mais graça do que nós, e como forma de proteger a própria classe humorística, decidimos que qualquer engraçadinho que pretenda se dedicar à ilustre tarefa de **fazer rir** deverá seguir à risca as regras desse manifesto, sob a pena de não lhe acontecer nada caso não proceder assim...

1ª) Nunca faça graça de graça. Você é humorista, não político.

2ª) Quem ri por último, nem sempre rí melhor, pois as vezes ele não entendeu a piada.

3ª) Faça piada velha para público novo e piada nova para público velho.

4ª) Não se esqueça: mais vale um sorriso de admiração que uma gargalhada de deboche.

5ª) Evite piada em velório. No seu você não rirá!!!

6ª) Prefira sempre as anedotas curtas. Nunca tantos rirão com tão pouco.

7ª) Se não rirem da primeira vez que você contar uma piada, não desanime. Pode ser por respeito.

8ª) Se não rirem nunca, não desanime, pois há muitas outras profissões que poderá seguir...

E caso você esteja enquadrado na 8ª regra, é bom que também se convença sobre a sabedoria intrínseca nos seguintes "pinçamentos":

1º) A coincidência é uma coisa tão incrível que nunca pode ser mera.

2º) É melhor não dizer nada que não ter nada para dizer.

3º) Para o ciumento, os amigos dos seus amigos são inimigos.

4º) O idiota (ou apenas o tolo...) pensa tanto quanto o sábio, apenas os seus resultados são inferiores.

5º) Se um filme ruim é um abacaxi, seria um abacaxi ruim um bom filme?

6º) A pessoa só nota que está ficando muito avarenta quando percebe que não consegue ter nada para jogar no lixo.

7º) A pessoa que está numa dieta de alho não diminui significativamente seu peso, porém certamente fica sem amigos!!!

8º) Na soma de todos os resultados, é com a subtração que se vão todos os lucros.

9º) Como é que ele pode ter um estômago tão otimista e a digestão tão pessimista?

Achou alguns "pinçamentos" meio complexos? Isso foi muito bom, pois voltará a pensar neles, certamente sobre outra perspectiva...

Mas voltando ao *Manifesto Ágil* nele se reconhece que a utilização de processos, ferramentas, documentação, contatos e planos, tudo isso é importante para o sucesso de um projeto, entretanto são mais **importantes** os chamados **quatro valores ágeis**: as pessoas e as interações entre elas; o *software* (produto) em funcionamento; a colaboração com o cliente; e o saber responder prontamente a mudanças. No que se refere ao método *Scrum* ele é geralmente usado por equipes pequenas e multidisciplinares.

O nome *scrum* vem de uma formação usada no *rugby*. Numa partida desse esporte, quando ocorre uma infração 8 jogadores de cada equipe se juntam com a cabeça abaixada para formar uma posição semelhante a um círculo e definir qual time ganhará a possa da bola. Tal situação é chamada de *scrum* (do inglês *scrimmage*, cujo significado é **escaramuça**). Essa formação é usada como um modo rápido, seguro e imparcial para se reiniciar o jogo!?!?

Ao se trabalhar com o método *Scrum* a equipe de projetos terá papéis e responsabilidades bem definidos, assim como as diversas etapas específicas que deverão ser cumpridas para que o projeto (produto ou processo) seja desenvolvido de forma rápida e eficiente.

É essa equipe que seleciona as funcionalidades desejadas para o desenvolvimento de projetos, para implementá-las durante o *sprint* ("corrida") que se inicia. O *sprints* são ciclos dentro do projeto e cada um deles tem um tempo definido, geralmente de duas a quatro semanas, dentro do qual um conjunto de atividades precisa ser executado.

O acompanhamento do trabalho é executado por meio do *daily scrum*, ou seja, uma breve reunião de no máximo 15 min que ocorre diariamente e que tem como objetivo fazer com que cada integrante do projeto diga o que fez ontem, o que fará hoje e se existe algum impedimento que está atrapalhando seu trabalho. Naturalmente, ao terminar um *sprint* os próximos são programados, até se concluir o projeto!!!

Focado nos integrantes da equipe o método *Scrum* tornou os processos mais simples e claros, visto que nele se mantém registros visíveis sobre o andamento de todas as etapas. Assim os componentes da equipe sabem sempre em que **fase do projeto** estão, e o que já foi feito para a sua conclusão. Essa metodologia de fato permite que se desenvolvam produtos em um **tempo menor**, sem que com isso haja prejuízo para a qualidade!!!

Será que o seu projeto no campo musical se desenvolverá mais rapidamente se alguém enviar-lhe essa criativa mensagem de apoio e confiança?

Priorizando a criatividade e a fluidez no processo, no método *Scrum* enfatiza-se o seguinte:

1º) Times pequenos.

2º) Revisões constantes.

3º) Colaboração.

4º) Orientação a objetos.

5º) Flexibilidade dos prazos.

6º) Flexibilidade dos resultados.

Jeff Sutherland, em seu livro *Scrum: The Art of Doing Twice the Work in Half the Time* (*Scrum: A Arte de Fazer o Dobro do Trabalho na Metade do Tempo*), salientou: "O principal objetivo do *Scrum* é aumentar a produtividade das equipes. Além disso, cria um alicerce para o aprendizado, permitindo que as equipes avaliem o que já criaram, o que é muito importante.

A estrutura do método *Scrum* procura ajudar as equipes a trabalharem melhor, fornecendo-lhes ferramentas para que se auto-organizem e, assim, otimizem em pouco tempo a qualidade do seu trabalho e a rapidez com a qual o fazem."

OI

O gênero das palavras (o/a) diz respeito à classificação masculina e feminina. Como na forma tradicional da língua portuguesa, o masculino predomina em diversas circunstâncias, assim, quando existem substantivos de gêneros distintos a norma prevê que o adjetivo fique no masculino, como na frase: "Ana, Maria e Alberto são estudiosos!!!" Daqui em diante, sem procurar entrar em polêmicas – acredito na igualdade e na capacidade dos gêneros em todos os setores de trabalho – se utilizará o gênero masculino nesse livro para muitas denominações, com algumas exceções, em particular quando se estiver referindo ao(a) leitor(a) desse livro!!!

Caro (a) leitor (a), que tal você ler o livro de Jeff Sutherland, bem como outros textos, sobre metodologias ágeis para poder aumentar sua própria agilidade? E no que se refere a outros textos, dois excelentes são o *The Age of Agile*: *How Smart Companies Are Transforming the Way Work Gets Done* (*A Era da Agilidade*: *Como as Empresas Inteligentes Estão Transformando a Maneira de Fazer o Trabalho*) de autoria de Stephen Denning e *Doing Agile Right*: *Transformation Without Chaos* (*Sendo Agil Corretamente*: *Transformação sem Caos*) escrito por Darrell Rigby, Sarah Elk e Steve Berez. E para finalizar, vale a pena ressaltar que toda pessoa **adaptável** precisa também ser **ágil**. Por outro lado, aquela que é **ágil** consegue **adaptar-se prontamente** ao que está **mudando**!!!

CAPÍTULO 2

VOLTAR-SE PARA O EMPREENDEDORISMO É UMA IMPORTANTE ALTERNATIVA PARA A SOBREVIVÊNCIA

O empreendedorismo está em alta no País. De acordo com uma pesquisa recente feita pelo Global Entrepreneurship Monitor (GEM), a taxa de empreendedorismo total (TET) chegou a quase 38% da população economicamente ativa (PEA), o que abrange cerca de 53 milhões de brasileiros.

É bem verdade que a maioria desse contingente é formada por "**empreendedores por necessidade**" (que abriram seus negócios para solucionar seus problemas, como perda de emprego, falta de renda, dificuldade para se recolocar no mercado de trabalho etc.), porém, o número de "**empreendedores por oportunidade**" (profissionais que identificam alguma lacuna no mercado e decidem empreender nesses setores para solucionar essas carências, criando a sua própria **trabalhabilidade**...) também é considerável.

O fato é que nessa época em que vivemos, todos que desejam empreender precisam desenvolver um **perfil digital**. Nesse sentido, é preciso saber utilizar com eficiência o *marketing* digital, as redes sociais e atender bem os clientes *online*. De maneira resumida, o **empreendedor digital** é alguém bem determinado, disciplinado, focado, que sabe trabalhar em *home office* e principalmente **aprende rapidamente com seus erros**.

Neste livro serão descritos vários negócios digitais. Para obter sucesso, o empreendedor deve ser alguém capaz de **pensar** – e **pensar bem** –, de modo a fazer as coisas de maneira **diferente**, **flexível** e **adaptável**. Em outras palavras, o futuro empreendedor deve ter a capacidade de pensar "**fora da caixa**".

É claro que para desenvolver uma mentalidade empreendedora é necessário que a pessoa tenha também uma série de competências, como: criatividade; pensamento crítico e produtivo; e capacidade de comunicação e solucionamento de problemas (assuntos que serão discutidos mais adiante...). Além disso, é vital que essa pessoa tenha:

1º) **Autoestima** – Possuir amor próprio não significa, entretanto, acreditar cegamente em si mesmo, considerando-se sempre perfeito em todos os aspectos. Lembre-se: há uma linha tênue entre acreditar em si mesmo e ser teimoso e intransigente!!!

2º) **Capacidade de observação** – Um empreendedor deve estar sempre atento não apenas ao que ocorre ao seu redor, mas nos outros mercados do planeta, pois vivemos numa economia globalizada. **Acontecimentos futuros** resultarão de tendências que estão se desenvolvendo agora!!!

BRILHE 2

Ao **inserir** uma ilustração ou um desenho, busca-se **dizer, comunicar** algo para a pessoa que olha para ela(ele), o que nos leva ao seguinte conceito de percepção:

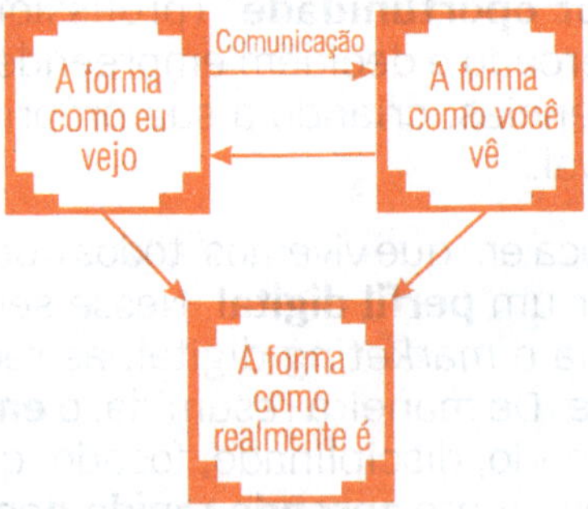

Nessa comunicação artística, certamente há um comprometimento (o "o que" da mensagem) e bastante criatividade (o "como" da mensagem), tal qual nas várias casas da figura a seguir.

E aí vão outras ilustrações capciosas.

a)

Será que na medida em que foi crescendo a sua curiosidade sobre esse homem, as características do rosto dele foram desaparecendo?

b)

c)

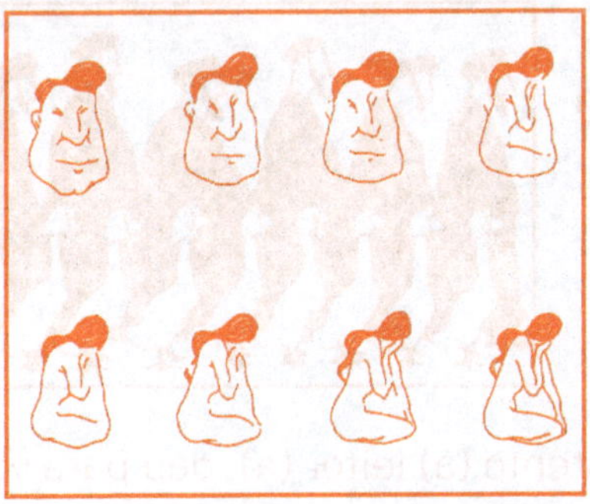

d)

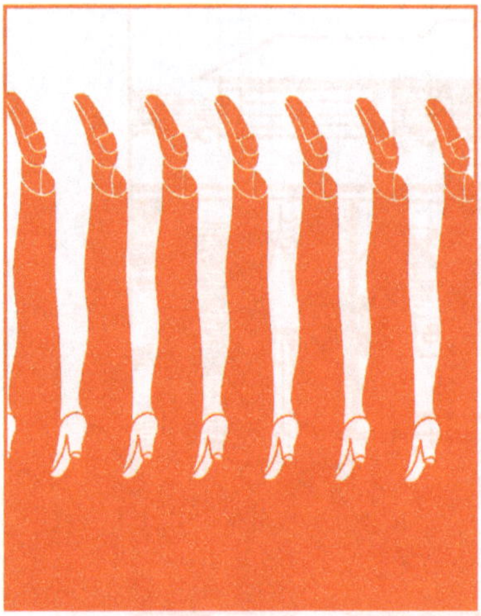

Aqui você usa o seu hemisfério direito para compreender o desenho, não é?

e)

f)

Atento (a) leitor (a), deu para você treinar sua observação?

3º) **Dinamismo** – O indivíduo dinâmico consegue se adaptar às diversas situações que surgem pelo caminho, reagindo de forma ágil e solucionando rapidamente suas dificuldades e seus problemas.

4º) **Capacidade de execução** – É essencial que o empreendedor seja muito agressivo e eficaz na implementação/execução das atividades inerentes ao seu nicho.

5º) **Desejo de aprimoramento** – O empreendedor deve estar disposto a **aprender e aprimorar-se continuamente**, e assim ser capaz de promover as mudanças necessárias e evitar que seu negócio se torne obsoleto. (Isso será abordado no livro 3).

6º) **Manutenção de uma equipe confiável** – Por menor que seja a equipe de suporte de um empreendedor, é crucial que ela seja formada por profissionais corretos e bem qualificados, que compartilhem de um mesmo objetivo: **fazer a empresa crescer**!!!

Todas essas competências precisam ser adquiridas e aperfeiçoadas de forma diária e contínua!!!

Pois bem, o Brasil precisa cada vez mais de empreendedores (!!!), pois eles acabam constituindo a espinha dorsal de uma sociedade estável e livre, uma vez que eles oferecem muitos empregos e possibilitam assim uma vida digna para muita gente!!!

Destacou-se no capítulo 1 a importância da **agilidade** no empreendedorismo, e isso faz pleno sentido, uma vez que quase todos os novos negócios que têm surgido são *startups* tecnológicas muito **ágeis**. Vale ressaltar, portanto, que quem quiser **empreender** precisa estar plenamente ciente que **agilidade** é um **pré-requisito básico**. Além disso, também é crucial que o candidato a empreendedor abandone o *mindset* (“**configuração mental**”) de empregado.

Assim, vale meditar sobre a declaração feita em 2008 pelo bilionário norte-americano Warren Buffett, investidor e filantropo, que inclusive já foi considerado pela revista *Forbes* como homem mais rico do mundo, que disse: “Empreender não é arriscado. Arriscado é trabalhar 35 anos e depois querer viver com o que se recebe da previdência social.”

Você deveria meditar sobre o que disse o Warren Buffett, como parece que está fazendo essa pessoa, não é?

Bem, se ele conhecesse a fundo a situação da previdência brasileira, certamente teria sido ainda mais enfático – **e pessimista**!?!? Mas você, caro (a) leitor (a), ainda pode estar em dúvida: "O que é melhor afinal, **ser um empregado** ou **empreender**?"

É importante esclarecer que nem todo mundo deseja ter um negócio próprio ou acredita possuir o perfil adequado para se tornar um empreendedor. Essas pessoas são normalmente avessas ao risco, e preferem ter um emprego com salário fixo e se manter "amparadas" por uma série de vantagens garantidas pela CLT (Consolidação das Leis de Trabalho); outros indivíduos, entretanto, são empreendedores natos, para os quais um emprego fixo não é uma **boa opção**!!!

O fato é que ambos os perfis são igualmente válidos, não existindo um que seja melhor ou pior. A escolha depende única e exclusivamente da preferência individual! A recomendação é que as pessoas escolham trabalhar naquilo e da forma que gostam, no que lhes proporciona prazer!!! Além disso, deve-se ressaltar que, em algumas situações, um empregado pode ser também um empreendedor, como será descrito na sequência...

Como já mencionado, vivemos numa cultura *maker*, na qual as pessoas são capazes de construir, fabricar, reparar, alterar objetos (e suas funções) das mais variadas formas, e de maneira independente. Assim, o

empreendedorismo se tornou a saída para que muitas pessoas – em especial as mais jovens – se **adaptem** aos novos tempos (de forte desemprego) e adiram ao movimento *maker* (como microempreendedores) ou aproveitem alguma das muitas oportunidades que têm surgido nessa era de transformações digitais, abrindo suas próprias *startups*!!!

Entretanto, é importante relembrar que o empreendedorismo ainda **não é** a opção da maioria dos brasileiros. Sendo assim, trabalhar para os outros – em pequenas, médias ou grandes organizações – ainda continua sendo uma **ocupação digna**!!! De qualquer modo, vejamos a seguir as categorias de empreendedores no País:

1ª) **Individual** – Se refere às pessoas que empreendem sozinhas, ou com no máximo dois funcionários. Todo **microempreendedor individual** (MEI) pode estar formalizado, e presente no Cadastro Nacional de Pessoas Jurídicas (CNPJ), o que lhe permite vender seus produtos ou cobrar pelos serviços legalmente. No início de 2022 havia no País cerca de 12 milhões de MEIs.

2ª) **Informal** – Ao contrário do MEI, esse tipo de trabalhador não possui nenhum registro de suas atividades, o que torna difícil contabilizar seu número "oficial". Estima-se, entretanto, que no início de 2022 houvesse algo em torno de **18 milhões** de empreendedores informais no Brasil.

3ª) **Cooperado** – Esse é um tipo de empreendedor que trabalha bem em equipe, mas usa recursos próprios. Desse modo, sua finalidade não é empreender como dono de um negócio, mas como peça-chave para que o desempenho conjunto seja satisfatório. Ele geralmente atua de maneira autônoma, mas presta serviços que colaboram para a obtenção de resultados positivos por uma empresa ou comunidade. Um bom exemplo é o chamado *freelancer* ("colaborador independente"), que trabalha de forma individual, mas ajuda a empresa que o contrata a produzir mais e crescer.

4ª) **Franqueado** – Esse empreendedor confia em empresas já consolidadas para ingressar no mercado já com vantagens estratégicas. A franquia permite ao empreendedor investir num negócio já testado e formalizado, além de contar com todo o *know-how* ("conhecimento") que o franqueador disponibiliza. Para quem está dando o seu primeiro passo no empreendedorismo, começar com uma franquia pode ser uma vantagem e tanto!!!

5ª) **Social** – Da mesma forma que a **preocupação social** é uma tendência comportamental do consumidor, ela também é o objetivo de muitos negócios. O empreendedor social é geralmente o **jovem visionário** que trabalha bem em grupo e está engajado com causas comunitárias e sociais. Ele busca, especialmente, participar de ações que impactem no bem-estar de outras pessoas, administrando ONGs (organizações não governamentais), sem fins lucrativos, fundações e instituições beneficentes. Note-se que o empreendedor social é alguém que não tem foco no retorno financeiro (pelo menos é como deveria ser...).

6ª) **Corporativo** – Nem sempre o empreendedor está à frente dos negócios como um **empresário**!!! Muitas vezes ele atua como **funcionário** dentro de uma empresa, onde é chamado de **empreendedor corporativo**. De acordo com a *Wikipédia*. "O empreendedorismo corporativo pode ser definido como sendo o processo pelo qual um indivíduo ou grupo em associação com uma organização existente cria uma nova empresa ou instiga renovação ou inovação dentro da mesma." Desse modo, o empreendedor corporativo – também chamado de **intraempreendedor** – é aquele capaz de implementar novos negócios na empresa em que trabalha. É fundamental que os gestores empresariais de hoje tenham como objetivo – e até uma prioridade – o desenvolvimento do **empreendedorismo corporativo**.

7ª) **Serial** – Nesse caso, a pergunta que vem à mente é: "Por que se concentrar em apenas um negócio quando é possível estar à frente de vários ao mesmo tempo?". E essa é a mentalidade dos **empreendedores seriais**, que costumam administrar diversos projetos simultaneamente, e estão sempre em busca de novidades!!! Para essas pessoas não importa tanto se todos esses negócios trarão retorno financeiro expressivo (!?!?) imediatamente. A principal motivação é **empreender**, sempre que isso for possível e promissor.

MAS E VOCÊ, CARO (A) LEITOR (A), EM QUAL DESSAS CATEGORIAS SE ENCAIXARIA?

Entre as vantagens de ser um empreendedor destacam-se as seguintes:

1ª) Ser o próprio chefe!

Quando você trabalha para si mesmo (!!!), além de ganhar muita autonomia, fica mais motivado para fazer grandes esforços para alcançar bons resultados. Você poderá testemunhar o impacto provocado no mercado por suas ideias, **o que é muito prazeroso, não é mesmo**? Vale lembrar que ao estabelecer o próprio negócio o indivíduo perceberá uma relação íntima e clara entre "**muito trabalho**" e "**mais dinheiro**"!!!

2ª) Fazer o que gosta!!

Outra forte razão para as pessoas se voltarem para o empreendedorismo é a **possibilidade de viver suas paixões**!!! Sabe aquele passatempo que você sempre pensou em desenvolver? Aquele em que pensou em investir para poder lucrar? Nesse caso, a famosa citação "Escolha um trabalho que ama, e não terá de trabalhar um único dia de sua vida!?!?" se encaixa perfeitamente. É claro que isso não é **100% verdade**, porém, também não é **totalmente mentira**!!!

Mesmo com **todas as dificuldades**, os desafios e os eventuais tropeços, o que motiva muito um empreendedor é a possibilidade de investir em algo em que ele acredita. **Todos têm seus próprios sonhos, não é?** E, no final das contas, empreender naquilo que lhe dá prazer e uma possibilidade concreta para se alcançar a autorrealização!!!

Atualmente há muitas possibilidades para as pessoas investirem naquilo que gostam, nos mais diversos setores da EC, mas especialmente no **mercado digital**, oferecendo um **infoproduto** ou **infoserviço** (ou seja, algo produzido e comercializado no formato eletrônico).

3ª) Liberdade no horário do trabalho!!!

Aquele que é dono do próprio negócio pode naturalmente estabelecer sua agenda de trabalho, definindo o tempo para a execução de suas atividades diárias. Isso pode até representar uma melhor qualidade de vida para a pessoa, porém, é preciso estar ciente de que será necessário investir muito tempo na gestão da nova empresa, especialmente no início.

4ª) Obtenção de ganhos significativos!

É indiscutível que todo empreendimento necessita de investimento inicial, entretanto, ele também pode gerar rendimento e lucro bem mais elevados do que se consegue normalmente como empregado em alguma organização. Naturalmente, para que o empreendedor obtenha ganhos significativos é imprescindível que tenha **foco**, **garra** e **determinação** na gestão de sua empresa.

5ª) Ascensão social!

Com mais recursos e maior flexibilidade na agenda o empreendedor acaba **ascendendo socialmente**. A melhora de sua condição social permite várias outras mudanças, desde a forma como ele é visto pela sociedade, como a possibilidade de realizar uma série de desejos (como viagens para lugares incríveis) e sonhos (como o desenvolvimento de novos projetos).

6ª) Legado!

Embora no Brasil esse conceito não seja muito difundido, é bem legal saber que sua empresa se tornou uma **marca**, e que suas ideias, seus produtos/serviços continuarão (provavelmente...) a influenciar e impactar de forma positiva a vida de outras pessoas.

OI

Para decidir-se entre, por exemplo, ser um empregado (optar pela **empregabilidade**) ou um empreendedor (escolher a **trabalhabilidade**), precisaremos muitas vezes recorrer a números que permitam inclusive tornar **tangível** o **intangível**, e nos possibilitem avaliar e julgar negócios e pessoas da forma mais objetiva possível.

1º) Números que direcionam...

2º) Números que aproximam...

De fato, somos cada vez mais dependentes dos números, precisando, porém, tomar muito cuidado com a maneira como eles foram obtidos ou gerados, para poder evitar ou escapar das irracionalidades que possibilitaram a sua criação!?!?

Voltar-se para o empreendedorismo também submete o indivíduo a certos "**perigos**" – ou a certas "**desvantagens**" –, tais como:

1º) Investimento!

Para abrir qualquer tipo de negócio é preciso ter capital para investir nele, o que, por sua vez, pode levar a empréstimos, pagamento de juros altos etc. E vale lembrar que o investimento inicial pode ser bem elevado, pois envolve desde pagamento de salários até a compra de equipamentos, locações, encargos burocráticos etc.

2º) Insegurança!

Para começar, um empreendedor não possui a garantia de um salário fixo no fim do mês. De fato, um negócio próprio pode não gerar receita (muito menos lucro) em determinados – e longos – períodos, o que exigirá que o proprietário esteja preparado para encarar tal situação. Além disso, todos os negócios apresentam riscos e imprevistos, quando as receitas obtidas são inferiores aos gastos, o que é muito preocupante!?!? É fundamental, portanto, que o empreendedor saiba de antemão que **nunca** terá tudo **sob controle**, e **sempre** estará sujeito ao **inesperado**.

3º) Jornada de trabalho!

É comum que aspirantes ao empreendedorismo acreditem que **não terão** de trabalhar tanto (e todos os dias) para conquistar o sonhado sucesso. Isso é um **grande engano**!!! Em especial no início da nova empresa, o empreendedor terá de trabalhar bem mais que as tradicionais 44 h semanais da maioria dos empregos.

4º) Responsabilidades e pagamento de contas!

O empreendedor passa a ter uma empresa inteira sob sua **responsabilidade** (que geralmente não é nada pequena...). Entre outras coisas ele terá de: assumir riscos, pagar as contas, lidar com diversas questões do dia a dia, tomar decisões e ainda manter os funcionários motivados. Tudo isso gera muita tensão. É preciso, portanto, possuir um razoável conhecimento sobre gestão e saber pelo menos o básico sobre administração financeira (ou contratar alguém capaz de lidar com as finanças da empresa).

Além disso, para levar adiante a empresa, o empreendedor precisa se manter informado e bem atualizado em relação ao que acontece no mercado e o que fazem os empreendedores mais bem-sucedidos. Para isso o ideal é a leitura de material de qualidade, como aquele da excelente revista *Pequenas Empresas & Grandes Negócios* (PEGN), e também a participação em palestras e conferências sobre empreendedorismo. Tudo isso não apenas servirá como **inspiração**, mas lhe permitirá adaptar-se prontamente às mudanças e exigências do mercado.

Bem, para finalizar esse capítulo, deve-se salientar que não existe uma "**idade certa**" para empreender!!! Claro que há muitas pessoas que ao deixarem o mercado de trabalho depois de atingirem a chamada "**idade improdutiva**" (!?!?), não se acomodam e tornam-se empreendedores. Elas discordam dessa "**improdutividade**" e, inclusive, desejam mais do que simplesmente sobreviver: elas querem manter um **propósito de vida**. Elas geralmente já estão numa situação financeira razoavelmente estável, e contam com algum dinheiro poupado ao longo da vida.

O fato é que uma idade mais avançada não impossibilita o indivíduo de tornar-se um empreendedor. Pelo contrário, todo o conhecimento adquirido e as experiências vivenciadas podem lhe dar mais **credibilidade**, o que é muito útil na administração de um novo negócio.

Por outro lado, os jovens são os que mais desejam fugir do **tradicionalismo** ao qual ficam submetidos como empregados na maioria das organizações. Assim, eles se concentram imediatamente no empreendedorismo, pois almejam a oportunidade de trabalhar de forma **independente**.

Percebendo essa tendência, empresas já estabelecidas têm também procurado se modernizar, oferecendo aos jovens novas formas de trabalhar como empregados, buscando com isso evitar que no futuro esses mesmos funcionários se tornem concorrentes.

Sem dúvida, todo aquele que puder – e souber como – deveria se tornar um empreendedor. Assim, além de criar um propósito de vida para si mesmo, também conseguirá oferecer trabalho para aqueles que não podem/desejam ser empreendedores. Isso certamente ajudará a reduzir a taxa de desocupados em nosso País.

CAPÍTULO 3

GRANDES EVENTOS, NOS QUAIS SE BUSCA ESTIMULAR O EMPREENDEDORISMO E INFLUENCIAR PESSOAS PARA QUE SE TORNEM EMPREENDEDORES

Uma excelente maneira de crescer e alcançar sucesso profissional como empreendedor é **estudando e aprendendo sempre**, seja com aqueles que já obtiveram sucesso em seus negócios ou com especialistas e professores de empreendedorismo, buscando continuamente por novas informações e *insights*!!!

Outra forma de aprender é participando dos grandes eventos sobre o tema, como os que são organizados não apenas em diversas cidades brasileiras, mas principalmente em importantes cidades europeias (como Londres, Paris, Barcelona etc.), em diversos países da Ásia (com destaque para Cingapura e China) e, em especial, nos EUA. Esses eventos possibilitam de fato um bom aprendizado, o estabelecimento de *networking* com potenciais investidores e o desenvolvimento de novas ideias empreendedoras.

Veja algumas sugestões:

1ª) *TECH CRUNCH DISRUPT*

Com diversas edições nas cidades de São Francisco e Nova York, esta é considerada a principal conferência sobre *startups* dos EUA, reunindo sempre diversas "celebridades", como Travis Kalanick (criador do Uber) e Kevin Systrom (cofundador do Instagram). Entre os demais participantes estão eventuais empreendedores, investidores, mentores, "conselheiros" focados no empreendedorismo, entusiastas da tecnologia, jornalistas etc.

Também participam desse evento milhares de anônimos que repetem à exaustão seus *pitches* (suas breves apresentações), tentando atrair atenção – de investidores – para suas ideias. O objetivo principal de todos que comparecem a esse importante **evento tecnológico disruptivo** é encontrar parceiros para negócios, garantir investimentos em novos conceitos e, especialmente, adquirir conhecimento sobre os melhores modelos de criação e gestão de *startups*.

O Serviço Brasileiro de Apoio às Micro e Pequenas Empresas (Sebrae) e a Agência Brasileira de Promoção de Exportações e Investimentos (Apex) apoiaram diversas de nossas *startups* para que estas comparecessem a esse evento e vendessem suas ideias, ou seja, "**contassem suas histórias**" da maneira mais eficaz possível, especialmente para os investidores do Vale do Silício, na Califórnia.

2ª) *SOUTH BY SOUTHWEST (SXSW)*

Esse evento acontece na cidade de Austin, no Texas (EUA), desde 1987, e que não parou de crescer, tornando-se um dos maiores do mundo voltado para o empreendedorismo, tecnologia e EC (música, cinema, mídia etc.). Um dado importante sobre essa cidade é que **97%** de sua população tem o **2º grau completo**, e **31%** possuem **pós-graduação**!!!

Estima-se que no início de 2020 estivessem instaladas em Austin cerca de 6.500 negócios tecnológicos, empregando mais de 135 mil pessoas. Muita gente talentosa tem visitado esta cidade, sustentada por um interessante tripé: **tradição criativa**, **forte base tecnológica** e **baixa tributação**, o que obviamente torna o ambiente muito propício para o surgimento e a instalação de tantas *startups*.

Outro fator que tem colaborado para a abertura de tantas empresas iniciantes em Austin é a grande quantidade de talentosos recém-graduados da excelente Universidade do Texas, que adentram o mercado de trabalho todo ano. Um ótimo exemplo foi o empresário Michael Dell, que ainda nos anos 1980, com 19 anos, desistiu do curso de Medicina para se dedicar à tecnologia. Ele fundou a Dell, empresa de produção de computadores que leva seu nome e até hoje tem uma ótima presença no mercado.

Um dos diferenciais da Universidade do Texas é a excelente **capacitação tecnológica** de seus alunos, o que lhes garante um elevado grau de **empregabilidade**. De fato, eles são tão bem avaliados no mercado que, durante a feira de empregos organizada pela universidade, centenas deles são imediatamente recrutados por *startups* do setor, que se revelam grandes empregadoras. **Que bom seria se o mesmo ocorresse em nossas principais IESs, não é mesmo?**

O fato de a cidade de Austin possuir já há um bom tempo um enorme contingente de **universitários criativos** influenciou – e ainda influencia – muito a sua cultura. O comportamento um tanto errático dessas pessoas, que adoram desrespeitar as regras, garantiu à cidade não apenas o interessante lema *Keep Austin Weird* ("**Mantenha Austin Esquisita**", em tradução literal), mas a fama de servir como cenário para coisas **inesperadas** e **surpreendentes**!!!

A edição *SXSW 2019*, que começou em 8 de março, contou com a participação de 370 mil pessoas, dos quais cerca de 1.700 inscritos eram brasileiros. Durante os dez dias do evento foram apresentados aproximadamente 6.500 eventos (painéis, palestras, *shows*, *pitches*, demonstrações etc.).

Esses milhares de participantes tiveram a oportunidade de ver de perto muita inovação e criatividade, inclusive envolvendo IA, e de interagir com muita gente talentosa, entender melhor as novas tendências e se preparar para o futuro. Aliás, esse foi o tema da palestra da futurista e pesquisadora Amy Webb, quando ela disse para um grande público: "Qualquer empresa ou pessoa que queira entender o futuro de sua área tem de estar atenta às tendências adjacentes. Não se trata de prever o futuro, mas de fazer conexões entre áreas que parecem não ter nada a ver uma com a outra!?!?"

Entre os temas centrais da *SXSW 2019* estavam os seguintes:

- ***Blockchain*, construindo a *Web 3.0***, no qual destacou-se a nova realidade das moedas virtuais, como combustível para a inovação.
- ***Navegando em uma era de desconfiança digital***, em que se salientou o fato de os seres humanos estarem cada vez mais dependentes da tecnologia, porém, também mais **desconfiados** em relação ao que circula na Internet.
- ***A evolução dos transportes e dos serviços de entrega (delivery)***, em que se ressaltou o que de fato possibilitou o surgimento de muitas novas empresas e abalou todas as que não se adaptaram a essa nova realidade!!! Por incrível que pareça, essa tendência se tornou uma realidade no Brasil (e em muitos outros países...) no decorrer dos anos 2020 e 2021, quando a sociedade se viu bastante atormentada pela *Covid-19*.

- ***O futuro do trabalho***, quando se descreveu que com a automação, a robótica, a IA etc., surgiram novas formas de trabalho para os seres humanos, embora muitos empregos também tenham desaparecido.
- ***Rápido crescimento dos serviços de assinatura***, que revelou um rápido e explosivo crescimento nos serviços de *streaming* (transmissão de dados pela Internet, em especial áudio e vídeo, sem a necessidade de se baixar os conteúdos), como Netflix, Amazon Prime e Spotify, por exemplo – o que, aliás, ameaça bastante a sobrevivência dos serviços tradicionais de TV e rádio.

A *SXSW 2020* foi cancelada por causa da pandemia, mas retornou em 2021, totalmente **digital**. O evento que aconteceu entre os dias 16 e 21 de março contou com 2 mil apresentações. Participaram do evento figuras ilustres, como a empreendedora, escritora, advogada e ativista norte-americana Stacey Abrams; a fundadora do Future Today Institute, Amy Webb; o renomado escritor israelense Yuval Harari; a atriz Mayim Bialik; a cofundadora da Bill&Melinda Gates Foundation, Melinda Gates, entre outros.

Já entre os temas discutidos durante o evento destacaram-se os seguintes:

- ***O renascimento dos negócios.***
- ***A conexão na desconexão.***
- ***Um futuro inexplorado.***
- ***Transformação no cenário de entretenimento.***
- ***Integração do corpo humano aos sistemas inteligentes.***
- ***Avanço acelerado na criação de personas com aplicação de IA.***

A *SXSW 2022* ocorreu de 11 a 20 de março de 2022, na qual compareceu inclusive uma delegação de 10 representantes de empresas e instituições culturais paulistas (além de vários convidados), com a finalidade de difundir internacionalmente a evolução da EC no Estado de São Paulo. Essa edição foi híbrida, com programação presencial e *online*.

3ª) *INTERNATIONAL CONSUMER ELECTRONICS SHOW* (CES)

Essa exposição internacional de eletrônicos de consumo é atualmente uma das maiores feiras de tecnologia do mundo, onde muitos empreendedores obtêm informações sobre inovações capazes de alavancar seus negócios. Sua primeira edição teve início em 24 de junho de 1967, nos salões de um hotel de Nova York (EUA), quando contou com 200 expositores e a presença de aproximadamente 17 mil pessoas.

A partir de 1978 ela passou a acontecer duas vezes por ano, em Chicago (Illinois) e em Las Vegas (Nevada), mas em 1994 voltou a ser anual, somente em Las Vegas, sempre no mês de janeiro, e cada vez mais **atraente**. O evento sofreu muitas outras mudanças, tornando-se cada vez maior. Em 2020 contou com cerca de 4.000 expositores, 172.000 visitantes, em sua maioria profissionais de empresa convidadas (o evento não é aberto ao público em geral) e muitos jornalistas. O objetivo é estabelecer *networking* entre empreendimentos, empreendedores e mídia.

O grande sucesso da **CES** se deve muito ao fato de que, ao longo das décadas de sua existência, ocorreram os lançamentos de muitos produtos "revolucionários" e extremamente inovadores, que englobam: o gravador de **videocassete** (*VCR*), em 1975; o *CD Player*, em 1981; o *Digital Versatile Disk* (DVD), em 1996; o Microsoft Xbox e a TV de plasma, em 2001; os *tablets*, os *notebooks*, o sistema operacional *Android*, e outros dispositivos eletrônicos, em 2010; as impressoras 3D e os *wearables* (acessórios inteligentes) em 2014; realidade virtual, em 2015, etc.

Em 2021 a **CES** aconteceu entre 11 e 14 de janeiro, mas, devido à pandemia, causada pelo *Covid-19*, foi pela 1ª vez com transmissão *online*, longe dos cassinos de Las Vegas. Mesmo assim o evento contou com a participação de 1.800 expositores. Gary Shapiro, presidente e CEO da Consumer Technology Association (CTA), comentou:

"Essa edição nos trouxe uma nova experiência, na qual foram apresentadas as últimas novas tendências e inovações em IA, 5G, saúde digital, cidades inteligentes, tecnologia de veículos e muitos mais. É a tecnologia que nos levará adiante, e na **CES 2021** se ilustrou de que maneira a inovação está realmente abrindo caminho para um amanhã mais brilhante."

Na **CES 2021** a LG apresentou sua tecnologia Oled Evo, na linha de televisores, exibindo também o conceito de tela transparente em que um painel de 55 polegadas consegue atingir 40% de transparência. Além disso, o contexto da *Covid-19* ajudou a chamar atenção para alguns recursos de outros produtos da LG, como os purificadores de ar da linha *PuriCare*, que ganharam espaço em sua apresentação, com destaque para o modelo portátil transportado na bolsa e outro em formato de máscara. A LG exibiu ainda um robô voltado para o mercado corporativo, que utiliza raios ultravioleta para esterilizar ambientes.

Já a Samsung mostrou muita tecnologia capaz de manter uma residência ultra conectada, com produtos voltados para a integração doméstica entre aparelhos. Assim, nessa onda dos "robozinhos" de limpeza, a empresa lançou o *JetBot90AI+*, que consegue identificar objetos e "decidir" onde limpar!!! O aparelho possui sensores *Lidar*, de profundidade, além de câmeras que lhe permitem atuar quase como uma babá eletrônica para os animais de estimação da casa.

A empresa chinesa TCL apresentou seu celular com tela *Amoled* expansível (de 6,7 polegadas até 7,8 polegadas, o que o transforma num *tablet*). Esta é uma solução que preservou pequena espessura, mas possibilitou um aparelho com tela maior, algo que não aconteceu no celular de tela dobrável, como o *Galaxy Fold*, da Samsung. Além disso, muitos outros robôs também foram apresentados por outras empresas, cada qual com diferentes benefícios e possibilidade de oferecer maior conforto para o ser humano!!!

Apesar de a pandemia continuar afetando o planeta, e de vários gigantes da tecnologia (Microsoft, Google, Amazon, Meta etc.) terem desistido de participar de forma presencial, a **CES** voltou ao formato original em 5 de janeiro de 2022. Embora essas ausências tenham sido impactantes, a feira de Las Vegas contou com a presença de 2.200 empresas de tecnologia, que apresentaram suas novidades nas áreas de robótica, veículos autônomos, tecnologia espacial, IA, metaverso, *home connection* etc.

A *Ameca*, robô criado pela empresa britânica Engineered Arts, impressionou pela interação com a plateia, contando piadas, afirmando que tinha emoções e até pedindo que as pessoas sorrissem para ela, o que obviamente divertiu muito os participantes!!!

Durante a **CES 2022** percebeu-se o florescimento de um ecossistema de *startups* que estão focadas na tecnologia espacial (as chamadas *spacetechs*). Claro que isso se deve ao recente sucesso das viagens espaciais promovidas por Jeff Bezos, com a *Blue Origin*; de Richard Branson, com a *Virgin Galactic* e de Elon Musk, com a *Space X*. Mas o fato é que o **turismo espacial** – que há poucos anos parecia uma loucura, e acessível apenas para os multimilionários – já está sendo visto hoje como uma grande oportunidade para atrair muitos passageiros dispostos a experimentar sensações incríveis, como dar cambalhotas em gravidade zero ou apreciar uma visão espetacular do nosso planeta!!!

Nessa **CES** foi possível acompanhar uma corrida de carros autônomos, na qual foram testados os limites de veículos não dirigidos por humanos. De fato, parece que o objetivo principal dessa corrida foi romper com os preconceitos. Afinal, se os veículos podem andar de forma tão veloz e segura, o sonho de fazer com que circulem sozinhos pelas ruas das cidades torna-se cada vez mais factível...

Após Mark Zuckerberg ter rebatizado o Facebook como Meta, expressando assim seu interesse pelo **metaverso** – nome do ambiente no qual se usará realidade virtual e a aumentada para criar espaços digitais do futuro – o mundo da tecnologia passou a **orbitar em torno desse tema**.

E isso também ficou claro na **CES 2022**, onde a gigante sul-coreana Hyundai – conhecida pelas ideias futuristas, como carros voadores – apresentou seu conceito de "**metamobilidade**", ou seja, uma união do metaverso e a mobilidade, na qual um veículo autônomo leva o passageiro ao seu destino e, durante o trajeto, oferece a ele uma ampla conexão com o ambiente digital.

Para a Sony – que sobreviveu nos últimos anos muito graças ao sucesso do seu *PlayStation* – o metaverso deve surgir do uso de aparelhos de realidade virtual, e assim a empresa apresentou seu VR2, uma versão do capacete da marca que permite ao usuário jogar os *games* da plataforma de maneira muito interativa.

Além dessas, outras empresas como a Panasonic, Canon, TCL etc. apresentaram conceitos de óculos ou capacetes de realidade virtual e aumentada fantásticos. Também diversas *startups* exibiram produtos voltados para o metaverso, como a sul-coreana Lotte, que está desenvolvendo uma plataforma que permite que os usuários tenham experiências do "**mundo real**" dentro do **metaverso**, como assistir *shows* ou ir ao cinema.

Quem acompanhou a **CES 2022** constatou-se que é bem provável que em breve tenhamos trajes que permitirão que os usuários "sintam" sensações físicas a partir do mundo virtual, especialmente quando estiverem envolvidos em *games* ou passeando em um *shopping* virtual, escolhendo e adquirindo artigos. Bem, desejamos vida longa a todos esses eventos inspiradores, como o **CES**, o *SXSW* etc., que continuem recebendo grandes públicos, pois indubitavelmente estamos vivenciando a **era da experiência**.

No Brasil, ao longo do ano, também acontecem muitos eventos importantes voltados para o **empreendedorismo** e a **inovação**. Eles são vitais para quem deseja atuar de forma desenvolta e criativa em seus negócios. Veja alguns exemplos:

1º) **Feira do Empreendedor** – Esse evento é organizado anualmente pelo Sebrae, sendo que a edição de 2019 aconteceu em São Paulo, entre 5 e 8 de outubro, contando com 150 mil visitantes. Nessa edição foram reunidos cerca de 500 expositores, numa área de 45.000 m² do pavilhão de exposições do Anhembi. Quem participou do evento, seja como dono de empresa ou aspirante a empreendedor, pode assistir palestras, ouvir dos consultores presentes recomendações que abrangiam temas como *marketing*, finanças, tendências, inovações, exportação etc. Os visitantes também puderam visitar diversas **lojas-modelo**, e ver o funcionamento de negócios de diferentes setores.
Nos anos 2020 e 2021 o evento foi realizado *online*, recebendo o nome de Feira do Empreendedor Digital. Já no ano de 2022 a feira acontecerá em São Luís, no Maranhão. Durante sua história, o Sebrae já promoveu inúmeros outros eventos similares, especialmente de caráter regional, oferecendo treinamento e apoio aos brasileiros, para que todos possam empreender.

2º) **ABF *Franchising* Expo** – Feira oficial realizada pela Associação Brasileira de *Franchising*, que em 2019, em sua 28ª edição, reuniu ao longo de 4 dias cerca de 400 marcas. O evento contou com aproximadamente 60 mil empreendedores, que tiveram a oportunidade de adquirir novos conhecimentos relativos ao mercado de franquias.

Conferência Anual de *Startups* e Empreendedorismo (CASE) – Organizado pela Associação Brasileira de *Startups* (AB*Startups*), trata-se do maior evento para *startups* da América Latina. O encontro objetiva proporcionar aos empreendedores um conteúdo de nível internacional para *startups em grow-stage* ("em fase de crescimento"). Além disso, nele há sempre uma feira de negócios que reúne fornecedores altamente qualificados de produtos e serviços de *networking*, com a presença dos melhores agentes do ecossistema brasileiro de inovação, empreendedorismo e *startups*.

A **CASE 2019** aconteceu nos dias 28 e 29 de novembro de 2019, no Transamérica Expo Center, em São Paulo, tendo recebido aproximadamente 10 mil participantes. O evento foi oferecido de forma *online* em 2020 (juntamente com o *Startup Summit*) e 2021, mas voltou a ser presencial em 2022, tendo sido realizada nos dias 17 e 18 de novembro.

3º) **Gramado *Summit*** – A edição mais recente, bem contubarda pela pandemia, aconteceu em maio de 2021, quando ao longo de três dias o evento contou com 1.700 visitantes. Apesar do público relativamente pequeno, a organização dobrou a área de exposição para 24.000 m², visando manter o distanciamento do público nos três palcos montados para palestras, e aumentar o espaço de circulação. Todo o processo de *check-in* ("verificação na entrada") foi digitalizado.

Na ocasião, o governador do Rio Grande do Sul, Eduardo Leite, compareceu ao evento e declarou: "É ótimo ver que é possível retornar aos eventos presenciais, claro que com as devidas restrições, mas é possível. Mesmo com todos os avanços tecnológicos, nada substitui a oportunidades de as pessoas manterem um contato olho no olho!!!"

O grande objetivo desse evento é alavancar o ecossistema brasileiro de inovação, com a concretização de negócios e o oferecimento de conteúdos de qualidade. Além disso, ele visa influenciar os empreendedores por meio de palestras superinteressantes e insanas. Para muita gente o Gramado *Summit* é simplesmente o maior evento de *brainstorming* do País, e a edição de 2022 aconteceu entre os dias 6 e 8 de abril.

4º) **Congresso Brasileiro de Treinamento e Desenvolvimento (CBTD)** – Ele é promovido pela Associação Brasileira de Treinamento e Desenvolvimento (ABTD). A despeito da pandemia, a essência que uniu os participantes *online* na edição de 2021, ocorrida entre os dias 23 e 25 de junho, permaneceu a mesma, revelando-se bastante inspiradora e humana, em especial por conta do tema principal escolhido: ***Felicidade: Prazer em Desenvolver***. Totalmente reformulado e no formato *online* (mas ainda com algumas atividades ao vivo e sob demanda), o evento trouxe grandes nomes que discorreram sobre assuntos relevantes para organizações e profissionais. A edição de 2022 aconteceu entre os dias 22 e 24 de junho.

5º) **VTEX Day** – Esse evento é organizado pela *startup* – e unicórnio – VTEX, o consolidou na América do Sul como o maior sobre a transformação digital. De fato, o VTEX Day atrai cada vez mais participantes internacionais, por causa não apenas dos palestrantes renomados convidados, mas da grande quantidade de negócios fechados. A última edição desse evento aconteceu no dia 13 de abril de 2022, no São Paulo EXPO, com a presença de mais de 20 mil pessoas.

6º) ***Silicon Valley Web Conference*** – Um evento impressionante no qual se discute, com muita propriedade, o **futuro** e as **inovações**. Nele é possível ouvir pela primeira vez as "novidades" elaboradas pelas mentes mais brilhantes do Vale do Silício. Assim, essa conferência mundial se tornou uma referência mundial em tecnologia e inovação, com o surgimento de *startups* bilionárias. A participação do Brasil nesse evento aconteceu por meio da *edtech* StartSe, uma escola de negócios que acredita que somente com a melhor **educação** e **incremento** do **empreendedorismo** será possível promover uma significativa melhoria na situação do País.

O Brasil deveria praticar mais o turismo educacional, especialmente promovendo frequentes viagens de grupos de pessoas para aprenderem o que há de mais novo no universo das *startups*. A StartSe, uma plataforma de conhecimento em negócios, tem possibilitado que muitos potenciais empreendedores – como os que aparecem na foto – participem de importantes programas de imersão nos EUA.

Naturalmente existem dezenas de outros eventos importantes nos quais se explica e ensina muito sobre o surgimento de novas *startups*, mas por enquanto ficaremos com essa pequena amostra.

Capítulo 4

ENVOLVENDO-SE COM A CRIATIVIDADE E A INOVAÇÃO

Inicialmente, deve-se salientar que hoje – mais do nunca – qualquer profissional precisa envolver-se com temas como **criatividade** e **inovação** ao longo do seu processo de autodesenvolvimento. Isso independe da profissão escolhida pelo indivíduo, e tem por objetivo **incrementar sua trabalhabilidade**.

Também é vital destacar que, assim como no caso de várias outras competências, a criatividade pode ser desenvolvida e então aplicada na promoção de inovações. Aliás, em 2022, **criatividade** estava entre as 10 competências profissionais mais valorizadas pelas empresas durante as contratações.

Mas antes de entrarmos em mais detalhes sobre o tema, vejamos como essa característica tem sido explicada por diversas mentes ilustres e brilhantes da humanidade.

"Criatividade é a inteligência humana se divertindo."
– **Albert Einstein**, físico teórico alemão, naturalizado norte-americano).

01

Vale a pena se desviar um pouco do assunto principal e citar algo sore **Albert Einstein** (1879-1955), que desenvolveu a teoria da relatividade geral, um dos pilares da física moderna.

Albert Einstein foi sempre um sonhador que quis através da ciência, escapar das inquietações dos seres humanos comuns e também livrar-se do jugo da religião e da autoridade. As más línguas dizem que ele "recebeu" muitas ideias de sua esposa, Mileva Maric (1875-1948), uma física e matemática notável...

Aliás, com relação à família, o próprio cientista afirmou ter fracassado como pai e marido, dizendo: "Viver em duradoura harmonia com uma mulher foi uma tarefa na qual falhei desgraçadamente por duas vezes."

Como pai, Einstein também não foi melhor, sendo que quase não conheceu Liesert, filha nascida antes do seu casamente formal com Mileva Maric, e pouca atenção deu aos filhos Edward (falecido em 1965 em um centro psiquiátrico) e Hans Albert, que declarou: "Provavelmente sou o único projeto do qual meu pai desistiu em toda a sua vida."

A seguir uma sequência de ilustrações feitas por John Long, que caracterizam de forma alegre um pouco da vida de Albert Einstein.

1

O jovem Albert Einstein mostrando um desenho para o seu professor que pensou que era uma árvorr

2

Albert Einstein se aquecendo, já que em matemática ele não era muito bom

3

Albert Einstein visitando o zoológico, onde realmente percebeu que não era único...

4

Albert Einstein finalmente descobre por que ele está ganhando peso!!!

5

Albert Einstein prestes a descobrir a teoria da relatividade... e da paciência

6

Albert Einstein que não contava com o elemento surpresa - sempre surge uma nova teoria para contestar a estabelecida!!!

Um fato ninguém poderá colocar em dúvida: Albert Einstein fez declarações incríveis, graças à sua enorme criatividade, com pensamentos como:

- "Penso 99 vezes e nada descubro. Deixo de pensar, mergulho no silêncio e a verdade me é revelada."
- "Algo só é impossível até que alguém duvida e acabe provando o contrário."
- "Faça as coisas o mais simples que você puder, porém, não as mais simples."

Aí está uma sequência do Einstein simplificado. Gostou?

- "Tente não se tornar um homem de sucesso, mas, em vez disso, tornar-se um homem de valor."
- "Você não conseguirá resolver a sua crise atual usando o mesmo raciocínio que criou o problema."

Mas o genial Albert Einstein, que revolucionou os conceitos de espaço, tempo, matéria, energia, gravidade... apresentando tudo isso dentro de um arcabouço totalmente novo, não foi capaz de entender a mecânica quântica, isto é, o fato de que o mundo quântico é **probabilístico**, o que implica que somos capazes de prever apenas uma probabilidade de ocorrência entre um conjunto de sucessos possíveis!?!?

Até os mais criativos acabam ficando "cegos"...

Mas voltando as interpretações do que é criatividade:

> "Criatividade é apenas a arte de conectar as coisas." – **Steve Jobs** (1955-2011)

Steve Jobs (foto ao lado), que foi endeusado por muitas pessoas (inclusive por alguns escritores...) foi uma pessoa bastante temperamental e imprevisível, que rejeitou muitas coisas que lhe apresentaram sem qualquer explicação. Não poucas vezes ele disse para quem lhe apresentava um novo projeto: "Isso é pior que cocô de cachorro."

Mas parece que mesmo com esse comportamento ele acabou estimulando muita gente na Apple a realmente admitir que seus projetos ainda estavam na fase "cocô de cachorro", o que os levou a continuar no caminho de limpar a sujeira e chegar a algo bem significativo!!!

- "Criatividade é o processo de gerar ideias originais que tenham valor." – Ken Robinson (1950-2020), especialista em **educação**.
- "Criatividade é como a barba. Você só a terá se deixá-la crescer." – François-Marie Arouet (1694-1778), filósofo e escritor francês que ficou conhecido pelo pseudônimo Voltaire.
- "Criatividade não se gasta. Quanto mais você usa, mais tem." – Maya Angelou (1928-2014), pseudônimo de Marguerite Ann Johnson, poetisa e escritora norte-americana.
- "Criatividade é o processo de trazer algo realmente novo à realidade. Ela requer paixão e comprometimento, e traz para nossa consciência o que antes estava escondido, apontando para uma nova vida." – Rollo Reece May (1909-1994), famoso psicólogo existencialista norte-americano.

A criatividade surge na troca de ideias entre as pessoas

Mas apesar de todas essas importantes declarações, um tanto quanto difusas, o que se pode concluir é que a criatividade ocorre graças ao que conseguimos elaborar por meio do nosso **cérebro**!!! Aliás, pesquisas relativamente recentes revelaram ou comprovaram que:

1º) A criatividade **não é um dom natural** com o qual algumas pessoas nascem e outras não!!!

2º) Não se pode confundir **criatividade** e **magia**, pois isso implicaria afirmar que pessoas criativas **se utilizam de truques** (ou algo semelhante), inacessíveis para outros, o que não é verdade...

3º) A criatividade não é um **mistério**, pois sua fonte não é algo secreto...

4º) Criatividade não significa **loucura**, ou seja, ela é desenvolvida por pessoas normais, mas as vezes também é apresentada por indivíduos **excêntricos**.

BRILHE 3

a) **Palíndromo** é uma palavra ou frase que pode ser lida no seu sentido normal, da esquerda para a direita, bem como no sentido contrário, da direita para a esquerda, sem que haja uma mudança nas palavras que a formam e no seu significado.

Na leitura de palíndromos do fim para o início, deverão ser consideradas apenas as letras, sendo desconsiderados os espaços entre palavras, sinais de pontuação e acentuação, bem como outros sinais gráficos. Veja alguns exemplos:

- Eva, asse essa ave!
- Socorram-me, subi no ônibus em Marrocos.
- Anotaram a data da maratona.
- O lobo ama o bolo.

E agora tente construir algumas frases palíndromos que constituam uma mensagem!!! Para conseguir isso, pesquise inicialmente um conjunto de palavras palíndromos, como amor, roma, etc., pois assim ficará bem mais simples combiná-las para chegar a uma frase completa.

b) Os números palindrômicos são aqueles que lidos da esquerda para a direita ou da direita para a esquerda são exatamente iguais (!!!). Aí vão alguns exemplos:

4884, 259952, 365 688 888 886 563

Existem exemplos em que adição e multiplicação se combinam

$$9 + 9 = 18 \rightarrow 81 = 9 \times 9$$

$$497 + 2 = 499 \rightarrow 994 = 2 \times 497$$

$$24 + 3 = 27 \rightarrow 72 = 3 \times 24$$

Quando somamos um número inteiro ao seu palíndromo é comum obtermos uma soma palindrômica. Veja mais esses casos:

45 + 54 = 99

38 + 83 = 121

139 + 931 = 1070 + 0701 =1771

48017 + 71084 = 119101 + 101911 = 221012 + 210122 = 431134

Achou tudo isso bem divertido? **Legal!!!**

Então descubra muitos outros palíndromos numéricos, iniciando as adições com 73 + 37 = 110 e **só** parando ao chegar a 27ª adição. Vai dar trabalho, mas seu esforço o levará a alguns "trilhões".

Todo aquele que está buscando seu **autodesenvolvimento** deverá sem dúvida conhecer melhor a si mesmo. Isto significa que é preciso estar ciente de suas **atitudes mentais**. São elas que lhe permitirão executar as mudanças necessárias para obter sempre os melhores resultados em sua carreira. Neste sentido, o consultor e empreendedor nato Sulivan França, em seu livro *Segredos das Mentes Extraordinárias* (DVS Editora) destacou que existem **sete pilares das atitudes mentais** que levam alguém à seguinte condição: "O que você comunica a si mesmo, com certeza você acredita. E o que acredita, sente. O que você sente torna sua vida como ela é!!!"

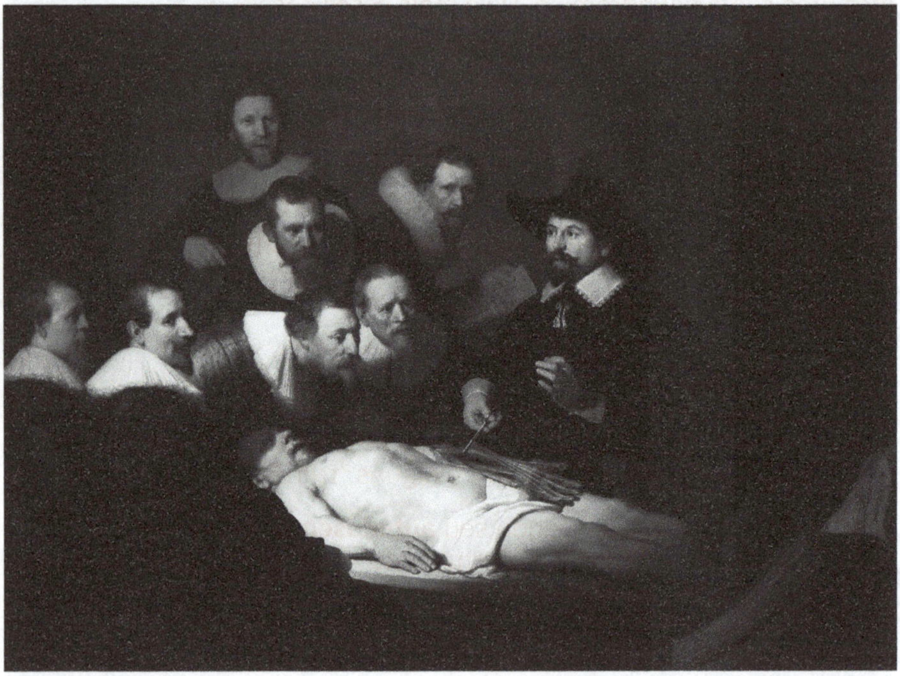

Você já parou para pensar no significado do quadro *A Lição de Anatomia do Dr. Tulp*, no qual o incrível pintor holandês Rembrandt Van Rjin, em 1632 dramatizou o momento em que o médico mostrava aos seus colegas de profissão o que acontecia com os nervos de um meliante?

Esse quadro de Rembrandt é magistral, não apenas pela sua qualidade plástica, mas também pela reflexão que nos obriga a fazer sobre duas obsessões na história da filosofia moderna: o da **natureza como um enigma** a ser decifrado, e o da **curiosidade** como motivo que incita à pesquisa sistemática.

No seu livro o autor explicou que as **atitudes mentais** (nossa mentalidade) descrevem de uma forma mais técnica, os filtros que cada pessoa aprende a usar, de modo habitual e até inconsciente, em suas experiências cotidianas.

As **sete grandes atitudes mentais** que orientam e energizam um indivíduo são:

1ª) A **motivação**, estimulada tanto pelo desejo (algo que não tenho e quero), quanto pela dor (algo que tenho atualmente e é um incômodo).

2ª) O **foco** e a **direção**, tendo uma visão bem específica e detalhista, bem como não deixando de acompanhar os grandes blocos de informações para se ter um amplo posicionamento do que acontece no mundo.

3ª) A **eficaz utilização do tempo** no dia a dia, que deve ter a menor parcela possível dedicada ao passado, e uma bem significativa ao momento atual.

4ª) O **desejo de solucionar problemas**, porém, mais como protagonista do que como coadjuvante.

5ª) A **aprendizagem versátil**, mantendo-se focado não somente naquilo que já conhece ou está acontecendo, mas principalmente no que desconhece ou apenas imagina, analisando melhor esses temas até então não apreciados, de forma consistente.

6ª) O **equilíbrio** entre os **pensamentos racional** e **emocional**.

7ª) A **flexibilidade no trabalho**, sendo capaz de transitar nos três perfis: **autônomo** (trabalhando sozinho); **cooperativo** (em equipe) e **capaz de implementar uma convivência responsável** (sendo líder, chefiando grupos de pessoas e tratando-as como colaboradores ou parceiros).

BRILHE 4

Siga as instruções abaixo:

a) Durante os próximos 15 min, você deve executar o maior número de desenhos diferentes tendo como base o círculo.

b) Mostrando toda a sua flexibilidade, fluidez e originalidade, que outros desenhos poderia fazer nos quais o círculo desempenha um papel vital.

Quando o assunto é como desenvolver a sua **inteligência**, o que o (a) leitor (a) deveria fazer para conseguir isso é ler e assimilar o que se recomenda no livro *Domine os Poderes de sua Mente, Pense Melhor, Viva Melhor – Como Desenvolver sua Inteligência de Forma Fácil e Divertida*, uma obra maravilhosa e fascinante em todos os aspectos, de Frank Miller, editada pela Reader's Digest Brasil Ltda.

Esse livro foi dividido em quatro partes. Na primeira a atenção está voltada para a **percepção** (valendo-se dos olhos, ouvidos, nariz e pele). A grande questão abordada é: "**Quem consegue viver com todos os sentidos sempre em alerta?**"

a) Ninguém pode viver com serenidade desse jeito!!!

b) É assim que alguém demonstra empatia?

Nessas duas ilustrações o que é muito estranho?

Você já olhou para as mãos das pessoas?

Já a segunda parte foi dedicada ao **pensamento**, o que obviamente levou à análise do sentido da palavra inteligência, um assunto muito bem abordado pelo professor norte-americano de psicologia Howard Gardner. Segundo descrito por ele, existiam inicialmente **sete tipos de inteligência,** um número que aumentou posteriormente, quando surgiram mais tarde os conceitos de **inteligência emocional** e **inteligência espiritual**.

Na terceira parte do livro aborda-se em como é possível possuir uma **boa memória**, a despeito de vivermos hoje numa época em que muita coisa deixou de ser memorizada, sendo apenas perigosamente registrada (como é o caso das senhas introduzidas nos celulares, por exemplo). Isso não significa que **não** devamos preencher nossos cérebros com muitas informações e conhecimentos – por sinal, quanto mais melhor –, pois é isto que permitirá que as pessoas tenham pensamentos **bons**, **lógicos** ou **criativos**.

Como hoje em dia somos "bombardeados" com um excesso de informações, torna-se muito difícil reter muita coisa importante, pois não dá tempo de **o ser humano prestar atenção em tudo**!?!? Entretanto, já existem técnicas que permitem que as pessoas memorizem certas informações por um bom tempo, ou até que não esqueçam algumas delas jamais!!!

Em seu livro *Usar o Cérebro*, o neurocientista Fernando Manes **respondeu** algumas questões bem interessantes em relação a **memória**. Aí vão algumas delas:

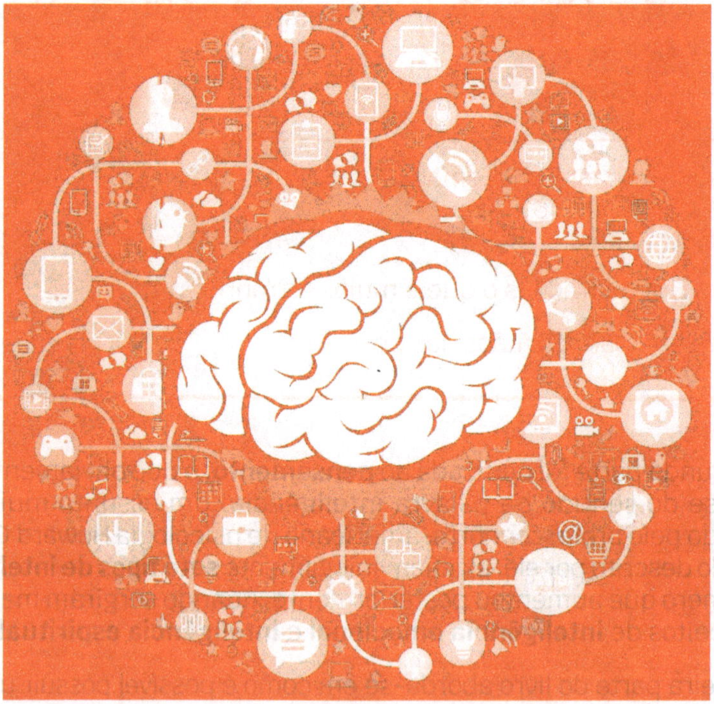

Vivemos num mundo repleto de distrações digitais, o que evidentemente acaba degradando a nossa capacidade de concentração, o que leva as pessoas a não terem o foco em si mesmas que deveriam ter!!!

1ª) A Internet está estragando nossa memória?

Segundo Manes, a Internet é inofensiva para a nossa memória (!?!?), porém, sem dúvida estamos nos tornando cada vez mais dependentes dos dispositivos eletrônicos para se lembrar de muita coisa...

2ª) Nossa memória é confiável?

A resposta enfática é "**não**"! O ser humano inclusive com frequência altera inconscientemente (ou conscientemente) o que lembra para o que lhe mais agrada, com o passar do tempo!?!?

3ª) Há algo que se possa fazer para evitar a perda cognitiva?

Apesar de nada ser 100% garantido, percebe-se que as pessoas **intelectualmente ativas** – que possuem sofisticação linguística – sofrem menos com a **demência**. Os benefícios de um **cérebro ativo**, entretanto, são perdidos por indivíduos que resolvem se "**aposentar intelectualmente**", isto é, se eles param de ler, escrever, solucionar problemas, decidir, ou seja, de estimular continuamente o cérebro.

4ª) Cérebros de homens e mulheres são iguais?

Não, e isso começa a se evidenciar entre a 18ª e 26ª semana de gestação. Por causa dos hormônios, esse período de mudanças é tão crítico que experiências pós-parto não conseguem modificar estruturalmente um cérebro masculino em feminino, ou vice-versa!?!?

OI

Apesar de ainda não ter sido executado muito se tem especulado especialmente sobre o transplante do cérebro.

Será que algum dia será possível um paciente receber um cérebro novo, e se guardar o antigo?

Aliás um filme interessante sobre o tema é *O Médico Erótico* (de 1983), no qual um doutor interpretado por Steve Martin se aventura para fazer um transplante de cérebro!!!

Seve Martin, numa cena do filme.

E há vários outros filmes nos quais se procura transferir as informações que as pessoas têm na sua mente, como é o caso da película *Mente Criminosa* (lançado em 2016), que tem Kevin Kostner no papel principal.

5ª) Meditar é útil de alguma forma?

Estudos científicos têm comprovado que sim!!! A atividade proporciona **relaxamento** ao diminuir a frequência cardíaca e respiratória, e estimula áreas do cérebro associadas às emoções e à interação social, como o córtex pré-frontal. Além disso a meditação melhora a função imunológica.

6ª) Por que gostamos de música?

O ato de ouvir música, em especial aquelas que conhecemos e apreciamos, libera **dopamina** em nosso cérebro, criando uma sensação de **satisfação** e **prazer**!!!

Por fim, na quarta parte do livro organizado por Frank Miller analisou-se de que maneira uma pessoa pode adquirir a **coragem** necessária para superar seus medos, tomar decisões e agir. De fato, para construir as pontes que a levarão ao sucesso será preciso não apenas **serenidade**, **autoconfiança** e **empatia**, mas **autoconhecimento**. Isso significa que o indivíduo precisa ter a capacidade de reconhecer, de forma contínua e consciente, seus processos de pensamento e seus sentimentos!!!

Ou seja, prestar atenção em si mesmo, seguir sua intuição, perceber e dar espaço para as próprias emoções são aptidões que não podem ser deixadas de lado!?!? Infelizmente, por estarmos talvez mais ocupados em manter nosso **corpo saudável**, frequentemente nos esquecemos da nossa saúde mental, o que é um **erro imperdoável**!!!

No inglês, utiliza-se bastante a palavra *mindset* ("configuração mental") para se referir às características da mente que determinam nossos pensamentos, comportamentos e nossas atitudes. Esse conceito é muito usado no campo do empreendedorismo para descrever as diferentes mentalidades das pessoas, e como elas influenciam suas escolhas.

Porém, como o *mindset* é algo mutável, quem busca alavancar sua carreira deve estar sempre atento a essa possibilidade. Afinal, isso lhe permitirá **adaptar-se** de maneira mais **ágil** ao contexto, adotando ações e reações adequadas. Um ditado popular diz: "**Opinião é igual a gosto, pois cada um tem o seu!!!**"

Em sua obra *Mindset: A Nova Psicólogia do Sucesso*, a psicóloga Carol S. Dweck, pioneira nos estudos sobre o tema, enfatizou que são muito importantes as opiniões que uma pessoa tem (desenvolve) a respeito de si mesma, não apenas para que ela tenha um bom relacionamento com tudo e todos, mas especialmente para a maneira como ela conduz a própria vida.

Infelizmente, segundo Dweck, há muitas pessoas que acham que têm um ***mindset* fixo**, ou seja, que suas qualidades e seus defeitos são **imutáveis**!?!? Sem dúvida, um *mindset* fixo indica que todos **nascemos** com determinados atributos (ou qualidades) que mantemos pelo resto da vida e, por isso, aqueles que percebem que não têm outras habilidades pensam da seguinte maneira: "Não tenho vontade de fazer isso, pois já sei que não vou chegar a um resultado satisfatório."

Entretanto, para alcançar sucesso na carreira, todo indivíduo deveria pensar no ***mindset* de crescimento**, isto é, acreditar que além de suas qualidades inatas ele tem o potencial para desenvolver outras por meio do seu esforço. Na verdade, quem tem um ***mindset* de crescimento** parte do pressuposto de que todos os seres humanos têm um **potencial desconhecido** que pode ser ativado pela educação, pela paixão e pelo próprio esforço, tornando-se inclusive **criativos** e **inovadores**.

Para se chegar ao *mindset* de crescimento deve-se ter um **considerável nível de autoconhecimento**, pois é isso que possibilitará que uma pessoa identifique quais são as suas crenças que impedem de atingir o sucesso que tanto almeja!!!

Neste livro daremos apenas algumas "**pinceladas**" no tema criatividade, destacando os conceitos principais e obviamente sugerindo que em seu *mindset* de crescimento estabeleça como alvo "**tornar-se criativo**"!!! Não esqueça: você precisa desobedecer a ordem em sua cabeça que lhe diz que ainda não está pronto...

Mas quem realmente quer expandir seu domínio sobre a criatividade deve ler o livro *Criatividade e Grupos Criativos*, de Domenico De Masi, um renomado sociólogo italiano. No texto ele destacou: "Nunca como hoje tivemos tanta necessidade de possuir **criatividade** para aliviar a fome de centenas de milhões de seres humanos, possibilitar o progresso científico e tecnológico, prosseguir em nossa bela corrida libertadora para aumentar a riqueza, e distribuí-la com equidade, para construir um novo modelo de vida, capaz de dar sentido à fartura dos afortunados, e mais sorte aos marginalizados; para estender a paz e a alegria, para depurar o sistema ecológico da poluição e o sistema social das tentações autodestrutivas; para saborear até o fundo a alegria perene da beleza."

Outro livro incrível para quem deseja aprender a agir de forma criativa é *Pense Como um Gênio*, de Todd Siler, no qual o autor enfatizou: "Você pode também aprender a utilizar os '**dons de gênio**' fazendo com que seus poderes criativos atuem sempre que for necessário.

Para pensar como um gênio, uma pessoa deve valer-se de um processo que chamo de "**metaformação'**. O termo deriva das palavras gregas *meta* ('transcender') e *phora* ('transferência'). A metaformação refere-se ao ato de alterar algo de um estado da matéria e significado, para outro.

Começa com a transferência de novos conceitos e associações de um objeto (ou ideia) para outro(a). O processo de metaformação pode ser descrito com o acrônimo **CRIAR**, que vem de:

- Conectar.
- Relacionar.
- Investigar e explorar.
- Analisar.
- Reconhecer, transformar e experimentar.

De fato, para produzir uma metaformação deve-se **conectar** dois ou mais elementos ou ideias aparentemente diferentes; **relacionar** os mesmos com outros que conhece e observar os pontos em comum; em seguida **investigar** e **explorar** melhor esses pontos para daí fazer uma **análise acurada** do que se percebeu para finalmente **reconhecer** que se chegou a algo novo, procurando **experimentá-lo** ou **executá-lo**."

O grande guru da criatividade e da felicidade, o psicólogo de origem croata Mihaly Csikszentmihalyi (1934-2021) destacou que não se deve perguntar quem ou o que é **criativo**, mas sim o que é **criatividade**!!! Foi ele quem criou o conceito psicológico de **fluxo**, um **estado mental** altamente focado.

Segundo ele, o estado de *flow* é aquele no qual uma pessoa consegue envolver-se intensamente com a atividade que faz, ou seja, é um estado no qual a realização de uma tarefa promove **grande satisfação**. É durante o estado de *flow* que nutrimos nossa **criatividade**, focamos nossa **atenção**, apresentamos **alto desempenho** e experimentamos de mais **felicidade**.

Para ele, a criatividade era é o resultado da interação de três elementos diferentes:

1º) Pessoas com potencial criador com seus talentos, ambições e fraquezas.

2º) Um âmbito de realização que existe numa cultura.

3º) O campo, isto é, um grupo de pessoas que julgam a qualidade das obras produzidas nessa cultura.

Do muito do que se produz, é o campo que escolhe algumas obras para que sejam **destacadas**. Sem dúvida, foi a partir do século XX que houve um grande impacto no campo tecnológico, que atingiu um estágio incrível nessas primeiras décadas do século XXI, quando a **criatividade** se tornou um ingrediente fundamental principalmente para as empresas, com o que passou a ser desenvolvida por um número cada vez maior de pessoas – especialmente os empreendedores – o que levou a muitos milhares de significativas **inovações**!!!

OI

Apesar de tantas explicações (muitas razoáveis e até lógicas...), não consigo entender o altíssimo valor de certas obras, especialmente das réplicas, que, aliás, em muitos casos são tão parecidas com as mantidas nos museus que fica muito difícil não ficar na dúvida se não são aquelas as **não autênticas**!!!

Esse é o caso da *Mona Lisa Hekking*, cujo dono Raymond Hekking (1886-1977), um apaixonado por arte, defendeu sua autenticidade. Ele realmente acreditava que a mulher no quadro fosse de fato a **Gioconda** real, que fora restaurada no museu de Louvre (Paris), em 1914, três anos após o primeiro roubo da pintura, em 1911, pelo italiano Vincenzo Perugia, e que uma cópia havia sido devolvida ao museu.

Essa é a Mona Lisa Hekking

O fato, entretanto, é que a partir do século XVII foram feitas muitas cópias da verdadeira *Mona Lisa* de autoria de Leonardo da Vinci, e certamente uma delas foi a adquirida por Hekking, que soube como ninguém promovê-la como autêntica, alcançando inclusive um certo êxito. Na metade de 2021, a casa de leilões Christie's leiloou a *Mona Lisa Hekking*, mas é você, caro(a) leitor(a), que terá de descobrir o valor obtido pela obra, viu?

Edward de Bono (1933-2021), escritor maltês, professor e psicólogo, autor de dezenas de livros sobre criatividade, foi considerado um dos primeiros profissionais a ensinar sobre **pensamento** ou **raciocínio** (*thinking*). Ele disse: "Existem dois tipos de criatividade: aquela que leva alguém a **fazer melhor** o que já faz, de forma mais rápida, mais barata e mais eficiente; a outra permite que o indivíduo **crie** algo realmente **inédito**, ou seja, novos valores, produtos, serviços, métodos de *marketing* etc.!!!"

Edward de Bono (na foto ao lado) foi provavelmente um dos mais prolíficos propagadores do pensamento criativo. Ele enfatizou que: "Raciocínio vertical é cavar cada vez mais fundo no mesmo buraco. Já o raciocínio lateral é o que leva a tentar de novo em outro lugar...".

Para Edward de Bono existiam dois tipos de pensamentos principais: o **lateral** (*lateral thinking*) e o **vertical** (*vertical thinking*)!!! O primeiro (também definido como pensar "fora da caixa") é o responsável por **reorganizar** os dados existentes. Ele cria opções de escolha e busca caminhos inovadores e inéditos a partir de raciocínios indiretos ou pontos de vista diferentes, nos levando a soluções **inesperadas** e **disruptivas**. Já o pensamento vertical (também chamado de **convergente**) nos permite criticar as opções existentes, tomar decisões fundamentadas e buscar mais eficiência.

Quem, como eu, teve a oportunidade de participar dos eventos organizados durante muito tempo pelo Creative Problem Solving Institute (CPSI), na Universidade de Nova York (em Buffalo, EUA), aprendeu que a criatividade envolve quatro **dimensões** básicas: **pessoas**, **processo**, **produto** e **pressão** (ambiente) – os chamados **4 Ps**.

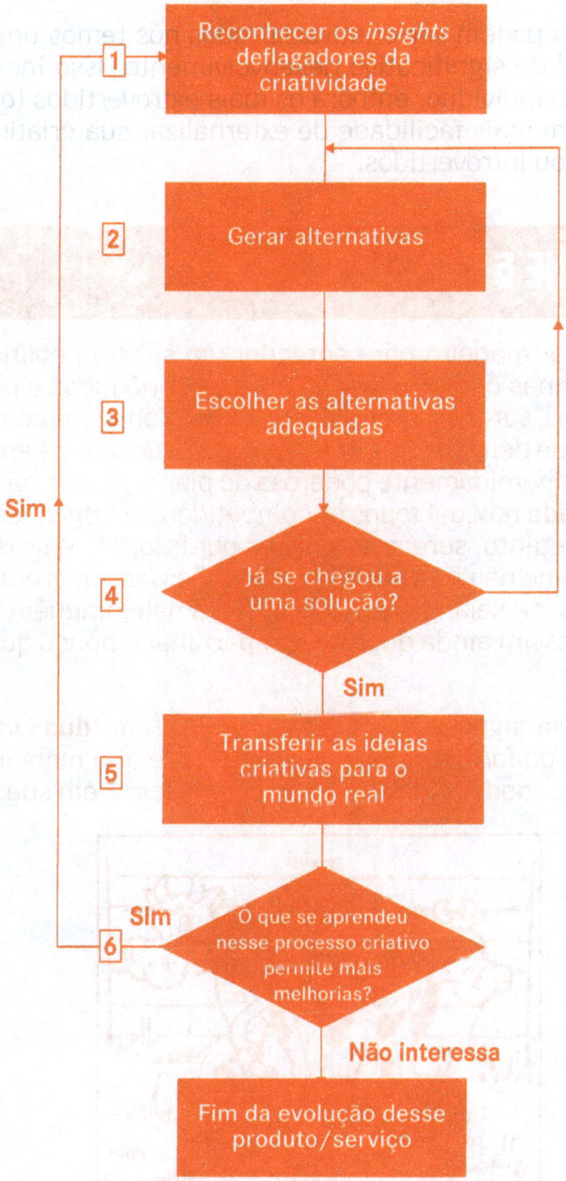

Um modelo para a solução criativa de problemas que foi ensinada no CPSI!!!

1ª) PESSOAS.

Todas as pessoas podem ser criativas!!! Todos nós temos um **potencial criativo** passível de significativo desenvolvimento. Isso independe da personalidade do indivíduo, embora os mais extrovertidos (ou bem-humorados) tenham mais facilidade de externalizar sua criatividade que os mais tímidos ou introvertidos.

BRILHE 5

As vezes a melhor maneira para entender um sistema político, formas de gestão, doutrinas ou filosofias políticas e econômicas é por meio de definições jocosas, sarcásticas ou humorísticas. Tomemos como exemplo o **comunismo** (que deu tão certo na China que a nação está em vias de se tornar a mais economicamente poderosa do planeta), que há quem diga que é "uma **corrida** na qual todos os competidores chegam em primeiro lugar, sem, entretanto, serem premiados por isso!?!?" Mais do que isso, que: "O comunismo não funciona por que as pessoas querem (desejam) ser proprietárias, ou seja, possuir coisas, mas nele ninguém tem quase nada, e mesmo assim ainda querem compartilhar o pouco que tem com todo o mundo!?!?"

Veja na sequência algumas definições que utilizam "**duas vacas**" para tentar "explicar" de forma rápida e engraçada de que maneira diversos tipos de "governo" podem interferir no seu negócio e em sua vida!!!

- **Comunismo** – Você tem duas vacas, o governo toma as duas e dá a você um pouco de leite.
- **Fascismo** – Você tem duas vacas, o governo toma as duas e vende para você o leite.
- **Nazismo** – Você tem duas vacas, o governo mata você e toma as duas vacas.
- **Socialismo** – Você tem duas vacas, o governo toma uma e dá a outra para o seu vizinho.
- **Anarquismo** – Você tem duas vacas, mata as duas e faz um churrasco.
- **Democracia** – Você tem duas vacas, vende as duas para o governo, muda para a cidade e arruma um emprego público.
- **Capitalismo** – Você tem duas vacas, vende uma, compra um touro e o governo toma os seus bezerros como imposto de renda na fonte.
- **Burocracia** – Você tem duas vacas, o governo toma as duas, mata uma e joga o leite da outra fora.

Bem, depois desse detalhamento no mínimo criativo sobre alguns sistemas políticos, que tal você elaborar novas explicações sobre o capitalismo tradicional existente nos EUA, na França, no Japão, na Inglaterra, na Suíça, na Itália, na Índia e também na China (onde vigora o "comunismo capitalista")?

O indivíduo criativo é **curioso**. Tal curiosidade o lança através de sua **imaginação criadora** e o motiva a realizar projetos inovadores. Ele consegue olhar ao seu redor, como se fosse uma criança, e se perguntar: "Por quê?" Ele olha para onde outros já olharam, mas **vê o que ninguém viu**!?!? Pode-se dizer que pessoas criativas possuem as seguintes características:

- **Fluência** – Capacidade de gerar muitas ideias.
- **Originalidade** – Tem habilidade de gerar pensamentos e/ou conceitos novos e únicos, bem como encontrar respostas incomuns.
- **Flexibilidade** – Aptidão de lidar com as engrenagens da mudança e perceber logo o todo, **adaptando-se rapidamente** ao mesmo **com agilidade**.
- **Elaboração** – Competência para relacionar conceitos ou ideias, e ao mesmo tempo complementá-los(as) conforme a necessidade.
- **Sensitividade** – Estar atento ao presente e por isso conseguir reconhecer e se antecipar a eventuais problemas no futuro próximo.
- **Liberdade** – Capacidade de se libertar de preconceitos, do medo, e de consequências ou retaliações capazes de colocar em risco seu pensamento criativo.
- **Persistência** – Força para não desistir, tentando sempre outra vez, sem nunca se abalar com fracassos parciais!!!
- **Resiliência** – Saber se recuperar rapidamente após cada desafio ou **obstáculo não superado**, substituindo a frustração por aprendizado importante sobre o que não deve ser feito!!!

2ª) PROCESSO.

Enquanto o **produto criativo** é algo **acabado**, resultante da ação transformadora do ser humano, o **processo criativo** é a **ação transformadora** executada: o "**como fazer**". Um excelente livro a esse respeito é *Como* (editora DVS), no qual o autor Dov Seidman analisou em detalhes o modo como **pensamos**, nos **comportamos** e **governamos** a nós mesmos. Naturalmente, todos esses "**comos**" estão relacionados a pessoas!!!

BRILHE 6

No amplo escopo do **processo criativo**, uma das ferramentas mais poderosas é o **ato de perguntar**.

Que bom, quando todo mundo quer fazer perguntas, não é?

As perguntas são a indicação de que se está à procura de mais conhecimentos. E na maior parte das vezes, obtém-se respostas criativas de **perguntas tolas**, como, por exemplo: "Qual é o *insight* que lhe desperta a ilustração abaixo?"

Sem dúvida, a resposta para uma pergunta tão esdrúxula levaria a nossa imaginação a questionar se o corpo humano não seria **mais perfeito** se tivéssemos um outro olho na nuca (para ver quem está atrás de nós), porque não ter uma mão com sete dedos ou ainda ter três pés.

Aliás, isso nos levaria a fazer os androides bem diferentes e com uma estrutura cada vez mais adequada para cada finalidade que foram desenvolvidos, **não é?**

Bem, estimado(a) leitor(a), você já está aceitando que uma resposta boa ou totalmente louca ou irreal, por questões aparentemente absurdas, pode ser o começo para uma nova aventura, uma abertura para se chegar a uma inovação!!!

Faça, pois, **perguntas tolas** e reaja criativamente às respostas obtidas. Seja criativo na sua forma de viver, percebendo sempre como as **perguntas tolas**, não dilaceradas por um julgamento opressivo (como aquele que ocorre com uma criança que para muitas das suas perguntas tolas recebe uma reprimenda ou apenas um finalizante "**Não perturbe**" ou "**Não pode**") podem conduzir a um caminho aventuroso e recompensante.

Pense, pois, constantemente em fazer perguntas tolas inspirando-se no que disse Confúcio (551 a.C. – 479 a.C.): "Aprender sem pensar é inútil. Pensar sem aprender, perigoso."

É óbvio que saber depois de ter pensado e discutido é bem melhor do que aceitar os conhecimentos que ninguém discute para não ter de pensar. E aí vai um desafio para que você pense sobre as seguintes afirmações:

- O **errado** é **errado**, mesmo que **todo mundo** esteja fazendo isso (!!!) e o **certo** é o **certo**, mesmo que **ninguém** o esteja fazendo (!!!)
- Teoria é quando se sabe tudo e nada funciona!!! Prática é quando tudo funciona e ninguém sabe o porquê!!! Nessa empresa combinou-se teoria e prática... nada funciona e ninguém sabe o porquê!!!
- Em alguns países os seus moradores têm que se adaptar a tudo que é **permitido**, exceto o que é **proibido**. Em outras nações quase tudo é **proibido** exceto algumas coisas que são **permitidas**. Em qual país você gostaria de viver? Na sua opinião, em que categoria estaria o Brasil?

Bem, agora que você já pensou sobre essas afirmações um tanto quanto conflitantes, pode apreciar a famosa escultura - *O Pensador*, feita pelo francês August Rodin (1840-1917), que virou um símbolo do **pensamento**, uma ação não muito praticada de forma eficiente por muita gente...

O Pensador, uma das mais notáveis esculturas da história da arte.

Entre os processos mais interessantes desenvolvidos pelos ser humano estão aqueles que levam à **solução criativa de problemas** (**SCP**). Já há muito tempo o publicitário norte-americano Alex Faickney Osborn (1888-1966), criador do *brainstorming* ("tempestade cerebral"), escreveu o livro *Applied Imagination* (***Imaginação Aplicada***, em tradução livre), no qual ele explicou que para se chegar a SCP é necessário utilizar duas categorias de pensamento: o **divergente**, com o qual geramos muitas opções; e o **convergente**, com o qual julgamos, avaliamos e tomamos uma decisão. Esses pensamentos, porém, devem ser desenvolvidos separadamente, o que significa que é preciso um tempo para **divergir** e outro para **convergir**, ou seja, deve-se antes gerar **muitas ideias** (opções), e só então **analisá-las**.

Dessa maneira, na fase **divergente** é fundamental adiar todos os julgamentos prévios e gerar o maior número de ideias, pois a **quantidade** é **importante**. Já na fase **convergente** é vital estabelecer bons **critérios** para ser capaz de escolher as **melhores ideias**, ou talvez **uma só**, para atender o objetivo almejado, com qualidade e uma certa originalidade.

Nas mais diversas culturas mundiais, as pessoas são **desestimuladas** a desenvolverem o pensamento divergente, considerado aventureiro e pouco confiável. Estimula-se, em contrapartida, o uso do pensamento convergente, devido à grande capacidade humana de **julgar** e **escolher**!!! Todavia, o que de fato deveria prevalecer é a **democracia ditatorial**!!

Mas como interpretar esse oxímoro? Bem, numa democracia todos têm direito a ter suas próprias opiniões, formular suas propostas, apresentar e defender suas ideias. Entretanto, para se poder avançar e implementar alguma mudança ou melhoria, é preciso fixar-se **numa só alternativa**. Nesse momento é preciso que seja dada uma "**ordem ditatorial**", isto é, que a introdução da mudança não possa ser mais contestada por ninguém.

Infelizmente, esse processo não é seguido de forma adequada em muitos projetos, em especial no Brasil, não é mesmo? Para ilustrar tal situação, basta lembrar como é difícil em nosso País "convencer" nossos deputados e senadores a promover as **reformas tributária** e **administrativa** de que tanto precisamos, mas para as quais até agora não temos propostas que sejam aprovadas pela maioria...

MAS, AFINAL DE CONTAS, O QUE É "TER UM PENSAMENTO CRIATIVO"?

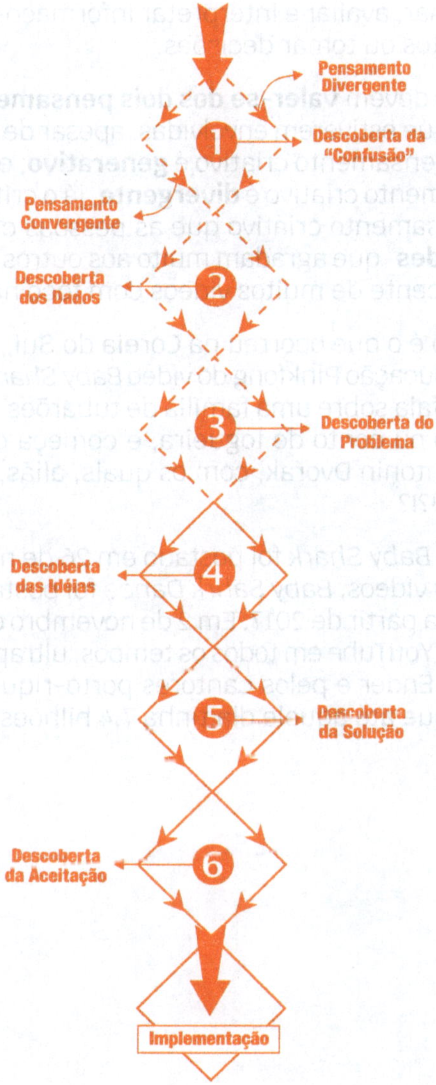

Aí está uma outra forma de esquematizar o processo de solução criativa de problemas (PSCP) do CPSI

Significa ter a capacidade de **criar novas soluções**, mesmo para coisas que parecem já ter sido resolvidas e óbvias!!! Ele é bem diferente do **pensamento crítico**, que é um processo sequencial, lógico e disciplinado para racionalizar, analisar, avaliar e interpretar informações com a finalidade de fazer julgamentos ou tomar decisões.

Porém, as pessoas devem **valer-se dos dois pensamentos**, dependendo das situações em que estiverem envolvidas, apesar de eles terem finalidades diferentes. O pensamento criativo é **generativo**, enquanto o crítico é **analítico**. O pensamento criativo é **divergente**, já o crítico é **convergente**. É utilizando o pensamento criativo que as pessoas chegam as diversas formas de "**novidades**" que agradam muito aos outros – a grande maioria – como é o caso recente de muitos vídeos com foco na **música**.

Um ótimo exemplo é o que ocorreu na Coreia do Sul, com o lançamento pela empresa de educação Pinkfong do vídeo *Baby Shark*, com uma música infantil na qual se fala sobre uma família de tubarões. *Baby Shark* surgiu como uma canção ou conto de fogueira, e começa com compassos da *Sinfonia Nº 9* de Antonin Dvořak, com os quais, aliás, a música do filme *Tubarão* se parece!?!?

O vídeo original de *Baby Shark* foi postado em 26 de novembro de 2015 e o mais popular dos vídeos, *Baby Sahrk Dance* foi postado em 17 de junho de 2016 e viralizou a partir de 2017. Em 2 de novembro de 2020 se tornou o vídeo mais visto do YouTube em todos os tempos, ultrapassando *Despacito* – escrita por Erika Ender e pelos cantores porto-riquenhos Luis Fonsi e Daddy Yankee –, que até aquele dia tinha 7,4 bilhões de visualizações.

Fantástico foi o que previu a revista *Bloomberg Businessweek*, ainda em setembro de 2014, sobre tudo o que poderia ser assistido no You Tube, **não é**? Eu pessoalmente costumo assistir aos vídeos dessa plataforma, em especial no que se refere a entretenimento, durante 1 h por dia, em média, por conta do que, é possível ver, distrair-se e aprender muita coisa. Aliás, o vídeo do *Baby Shark* pode ser assistido quando você quiser no You Tube!?!?

No dia 15 de janeiro de 2022, *Baby Shark* atingiu um novo marco, ou seja, **10 bilhões de visualizações**, um número que nenhum vídeo alcançou até agora na plataforma. **Mas como é possível que uma canção tão simples, com apenas alguns ajustes, tenha gerado um vídeo de tamanho sucesso?** Aí está a demonstração da **força** e da **importância** da **criatividade**, evidenciando que é possível atingir um sucesso extraordinário com ideias relativamente simples.

3ª) PRODUTO.

A inovação é um "processo desenvolvido por pessoas", que leva à criação de **novos produtos** (**serviços**) ou a **novas formas** de se **fazer negócios**. Portanto, o surgimento de um produto (serviço) novo é o resultado de um processo inovador, quer tenha forma **tangível** ou **intangível**. Já a transformação de uma ideia criativa pode ocorrer por meio de uma adaptação ou quando acontece uma inovação com real mudança de paradigma. Mais adiante será conceituado com mais precisão o que é inovação.

BRILHE 7

BRILHE 7 - Uma ciência (ou técnica) que tem sido muito observada e estudada pelas pessoas criativas é a **biônica**, em que se pesquisa as características dos organismos vivos para poder reproduzi-las nas formas e nos mecanismos de novos produtos.

Atualmente existem muitos casos de sua aplicação para solução de problemas de engenharia, *design*, medicina e inclusive na área militar. Para que o estimado (a) leitor (a) seja forçado a fazer pesquisas adicionais, aí vai um teste com as seguintes perguntas:

I) Uma indústria desenvolveu uma marca de roupas esportivas, ou seja, um traje para competições aquáticas que desliza mais facilmente na água. Esse modelo foi inspirado em qual animal?

a) golfinho
b) baleia
c) tubarão
d) polvo

II) As nadadeiras com abertura no meio foram inspiradas em qual animal?

a) pato
b) baleia
c) tubarão
d) pinguim

III) O velcro foi inspirado no:

a) carrapato
b) carrapicho
c) sanguessuga
d) camaleão

IV) Uma nova seringa que causa menos agressão à pele humana foi desenvolvida com base em qual animal?

a) vespa
b) abelha
c) mosquito
d) cobra

V) Qual dos animais abaixo foi pesquisado pela Marinha norte-americana para localizar minas submersas?

a) siri
b) camarão
c) lagosta
d) peixe espada

VI) O sistema de aderência das patas das lagartixas foi pesquisado para desenvolver:

a) uma ventosa
b) uma supercola
c) uma resina
d) um tipo de cera com maior durabilidade

VII) Qual dos insetos abaixo serviu de modelo para um sistema de absorção de água do sereno?

a) barata
b) besouro
c) joaninha
d) gafanhoto

VIII) Qual dos insetos abaixo pode originar uma nova geração de mísseis?

a) besouro
b) libélula
c) mosca
d) mosquito

IX) Um biomaterial cicatrizante foi desenvolvido por pesquisadores brasileiros. O produto foi extraído de onde?

a) látex das seringueiras
b) pele de rã
c) veneno de escorpião
d) veneno de sapo

X) Além do bicho-se-seda, qual animal está sendo pesquisado para a produção sintética de tecido?

a) mosca
b) lagartixa
c) aranha
d) abelha

4ª) PRESSÃO.

Na realidade, por **pressão** entende-se de fato a dimensão **ambiente**, verificando se ele é **favorável** ao desenvolvimento da criatividade, isto é, descontraído, alegre, estimulante e capaz de colocar em alto astral todas as pessoas envolvidas no processo criativo (!!!) ou **desfavorável**, ou seja, opressivo, pesado, constrangedor e gerador de um tipo de **pressão negativa**, o que funciona como uma espécie de bloqueio ao potencial criativo das pessoas.

Portanto, de nada adianta esforçar-se e investir no desenvolvimento das três outras dimensões da criatividade, especialmente nas pessoas, se não acontecerem sérias alterações no ambiente de uma organização (ou *startup*), no sentido de torná-lo adequado para que todos se sintam entusiasmados a fazer algo novo, diferente e fora dos padrões.

Será que essas pessoas tão fortes usam o jogo de xadrez para descansar depois de muito trabalho pesado com exercícios físicos intensos antes realizados?

Pois é, os fortões e bem musculosos também têm seus momentos de meditação e reflexão...

OI

A humanidade está vivendo, especialmente nas últimas décadas, sob as turbulências provocadas não apenas pelas condições impostas pelos mundos VICA e FANI, mas também pelos efeitos não exatamente benéficos e bem assimilados dos NNs, de modo que as pessoas criativas (incluindo-se aí pesquisadores e cientistas) estão trabalhando nas várias empresas pressionadas para que apresentem inovações, **o mais rapidamente possível**!!!

Pense por exemplo nas fortes pressões que sofreram aqueles que desenvolveram em tempos recordes as várias vacinas para o combate a *Covid-19*. E mesmo em um nível não tão estressante, imagine os desafios que precisaram ser superados nas agências de publicidade e propaganda quando estas recebem pedidos do tipo: "**Desenvolvam em três semanas uma campanha publicitária para alavancar minhas vendas, ou terei de fechar a empresa!?!?**"

Aliás, atualmente muitas organizações têm exigido cada vez mais que seus funcionários sejam **criativos**, porém, o ambiente dentro delas se revela bem **hostil** para **inovações**, e os prazos estabelecidos para os seus empregados são exíguos, dificultando muito o trabalho de todos.

Sem dúvida, torna-se impossível inovar numa empresa dentro da qual todos acabam apontando o dedo para a pessoa que, ao tentar desenvolver algum novo projeto, acaba fracassando!!!

Para que as pessoas possam desenvolver sua criatividade de forma prática, elas devem:

1º) **Dominar a sua autocrítica** – A primeira, e talvez a mais simples, providência que alguém deve tomar para melhorar sua criatividade é entrar em contato com o seu **senso de autoavaliação**, evitando sua exacerbada voz julgadora que "**teima**" em avaliar muitas de suas ideias como ruins, sem sentido, sem valor etc.

2º) **Ser entusiastas da mudança** – A ligação entre **criatividade** e **mudança** é óbvia, uma vez que é o **processo de mudança** que permite a implementação de **ideias criativas**. Atualmente as mudanças são **inevitáveis**. O mundo muda cada vez mais depressa, e com mais frequência. É por isso que escrevi três livros, cada qual com foco numa necessidade que começa com a letra **A**: **adaptabilidade**, **agilidade** e **aperfeiçoamento**, elementos ou atitudes indispensáveis para se lidar com a mais grave mudança para os seres humanos: a **falta de trabalho**!!!
Neste sentido, não há dúvida de que estava correto o famoso e sarcástico romancista, dramaturgo e jornalista irlandês, George Bernard Shaw (1856-1950), que no início do século XX disse: "O homem **moderado** adapta-se ao mundo, o **irracional** tenta adaptar o mundo a si próprio. Por isso, todo o progresso depende dos homens **irracionais**!!!"

3º) **Procurar ser diferentes** – Talvez a "**lei**" mais importante da criatividade seja: "Fazer coisas de forma diferente da usual!?!?"
Desse modo, quem quer ser criativo deve ler livros sobre assuntos diversificados, apreciar pratos diferentes, fazer caminhos distintos ao se dirigir para um mesmo lugar (se possível...), conversar com pessoas das mais diversas competências profissionais, adotar múltiplas formas de raciocínio, praticar esportes e passatempos diferenciados.
Somente assim a pessoa terá sempre uma boa **novidade** para contar quando alguém lhe perguntar: "**Quando foi a última vez que você fez algo pela primeira vez?**" Nunca esqueça que é por meio de analogias e novas conexões com coisas usuais que costumam surgir ideias brilhantes. Além disso, fazer as coisas de forma diferente acaba sendo no mínimo divertido, **não é?**

BRILHE 8

Quando alguém quer chegar a ideias diferentes, de promover o *crushing* ("esmagamento"), precisa tomar as atitudes indicadas por verbos mais restritos junto com as qualificações que comandem as mesmas, como:

- Mudar a cor.
- Alterar o visual.
- Tornar encantador.
- Fazer mais borbulhante.
- Introduzir o romantismo.
- Modificar a textura.
- Parecer mais novo (jovem).
- Adicionar um apelo nostálgico.
- Mudar o aroma.
- Acrescentar novos ingredientes.

Bem, depois de todos esses exemplos, você conseguiria apresentar outros 15 verbos diferentes que são capazes de direcionar a sua mente para novas ideias?

4º) **Persistir sempre!!!** – De maneira bem popular, pode-se dizer que: "**Chover no molhado é preciso!**". Somente assim é possível chegar a um resultado excepcional!!! Assim, no campo das nossas ideias, quanto maior for o número delas, maior será a probabilidade de que alguma delas nos leve a um grande sucesso...

Linus Carl Pauling (1901-1994), químico quântico e bioquímico norte-americano, ganhador de dois prêmios Nobel (Química, em 1954; e Paz, em 1962), disse: "A melhor forma de ter ou chegar a uma grande ideia é ter muitas ideias!!!" Portanto, **persistir** é imprescindível. Isso, aliás, ocorre com a maioria dos cantores, que entre diversas de suas canções conseguem com algumas delas um **sucesso significativo**!!!

Também não se pode esquecer o ensinamento de Thomas Alva Edison (1842-1931), o norte-americano que em sua vida registrou 2.332 patentes (entre elas a da lâmpada elétrica) ao destacar: "Eu não falhei, apenas descobri mais de 1.000 formas que não funcionaram."

5º) Ampliar constantemente seus conhecimentos – Quem quiser se manter criativo jamais poderá parar de se **aperfeiçoar**, adquirindo cada vez mais conhecimento formal e teórico sobre vários assuntos, bem como conhecimentos tácito e prático de como fazer alguma coisa.

BRILHE 9

Muitas coisas alimentaram e ainda alimentam a minha curiosidade, mas devo confessar que durante décadas ela foi estimulada muito pela leitura que fiz das revistas *Superinteressante* (que surgiu em 1987) e *Mundo Estranho* (que apareceu em 2001, mas parou de ser publicada em 2018, devido a falência da editora Abril), nas quais sempre se apresentavam perguntas bem intrigantes sobre as quais os leitores são convidados a pensar nas suas respostas:

a) E se o sexo não provocasse prazer?

b) E se todos os crimes fossem punidos com a morte?

c) Por que o beijo é o grande símbolo da paixão entre duas pessoas?

d) Qual a diferença entre amor e paixão?

e) Quem matou Marilyn Monroe?

f) Por que respondemos “obrigado” com “de nada”?

g) Por que as mulheres vão juntas ao banheiro?

h) Como surgiu a superstição de que quebrar um espelho dá sete anos de azar?

Claro que você com o seu *smartphone* pode pesquisar as respostas para essas perguntas em várias fontes. Faça isso, diligente leitor (a), e só depois leia as curtas respostas que apresento no fim do livro!!!

6º) Sonhar com o impossível – Os grandes feitos da humanidade pertencem aos poucos que tiveram sonhos grandiosos. Imaginar o futuro, por mais complexo ou até irrealizável que pareça, além de **sedutor**, se tornou a marca registrada das pessoas criativas, o que permitiu inclusive que algumas delas se tornassem os maiores gênios da nossa civilização. Sempre vale lembrar: **as pessoas que sonham com o impossível são as únicas que têm a possibilidade de alcançá-lo**.

a) 

b) 

c) 

d) 

O que o espanta mais, o "galosquilo" (a), o "cãodorna" (b), a proteção exagerada da natureza (c) ou a composição resultante da superposição de frutas e legumes (d)? Qual dessas ilustrações você acha mais imaginativa, sonhadora ou totalmente impossível?

7º) Compartilhar sua criatividade – O compartilhamento dessa fantástica habilidade com outras pessoas é simplesmente vital, pois o retorno que elas lhe trarão o impulsionará a ser ainda mais criativo!?!? Uma maneira de desenvolver sua criatividade é buscando elaborar respostas para perguntas aparentemente (ou realmente...) sem respostas!?!? Veja a seguir cinco questões para as quais não existem respostas, ou cujas respostas são bastante "**embromativas**"!?!?

- Se Deus está em todo lugar, por que as pessoas olham para cima para falar com Ele?
- Se as pessoas vieram dos macacos, por que ainda existem macacos?
- Por que sonhamos quando dormimos?
- Por que o milho verde é amarelo?
- Por que se usa a expressão "dormir como um bebê" se os bebês são os que mais choram de madrugada?

BRILHE 10

Num dos primeiros cursos de criatividade que fiz nos EUA nos últimos anos do século XX, durante uma sessão de *brainstorming* ("tempestade de ideias"), aos sermos solicitados a incrementar um vaso sanitário, o participante sentado ao meu lado fez os seguintes desenhos criativos. Posteriormente, atendendo ao meu pedido, ele me cedeu os esboços, que compartilho na sequência:

Apesar de eu ter ficado bastante impressionado na época com as ideias do colega, elas estão bastante obsoletas em relação ao que já se tem hoje em termos de **vasos sanitários espetaculares**, não é mesmo? De fato, hoje existem por aí vasos sanitários que são **verdadeiros robôs**, e custam o equivalente ao preço de um carro popular.

Esse é o caso da marca japonesa Tota (criada em 1917), que se tornou uma referência mundial em tecnologia para banheiros, com fábricas em 9 países (inclusive nos EUA). Entre outros produtos, eles comercializam o vaso sanitário *Neorest*.

Observado à distância, o *Neorest* não impressiona, mas quando alguém se aproxima sua tampa se ergue sozinha, como que por encanto... Seu assento se aquece e, quando o usuário se senta aciona um mecanismo bloqueador de odores.

A descarga, o fechamento da tampa e a autolimpeza são automáticos. Porém, a verdadeira "estrela do *show*" é o controle retrátil que surge ao toque de um botão, trazendo as funções de bidê (com esguicho de água) e ar aquecido (para lavar e secar).

Estima-se que até hoje tenham sido instalados no Brasil cerca de **2.000** vasos-robôs *Neorest*, e sem dúvida quem já tem a regalia de utilizá-lo nunca mais voltou a usar o papel higiênico!!! A que ponto chegaram as inovações, não é? Aliás, prezado (a) leitor (a), vale a pena assistir algum vídeo sobre esse vaso-robô, não acha?

E tem esse vaso sanitário inteligente desenvolvido por Bill Gates, que dispensa o uso de água e, inclusive, a necessidade de um sistema de esgoto.

Bem, deixando de lado o vaso sanitário, estimado (a) leitor (a), caso ainda não tenha encontrado uma resposta para as cinco últimas perguntas provocadoras, que tal **iniciar** sua própria pesquisa!!! Mais do que isso, enfronhe-se mais com outras perguntas semelhantes e procure raciocinar sobre **paradoxos**, isto é, figuras de linguagem que apresentem contradições que possam também ser chamadas **oxímoros**.

Existem vários tipos de paradoxo, sendo que com frequência deparamos com eles na literatura e na música. Na poesia, por exemplo, o poeta baiano Castro Alves (1847-1871) declarou: "Dor, tu és um prazer", enquanto o poeta e contista mineiro Carlos Drummond de Andrade (1902-1987), escreveu: "Estou cego e vejo."

Na canção *Baeder-Meinhof Blues*, do grupo Legião Urbana, o fundador e renomado cantor e compositor Renato Russo (1960-1996) abusou do paradoxo em sua letra, escrevendo: "Já estou cheio de me sentir vazio. Meu corpo é quente e estou sentindo frio. Todo mundo sabe e ninguém quer mais saber..."

Para se expressarem bem, pessoas criativas geralmente exibem uma linguagem repleta de figuras de linguagem – ou **figuras de estilo** –, o que lhes permite tornar sua comunicação mais bonita, atraente, compreensível e enfática. Esse tipo de linguagem inclui diversos elementos, como: **figuras de semântica** (metáfora, comparação, perífrase etc.); **figuras de pensamentos** (paradoxo, hipérbole, eufemismo etc.); **figuras de sintaxe** ou **construção** (elipse, hipérbole, pleonasmo etc.) e **figuras de som ou de harmonia** (paronomásia, assonância, onomatopeia etc.). Infelizmente, pouca gente nos dias de hoje é capaz de demonstrar um amplo conhecimento da nossa língua, o que reduz seu repertório em termos de comunicação!!!

BRILHE 11

Você adquire muita compreensão quando presta a atenção na **acentuação** e na **ortografia** no português! Essa prática é o que lhe permite maior flexibilidade no idioma, e, ao mesmo tempo, mudar rapidamente o sentido de **palavras** e **frases**!!! Veja a seguir o que um bem-humorado (porém, anônimo) conhecedor de nossa gramática, escreveu.

"Entre **doidos** e **doídos**, prefiro não acentuar. E, de fato, não acentuar parece mesmo a melhor solução às vezes. Eu, por exemplo, obviamente prefiro **coco** a **cocô**. No entanto, nem sempre a ausência do acento é favorável... Pense no **cágado**, por exemplo, o ser vivo mais afetado quando alguém pensa que o acento é mera decoração. E há outros casos, é claro! Aí vão eles:

- Eu não me **medico**, eu vou ao **médico**.
- Quem **baba** não é a **babá**.
- Quem **bebe** não é **bebê**.
- Você precisa ir à **secretaria** para falar com a **secretária**.
- Será que a **romã** é de **Roma**?
- Seus **pais** vêm do mesmo **país**?

- A diferença na palavra não é um acento; **assento** não tem acento e fica **embaixo**; **acento** fica **em cima**.
- E por falar nisso, **embaixo** é **junto**, mas **em cima** é **separado**.
- Seria **maio** o mês mais apropriado para se usar um **maiô**?
- Quem sabe mais entre a **sábia** e o **sabiá**? Essa eu não **sabia**.
- O que tem a **pele** do **Pelé**?
- O que há em comum entre o **camelo** e o **camelô**?
- O que será que a **fábrica fabrica**?
- E tudo que se **musica** vira **música**?
- Será melhor lidar com as adversidades da conjunção **mas**, ou com as **más** pessoas?
- E por falar em "**mas**", quem escreve **mais** ou **menos**, achando que tanto faz, erra demais. **Mas** se prestar **mais** atenção, um dia não errará **mais**. E poderá, enfim, escrever **mas** ou **mais** na santa paz.
- Aqueles que não **entenderam**, um dia **entenderão**.
- Será que tudo o que eu **valido** se torna **válido**?
- E entre o **amem** e o **amém**, que tal os dois?
- Na **sexta** comprei uma **cesta** logo após a **sesta**.
- É a primeira **vez** que tu não o **vês**.
- **Asso** meu **cervo** na panela de **aço** que será servida pelo **servo**.
- **Por tanto** nevoeiro, **portanto**, a **cerração** impediu a **serração**.
- Para começar o **concerto** tiveram que fazer um **conserto**.
- Ao **empossar** o eleito, permitiu-se à esposa **empoçar** o palanque de lágrimas.
- Uma mulher **vivida** é sempre mais **vívida**, **profetiza** a **profetisa**.
- **Calça** você **bota**; **bota** você **calça**.
- **Oxítona** é **proparoxítona**.
- Na dúvida, com um pouquinho de contexto, garanto que o **público** entenda aquilo que **publico**.

Contratar pessoas talentosas, com capacidade criativa é o desejo de toda empresa, porém, isso **não é fácil**. A NASA realizou uma importante pesquisa para avaliar o potencial criativo de seus colaboradores e o resultado obtido surpreendeu muito: apenas **2%** de seus engenheiros e cientistas se enquadraram na categoria "**gênios da imaginação**".

Espantada com esse percentual tão baixo, a NASA promoveu a mesma pesquisa entre crianças de 3 a 5 anos, descobrindo que **98%** delas se encaixava na categoria de "gênios da imaginação". Todavia, cinco anos mais tarde a NASA repetiu o teste com as mesmas crianças, sendo que apenas **30%** delas ainda puderam ser categorizadas como "altamente criativas" – percentual este que caiu para apenas **12%** quando todas completaram 15 anos. A grande conclusão obtida com essas pesquisas foi que a dinâmica da vida adulta e o próprio sistema educacional vigente tende a "**sufocar**" **nossa criatividade**!!!

BRILHE 12

Aí vão alguns "desafios" para você testar seus conhecimentos:

a) Entre os animais a seguir, qual deles tem a pressão sanguínea mais alta: elefante, girafa, baleia, coelho ou leão?

b) Qual é a única ave no mundo que pode nadar, porém não pode voar?

c) Coelho e o Tartarugão são dois corredores e disputaram uma prova de 100 m rasos. Quando cada um deles cruzou a linha de chegada, Tartarugão estava nos 94 m!!! Muito compreensivo, o Coelho propôs uma nova corrida, porém, para torná-la mais competitiva ele começaria a correr 6 m antes da linha de partida?!?! No seu modo de ver, quem ganhou a segunda corrida? Será que chegaram juntos?

d) Um apetitoso bolo com formato circular deve ser repartido entre oito convidados. Para não ser deselegante com nenhum deles, todos os pedaços devem ser iguais? Você consegue reparti-lo dessa forma fazendo apenas três cortes?

Em 2006, numa palestra TED de Ken Robinson, cujo título foi: *Será que as escolas matam a criatividade?* ele destacou que ensinar e desenvolver a criatividade é tão importante para as crianças quanto alfabetizá-las e lamentou que não se faz isso. Na ocasião ele contou o seguinte diálogo entre um professor e uma criança ocupada!!!

Professor — O que você está fazendo?

Criança — Estou desenhando Deus.

Professor — Mas ninguém sabe como é Deus!!!

Criança — Espere mais alguns minutos e saberá como Ele é!?!?

Prezado (a) leitor (a), você acha que depois desse aluno ter recebido centenas (ou milhares) de reprimendas e inúmeros "**Não faça isso**", durante todo o ensino fundamental isso ofuscou sua criatividade? É óbvio que isso o abalou bastante, e é por isso que desenvolver a capacidade criativa na vida adulta exige muito esforço e estudo.

BRILHE 13

Você acha essas mensagens criativas, ou ao menos bem adequadas e até "tranquilizadoras"?

a)

"Pode não ser a resposta certa, mas sem dúvida é uma resposta diferente!?!?"

b)

"Caramba, como é que fui esquecer os meus livros..."

c)

"Agora feche os olhos e durma, senão papai vai continuar lendo o livro..."

d)

"Naturalmente existem muitas questões que só poderei responder depois da sua autópsia!!!"

e)

"Doutor, seja direto. Quanto tempo eu posso ainda ignorar suas recomendações?"

f)

"Como você vê, a solução do problema é simples!?!?"

Para se tornar um profissional criativo você deve responder a duas perguntas básicas: 1ª) **Por que a criatividade é importante para sua carreira?** e 2ª) **Como é possível se tornar um profissional mais criativo?** A resposta da primeira é simples: se antes (bem antes...) a criatividade foi considerada uma competência mais "artística", hoje se tornou uma das aptidões profissionais mais valorizadas – e isso em escala global. Já para a segunda há diversas sugestões para conseguir isso como:

- **Estudar sem interrupção e absorver o máximo de conhecimentos úteis!!!** O estudo contínuo e a disposição para adquirir a maior quantidade possível de referências sobre os mais variados temas são duas práticas cruciais.
- **Envolver-se com experiências novas e instigantes!!!** A criatividade precisa de estímulos para se desenvolver. Se o indivíduo faz as mesmas coisas todos os dias, ficando "preso" a atividades rotineiras e quase automáticas, a mensagem que ele envia para o cérebro é que este não precisa se reinventar. Quem quer ser criativo **não pode** cair na mesmice.
- **Manter-se bem-informado e atualizado!!!** Uma das habilidades do profissional criativo é saber encontrar soluções que superem as já existentes e excedam o esperado. Para isso é necessário estar sempre ciente do que acontece ao seu redor (e pelo mundo!).
- **Ser capaz de anotar (arquivar) de forma rápida e eficiente qualquer *insight* ou ideia que surja em sua mente!!!** Qualquer nova percepção ou associação pode ser útil para a solução de algum "problema", portanto, é crucial mantê-la facilmente acessível. Lembre-se de que até mesmo os lampejos aparentemente "mirabolantes" podem se transformar em soluções criativas.

BRILHE 14

Especialmente por causa de duas famosas séries de TV: *Engana-me se Puder* (*Lie to Me*) e *O Mentalista*, certos especialistas (como mentalistas, ilusionistas e mágicos, profissionais que sabem se aproveitar das vulnerabilidades de cérebro humano, iludindo quem assiste suas atuações) passaram a ser solicitados para desvendar crimes, identificando pistas sobre suspeitos que escapavam dos detetives ou investigadores "normais", que parecem ser destituídos de uma **capacidade invulgar de observação**.

Quem assistiu *Lie to Me* (que teve três temporadas entre 2009 e 2011) certamente se lembra do dr. Cal Lightman (interpretado por Tim Roth), que estudava as expressões faciais, a linguagem corporal e os tons de voz das pessoas para poder determinar quando elas estavam mentindo e porquê.

Já na série *O Mentalista* (que teve sete temporadas de 2008 a 2015) exibiu-se um talento especial na observação de todos os detalhes envolvendo mistérios, até que o protagonista descobrisse o vilão que matou sua família...

Também ganhou popularidade o livro *Sleights of Mind* (*Os Enganos da Mente*), escrito por dois neurocientistas, o norte-americano Stephen Mochnik e a espanhola Susana Martinez. Eles passaram a se achar os "**pais da neuromagia**" (a neurociência aplicada à magia) e no livro defendem a tese de que através do estudo das técnicas dos mágicos aprendem-se métodos valiosos para as pesquisas laboratoriais sobre o **controle da atenção e da consciência das pessoas**!!!

Tanto as séries citadas como o livro destacado servem de alerta de que você também pode se tornar um mentalista "respeitado", ou seja, alguém que consegue identificar o que se passa na cabeça de outras pessoas, bastando para isso acompanhar o seguinte exemplo (que contará com a sua participação).

Você está sentado em frente de uma pessoa e conta-lhe três situações diferentes:

I) Faça-a imaginar que está passeando em um bosque quando ela vê um pássaro maravilhoso – um tucano – que está pousado num galho. Isso permite que a pessoa observe seu tamanho e seu bico proeminente, assim como suas lindas penas.

II) Diga-lhe que agora ela está num estacionamento, esperando por seu carro, quando de repente dispara o alarme de outro automóvel. Este alarme soa por quase 1 min.

III) Por último, conte-lhe que agora ela está numa *pizzaria*, segurando um pedaço da deliciosa *pizza* com as mãos. Então, depois de degluti-la, ela se prepara para limpar as mãos usando um enorme guardanapo.

Depois de um curto espaço de tempo faça com que o seu interlocutor se lembre de uma das histórias que você lhe contou, passo a passo, e diga que você irá adivinhar no que ele pensou!?!? Você acha possível acertar? Como se deve proceder?

- **Saber definir claramente o problema, antes de pensar numa solução!!!** O famosos cientista Albert Einstein costumava dizer: "Se eu tivesse apenas 1 h para resolver um problema, e a minha vida dependesse dessa solução, eu passaria 55 min definindo a pergunta certa a fazer sobre esse problema." É óbvio que com isso o proeminente físico quis dizer que o mais importante para se obter uma resposta eficiente é antes de tudo **elaborar a pergunta certa** para o problema que se precisa solucionar!!! Portanto, nunca esboce soluções precipitadas, por mais que elas pareçam inovadoras. Uma resposta criativa não pode ser apenas disruptiva, mas capaz de resolver um problema de forma **assertiva**!!!
- **Questionar-se sempre, perguntando: "Tem algo que eu possa fazer de forma diferente?"** Antes de agir, é preciso parar e pensar se alguma tarefa executada diariamente – quase que de olhos fechados – pode ser feita de maneira diferente e, inclusive, mais eficiente. **Você reconhece alguma situação desse tipo no seu trabalho?**
- **Entender a situação como um todo.** É fundamental que todos os detalhes intrínsecos ao problema estejam totalmente claros para os que pretenderem solucioná-lo.
- **Acreditar e promover sempre suas ideias.** É muito comum que pessoas criativas guardem suas ideias para si mesmas, seja por falta de apoio ou por medo de serem considerados "exibidas" ou até "megalomaníacas". É importante compartilhar suas ideias e buscar o apoio necessário para executá-las.

BRILHE 15

Aí vão algumas proposições "**racha-cuca**" feitas com o objetivo de despertar a sua criatividade e seus conhecimentos:

a) Faça uma lista de pelo menos dez ideias criativas de como você pode agradar seu (sua) amado (a) no Dia dos Namorados, dando-lhe um presente que não custou praticamente nada...

b) Quantas coisas diferentes você pode citar (pelo menos cinco...) nas quais, na realidade está se vendo em um círculo dentro do outro? Não vale se utilizar da geometria pura,isto é, pegando um compasso e fazendo os mais variados desenhos de um círculo dentro do outro.

c) Na hora de garantir a alimentação, a reprodução ou a perpetuação de espécies animais aparentemente fofas ou inofensivas, liberam o seu lado selvagem e insensível, com comportamentos assustadores que na sociedade humana seriam dignos de um psicopata. Na zoologia, a aniquilação direta dos mais novos pelos primogênitos é chamada de **cainismo**, uma referência ao que fez Caim, matando seu irmão, Abel como se conta na *Bíblia*.

Exercitar sua criatividade sempre!!! Apoiando-se na sugestão anterior, é preciso ressaltar que a criatividade não é um aplicativo que possa ser instalado no cérebro (quem sabe no futuro...). Assim, como qualquer outra competência humana deve ser praticada de forma contínua, do contrário acabará perdida!!!

O desenvolvimento de um *mindset* sustentado nessas sugestões permitirá ao indivíduo incorporar a criatividade à sua personalidade, capacitando-o para lidar com as mais variadas situações e encarar quaisquer obstáculos em sua vida.

01

Em setembro de 2003 começou a circular um *e-mail* com o seguinte texto:

"De acdoro com um ienvisatogdr da Uneidravside de Carmigbde, é idennirtfee a oerdm das lertas nmua pvraala, desde que a piimrera e a últmla não sajem atledaras. O rsteo pdoe ser uma cnufosão e memso asism cineguosrá ler sem diaufdelicds. Itso aoectcne prqroe a mntee hmnaua não lê ltera a lreta mas sim as pvlaaras cmoo um tdoo."

O *e-mail* fez um grande sucesso, uma vez que praticamente todas as pessoas que leram a mensagem conseguiram entendê-la, o que confirmou a veracidade de tal estudo!?!? Mas caso você não tenha conseguido decifrá-lo, ele diz: "De acordo com um investigador da Universidade de Cambridge, é indiferente a ordem das letras numa palavra. Desde que a primeira e a última não sejam alteradas, o restante pode ser uma confusão, e mesmo assim conseguirá ler sem dificuldades. Isso acontece porque a mente humana não lê letra a letra, mas sim as palavras como um todo."

Mas o *e-mail* original se tornou de tal forma viral que Matt Davis, um pesquisador da unidade de Ciências Cognitivas e do Cérebro da Universidade de Cambridge (Inglaterra), procurou desmascará-lo integralmente, começando por comunicar que nunca foi feito algum estudo desse tipo na universidade e que as frases são fáceis de ler porque não há alterações nas palavras com três letras ou menos.

Deve-se citar, entretanto, que anteriormente foram feitos alguns estudos sobre o assunto, como um que indicou que as letras do meio de uma palavra são identificadas independentemente da sua posição, e que os nossos olhos não percorrem uma linha de leitura de forma contínua ao longo da página. Eles saltam sutilmente entre as palavras do texto, que está se lendo, num ritmo de quatro ou cinco movimentos por segundo, com o que os neurônios no nosso cérebro acabam chegando à percepção correta de cada palavra com gralhas (letras em posições erradas que caracterizam erros tipográficos).

Bem, foi sobre isso que a revista portuguesa *Sábado* (Nº 484 de agosto de 2013) elaborou o seu principal artigo!!! Você consegue ler bem esse título?

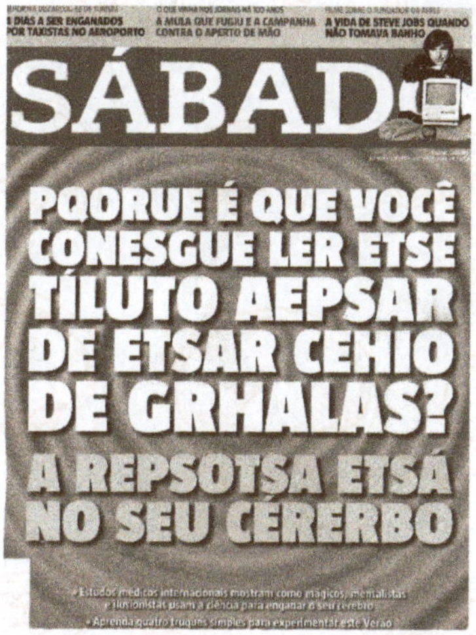

Um livro simples e brilhante, capaz de transformar a vida de qualquer pessoa – em especial no que concerne ao **desenvolvimento de sua criatividade** –, é sem dúvida *Pense Melhor* (editora DVS), escrito por Tim Hurson. Nele o autor desenvolveu seu modelo de pensamento produtivo (MPP) e explicou que, para criar para si mesmo um futuro melhor, o (a) leitor (a) precisa saber planejar de maneira eficaz e pensar de forma criativa, o que acontece para quem se vale de MPP.

Mas o MPP não é nenhuma magia. De fato, o modelo utiliza uma abordagem metódica, que estimula o aproveitamento de **analogias inesperadas**, os *insights*, assim como a frequente experimentação da alegria com a surpresa provocadas pelas novas "descobertas" (tão bem caracterizadas por expressões como Aha! *Eureka*! *Yes!* Caramba! etc.).

É claro que a capacidade de pensar melhor depende do cérebro humano, um órgão maravilhoso (mas ainda bastante misterioso) formado por um aglomerado de gânglios, neurônios, axônios, dendritos, massas cinzenta e branca, lóbulos, sinapses e espaço vazio, uma mistura que representa em torno de **2% da nossa massa corporal**.

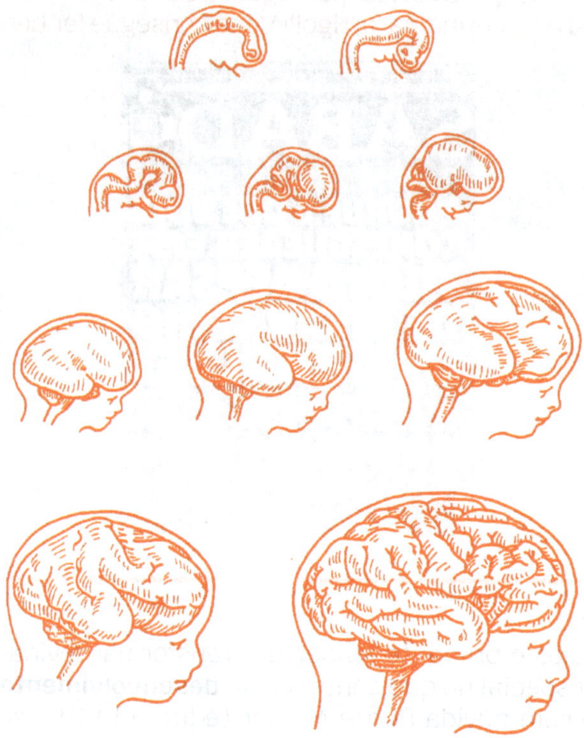

Eis aí a evolução do nosso cérebro!!!

Para manter nosso corpo "**vivo**", o cérebro exige uma quantidade desproporcional de energia. Em repouso, ele consome – ou devora – **20%** do oxigênio que respiramos e das calorias que queimamos. Já quando usamos o cérebro para "pensar" esse percentual cresce bastante... Assim como o restante do nosso corpo, o cérebro usa uma variedade de estratégias e truques para minimizar a quantidade de energia de que precisa.

E a estratégia mais eficaz do cérebro para preservar energia é, na realidade, **não pensar de forma alguma**!?!? Assim, na prática, na maior parte do tempo o cérebro se ocupa com apenas três atividades: ou fica **disperso**, ou **reage** ou **segue padrões** pré-estabelecidos. Essas **três atividades** podem ser descritas de forma simbólica como:

- **Mente de macaco** – Também chamada de **mente fugidia**, ela corresponde à estratégia mais comum, que é fazer o cérebro pensar por meio da **distração**!!! O ser humano faz isso bastante quando assiste TV (ou recorre ao You Tube etc.) e fica "pulando" de um canal (vídeo) para outro, sem parar. Nossa mente, seja quando lemos, assistimos algo, dirigimos ou caminhamos, tende a nos levar para um "**passeio**", em geral para destinos bem distantes e bastante inesperados...
- **Cérebro reptiliano** – A segunda estratégia para evitar que o cérebro pense é a **reação instintiva**. Em essência, todos nós temos "três cérebros", sendo que o **córtex** (córtice cerebral), o maior e o que mais se desenvolveu... Entre as funções do córtex cerebral têm-se o pensamento racional, a análise lógica, a elaboração da fala, o processamento de grande quantidade de dados, o pensamento associativo, a imaginação, o cálculo etc.
  As duas outras partes do cérebro – as mais primitivas – são o **cérebro límbico** (responsável pela geração de reações emocionais como euforia, medo, raiva etc.) e o **tronco cerebral** ou **cérebro reptiliano**, que aciona as reações puramente instintivas, ou seja, feitas praticamente sem emoções e sem pensar!?!?

  Os seres humanos tendem primeiro a **reagir** com o cérebro reptiliano, depois a desenvolver uma **reação emocional** (com o cérebro límbico) e por último pensar (graças ao córtex, ou seja, o "**cérebro humano**"). Mesmo quando nos esquivamos de pensar, a reação básica do nosso cérebro em geral não é processar as informações racionalmente, mas valer-se das duas primeiras reações – a **instintiva** e a **emocional**. É por isso que em situações de emergência somos capazes de reagir **sem pensar** e **sem sentir**!!!

  Se algum dia você precisou pisar rapidamente no freio do seu carro para evitar um acidente, sabe que: primeiro **agiu**, e só em seguida começou a **tremer** pela emoção de uma quase colisão; depois ficou revoltado e rotulou tudo aquilo que quase o levou a causar uma grave ocorrência – tanto por causa do estupido motorista a sua frente que não acionou o sinal que iria virar ou então de uma criança desatenta que tentou atravessar a rua – como uma grande **falta de sorte**!!!
- **Elefante agrilhoado** – A terceira estratégia de economia usada pelo cérebro é a **padronização**. A mente sistematicamente escolhe os padrões já estabelecidos (as rotinas) e muitas vezes até desgastados, em lugar de gerar novos pensamentos, novas interpretações ou novas formas de fazer as coisas.

Que isso Franken, você não pode trocar o seu cérebro todos os dias!?!?

Os seres humanos são bem mais inclinados para seguir padrões antigos do que conceber novas rotinas. E isso acontece porque a padronização tem uma grande vantagem: ela é **prática**!!!

Por exemplo, vejamos o que acontece de manhã, quando as pessoas precisam vestir cerca de 10 peças do vestuário para irem ao trabalho. Teríamos cerca de 3.628.800 opções diferentes para decidir que peça vestir em primeiro lugar, segundo lugar etc. Mesmo que eliminássemos as muitas opções incabíveis, como vestir as meias sobre os sapatos ou a cueca (calcinha) por cima de calças, ainda sobrariam milhares de sequências viáveis para nos vestirmos, **não é**?

Imagine se todo novo dia selecionássemos uma nova sequência. Isso no mínimo nos faria perder energia e tempo em relação a sequência padrão que usamos e fazemos quase que automaticamente, **certo**? Porém, isso **não significa** que a sequência adotada por nós é a **melhor**!?!?

Há um bom tempo o ator e comediante norte-americano William Penn Adair "Will' Rogers (1879-1935) explicou: "A padronização apresenta os seus perigos e inconvenientes, pois não é o que sabemos o que nos prejudica, mas o que temos certeza de que é verdade e de fato não é!!!"

Nossos padrões, entretanto, representam o que de fato somos e nós os amamos como amamos a própria vida. Afinal de contas, passamos uma vida inteira cultivando-os e por isso não é de estranhar que seja tão difícil quebrá-los. Porém, o **efeito "agrilhoante"** de seguirmos padrões desgastados, é um grande obstáculo para se ter um **pensamento produtivo**.

Na Índia, os tratadores e condutores de elefantes, conhecidos como *mahouts*, para impedir que seus filhotes se afastem de algum local, acorrentam uma das suas patas a uma estaca firmemente fincada na terra. Por mais que tentem, os jovens elefantes não são fortes o bastante para quebrar os grilhões ou arrancar a estaca do chão. Tentar fazer isso não é apenas inútil, mas desconfortável, pois a corrente aperta a pata dos jovens elefantes e assim, após pouco tempo eles desistem de sair de onde estão presos...

E já adultos, os elefantes são mantidos no lugar presos por uma corda de cânhamo entrelaçada, amarrada a uma estaca enfiada na terra com apenas algumas marteladas... Esses elefantes adultos poderiam facilmente arrancá-la, mas não fazem pois mantém um padrão profundamente arraigado que lhes impôs a condição de que **escapar é impossível**!?!? Para que você possa pensar produtivamente é imprescindível **livrar-se da "mente de macaco"**, **domesticar seu "cérebro reptiliano"** e **"desagrilhoar" seu elefante**!!!!

Em seu livro *Pense Melhor*, Tim Hurson apresenta o pensamento produtivo e utiliza o neologismo "pensamento *tenkaizen*". Lembrando que no idioma japonês *ten* significa "direito" ou "tradição", *kai* é "mudança" e *zen* "para melhor", o novo vocábulo *tenkaizen* pode ser entendido como "uma revolução benéfica e produtiva, uma mudança radical, sem reprodução do antigo e criação de algo novo".

O pensamento produtivo é composto por duas habilidades do raciocínio distintas proporcionadas pelo cérebro: o **pensamento criativo** e o **pensamento crítico**. Ambos precisam funcionar de forma separada, em alternância contínua – divergindo e convergindo –, uma vez que concomitantemente eles são conflitantes. Seria como tentar dirigir um automóvel mantendo um **pé no freio** e **o outro no acelerador**, ao mesmo tempo.

Recorde-se que a década de 1990 foi considerada pelo Congresso norte-americano como a "**década do cérebro**", quando os EUA investiram muito em pesquisas sobre o **funcionamento do cérebro**, tornando a **neurociência** um dos mais promissores campos de pesquisas em seus centros mais avançados.

OI

Não posso deixar de alertar que em vista de muitas pesquisas recentes chegou-se a conclusão que é vital equilibrar os nossos três cérebros, ou seja, o **cérebro propriamente dito**, o intestino, chamado de **segundo cérebro** e o coração o nosso **terceiro cérebro**!!!

Bem, o cérebro há pouco descrito com seus 100 bilhões de neurônios (há os que "acreditam" que são 86 bilhões...) possibilita desenvolver pensamentos e as emoções de uma pessoa que determinam funções em diversos sistemas do corpo humano.

O cérebro é a base do comportamento humano, sede de "praticamente" todos os sentimentos, pensamentos e emoções!?!?

As pesquisas recentes indicaram entretanto que temos um **sistema nervoso entérico**, que é uma rede de cerca de 500 milhões de neurônios, que ajudam a controlar o nosso trato gastrointestinal.

Em outras palavras, diferente de qualquer outro órgão, nosso **intestino** pode funcionar sozinho, tem sua própria autonomia para tomar decisões, não precisa que o cérebro lhe diga o que fazer e assim passa a ser considerado o nosso segundo cérebro!!!

É por isso que a sua alimentação influencia seus pensamentos e sentimentos.

E aí o destaque é: coma bem e você terá boa saúde e um excelente ânimo!!!

Aliás não se pode também esquecer que aquele "frio na barriga" que uma pessoa sente quando é solicitada inesperadamente para fazer um discurso ou uma palestra para muita gente é uma clara pista que o cérebro e o intestino estão **conectados**.

E há pouco tempo atrás os cientistas chegaram à conclusão que o coração tem um pequeno cérebro, concentrando cerca de 40.000 neurônios, não sendo apenas um órgão sem sentimentos (!?!?), mas que também sente, pensa e decide!!!

Aliás o coração é o único órgão capaz de enviar informação de forma autônoma ao cérebro, por isso passou a ser considerado como o terceiro cérebro.

Ele envia muito mais informação ao cérebro do que recebe.

Um dos sentimentos mais importantes para se ter é a gratidão, pois é assim que as pessoas se sentem felizes.

Você estimado (a) leitor (a) acha agora que o pensamento de gratidão nasce no primeiro cérebro ou no terceiro cérebro?

Eu estou na dúvida...

Mas voltando ao MPP, inicialmente é vital destacar que ele se baseia em nosso processo natural de resolução de problemas, acontecendo em **três etapas** – **perceber** o problema, **escolher** uma solução e **tomar** alguma providência – e o transforma em um esquema de **seis etapas** mais abrangentes e recorrentes para pensarmos melhor!!! Elas são:

1ª) ETAPA – O QUE ESTÁ HAVENDO?

Em geral essa é a etapa mais demorada de todo o processo. Ela abrange 5 perguntas, cuja função é ajudar a examinar um problema de forma global e obter respostas claras:

- **O que se deseja alcançar?**
- **Que impacto causa o problema?**
- **Quais informações eu tenho sobre o problema?**
- **Quem está envolvido na solução do problema?**
- **Qual é o futuro almejado com a implementação da solução?**

Naturalmente, de posse das respostas para essas perguntas, tem-se uma perspectiva mais abrangente do problema, o que torna possível estabelecer uma **visão** mais clara do que se quer obter, promovendo nas etapas seguintes o refinamento da mesma e estabelecendo os critérios concretos para se chegar ao **sucesso**.

2ª) ETAPA – O QUE É SUCESSO?

Busca-se nessa etapa ampliar a anterior, transformando nossa visão em uma imagem sólida do futuro, no qual **o problema já está resolvido**!!! "**O que é sucesso?**", se compõe de duas partes. É preciso imaginar a vida no futuro almejado e o que seria diferente do presente. Em seguida, usando as ferramentas específicas, deve-se estabelecer os critérios de sucesso.

Ao final dessa etapa, acabamos obtendo um conjunto bem definido de critérios de sucesso e uma visão suficientemente convincente, do que nos impede a manter o desejo de progredir e ter êxito.

3ª) ETAPA – QUAL É A PERGUNTA?

Esta é a etapa central do MPP, pois a sua função é definir as perguntas básicas, cujas respostas são fundamentais para chegarmos ao nosso futuro almejado. Essas perguntas são chamadas de **catalisadoras**, pois estimulam a ocorrência da mudança. Esta etapa emprega uma abordagem específica: **o problema deve ser formulado por meio de uma pergunta!!!**

Isso é indispensável, porque os enunciados dos problemas não têm muito efeito e não desencadeiam ações; entretanto as perguntas – problema pedem e provocam respostas!!!

4ª) ETAPA – GERAR RESPOSTAS.

Esta é a fase de geração de ideias do MPP, assim é nesta etapa que acaba se elaborando uma longa lista de possíveis respostas as perguntas catalisadoras. Em seguida é necessário **selecionar** as respostas mais promissoras para explorá-las e desenvolvê-las mais a fundo. De fato, entretanto, as ideias propostas como solução são embrionárias e nenhuma delas constitui ainda a solução...

5ª) ETAPA – FORJAR A SOLUÇÃO.

É nesta etapa que tomamos as ideias embrionárias mais promissoras da etapa anterior e buscamos transformá-las em soluções concretas. Para tanto, inicialmente é preciso avaliar o potencial de cada ideia da 4ª etapa e compará-la com os **critérios de sucesso** desenvolvidos na 2ª etapa.

Em seguida, depois de termos escolhido a ideia que mais atenda aos critérios de sucesso, é indispensável que ela seja refinada, para desse modo se criar uma **solução sólida e robusta**.

6ª) ETAPA – ALINHAR RECURSOS.

É nesta etapa de alinhamento de recursos que se identificam todas as medidas (ações ou providências) e os recursos necessários para se poder implementar a solução definida na 5ª etapa. Também é agora que são atribuídas as diversas tarefas para as pessoas que serão responsáveis por essa **implementação**. Por isso o nível de aprofundamento e detalhamento da 6ª etapa é bem considerável.

Deve-se, entretanto, salientar que o MPP não é adequado de se aplicar para **todas as situações**!!! Porém, ele é bem apropriado para situações que demandam **novas ideias** para enfrentar desafios. Mas nem todos os desafios exigem novas ideias!?!? Em várias circunstâncias, uma nova solução pode até ser favorável, mas nós ficamos satisfeitas apenas com uma paliativa e não há nada de errado com uma situação como essa...

OI

Um tipo particular de pensamento produtivo é o **pensamento radiante** que se apoia no uso de *mind maps* ("**mapas mentais**"). Trata-se de uma técnica gráfica bem poderosa que oferece uma chave universal para a utilização plena do cérebro.

O *mind map* se baseia no nosso cérebro e na função de associação, utilizando as habilidades tanto do córtex esquerdo quando do direito. Ele se vale de uma ampla gama de habilidades corticais simultaneamente: palavras, imagens, números, lógica, ritmo, cor, percepção espacial etc., de uma forma única simples e poderosa

Quando as pessoas se adaptam e passam a utilizar mapas mentais ao pensar, torna-se muito mais fácil para elas responder a certas questões. Por exemplo, ao ser solicitado a listar pelo menos 15 nomes de pássaros num período de 3 min, ao invés de pensar de forma desorganizada, o indivíduo que se utiliza de um mapa mental listará os nomes de acordo com situações específicas: pássaros que vivem no zoológico, aqueles que aparecem nos jardins, os que vivem em sua casa, os que servem de alimento etc. Com essa técnica ele conseguirá rapidamente elaborar algo similar ao desenho a seguir, ou seja, o mapa mental para encontrar muitos pássaros (em pouco tempo).

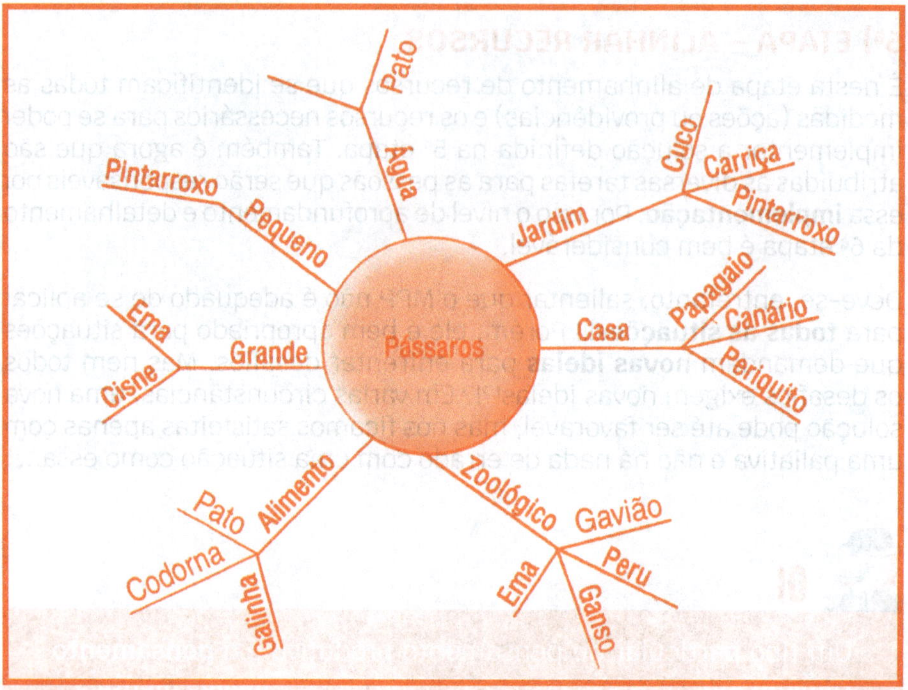

Identificação de pássaros

Um livro incrível – repleto de *mind maps* – foi escrito por Richard Israel e Vanda North, com o título *Chi Mental – Reprograme o seu Cérebro Diariamente em Apenas 8 Minutos* (editora DVS), no qual apresentaram o programa *Chi Mental*, que permite que o (a) leitor (a) aprenda como aumentar sua energia mental e a ser mais eficaz em tudo que faz, especialmente na sua capacidade de se concentrar e gerenciar informações, na aquisição de novos hábitos e ter pensamentos positivos, na geração de novas ideias e na sua resiliência mental. É uma leitura **indispensável** para quem **quer ser mais criativo**!!!

Uma outra metodologia que vem transformando a forma das pessoas pensarem é o *design thinking* (DT), que está sendo muito aplicado para a **criação** de novos produtos (serviços) e promover-se assim a **inovação**. A expressão significa "pensamento do *design*" ou "pensar como *designer*".

Todo *designer* desenvolve seu projeto a partir de um processo criativo, mas sempre com foco no bem-estar do cliente final, mesclando o aspecto sensorial (em especial a estética e a beleza) e a eficiência de um produto. Com isso em mente, dois profissionais do Vale do Silício (nos EUA), foram os responsáveis por divulgar e explicar o DT na década de 1990, aplicando a metodologia no mundo dos negócios.

Um deles foi o professor da Universidade de Stanford (EUA) e fundador da empresa de consultoria IDEO, David M. Kelley. O outro foi o CEO da IDEO, Tim Brown, autor do livro *Change by Design* (*Design Thinking – Uma Metodologia Poderosa para Decretar o Fim das Velhas Ideias*, em português), lançado em 2009. Nele, sempre visando a inovação, ele utilizou ferramentas dos *designers* para integrar as necessidades das pessoas, as possibilidades oferecidas pela tecnologia e os requisitos para se chegar aos produtos desejados.

Entretanto não é um livro de *designers* para *designers*, mas uma obra para os **profissionais criativos**, que estão sempre em busca de alternativas viáveis, tanto funcional quanto financeiramente, para alavancar negócios e para o benefício da sociedade. Tim Brown destacou em seu livro que o *design* não se limita a criar objetos ou embelezar o ambiente ao nosso redor.

Para ele, os melhores *designers* são aqueles que compatibilizam a **exigência** com a **utilidade**, as **restrições** com as **possibilidades** e a **necessidade** com a **demanda**!!! Bem, o DT é também a expressão utilizada para se referir ao processo sequencial de pensamentos criativo e crítico (bem semelhante ao apresentado por Tim Hurson em seu livro *Pense Melhor*...), que possibilita a organização das ideias de modo que se possa chegar a melhores tomadas de decisão, bem como adquirir mais conhecimento!!!

O intuito é que o processo seja realizado de maneira **coletiva** e **colaborativa**, possibilitando reunir o máximo de perspectivas diferentes. Suas aplicações são variadas e nas empresas é comum utilizar-se a abordagem DT para se encontrar soluções para os mais diversos problemas, independentemente de sua natureza ou magnitude.

E realmente é a partir de várias perspectivas que de fato é possível alcançar um entendimento adequado (inclusive completo...) de um problema. Apesar do DT não ter uma fórmula pronta, linear e estática, possui, porém, alguns procedimentos básicos e costuma ser dividido em **quatro fases** ou **etapas**, sendo que nas duas primeiras busca-se **definir o problema** e nas duas últimas ocorre o **desenvolvimento** e a **implantação da solução do mesmo**.

1ª) ETAPA – COMPREENSÃO.

Nesta etapa procura-se entender o problema, por meio do levantamento de informações e observações pertinentes. Quanto mais completo for esse entendimento, melhor será o resultado final e após todas as pesquisas feitas passa-se para a 2ª etapa.

2ª) ETAPA – SÍNTESE.

É nessa fase que se busca definir e delimitar qual é o **problema**, baseando-se obviamente na análise dos dados obtidos na pesquisa. Essa síntese é que irá guiar o processo de criação da solução. É vital identificar o problema certo a ser atacado de forma clara e que seja evidente quais são as ações que precisam ser realizadas para solucioná-lo.

3ª) ETAPA – IDEAÇÃO.

É agora que são criadas as hipóteses e desenvolvem-se as ideias solucionadoras. Nessa fase se reúne a equipe para fazer um *brainstorming* para a produção de ideias e geração de *insights*. É de extrema importância que as propostas fluam sem censura ou com medo de errar. Depois que várias ideias foram apresentadas é fundamental priorizar **aquelas** que são as melhores!!!

4ª) ETAPA – IMPLEMENTAÇÃO.

É a fase na qual será promovida a **tangibilização das ideias**, ou seja, transformando-as em soluções. São desenvolvidos então os protótipos, ou seja, os mínimos produtos viáveis (MPVs) se o DT estiver focado na elaboração de produtos novos. Escolhe-se o que mais faz sentido, após ser testado obviamente, para ser implementado!!!

Nessa etapa entre as ferramentas indicadas para realizá-la estão:

- **5W1H** – Um conjunto de 6 questionamentos importantes a serem feitos durante o processo de solução de algum problema. Ele é composto de 6 palavras em inglês: ***W**hat?* ("O que será feito?"); ***W**hy?* ("Por quê?"); ***W**here?* ("Onde?"); ***W**hen?* ("Quando?"); ***W**ho?* ("Quem?"); e ***H**ow?* ("Como?").
- Vale ressaltar que em alguns casos acrescenta-se ainda outro **H**, de ***H**ow Much?* ("Quanto custará?"). Há também duas últimas ferramentas que serão abordadas no **capítulo 5**:
  - Canvas do modelo de negócio.
  - Canvas de proposta de valor.

Ao finalizar essas observações sobre a **criatividade**, convém ressaltar que a pessoa criativa é aquela que tem **inspiração**. É verdade, porém, o que disse Thomas A. Edson: "**O gênio é 1% inspiração e 99% transpiração**", assim como o famoso pintor espanhol, Pablo Ruiz Picasso (1881-1973), que complementou: "**A inspiração existe, porém, precisa encontrar a pessoa trabalhando!!!**"

Hoje existem muitas formas para aumentar a inspiração de uma pessoa, mas uma incrível é: "**Espelhar-se em empresários muito bem-sucedidos**." Já, por exemplo, um escritor para ter ideias novas, comumente se **inspira** no cotidiano através das situações que lhe são apresentadas numa conversa entre amigos (isso, obviamente, inclui diálogos sobre as tendências para o futuro, e o surgimento de novas tecnologias que influenciam a sociedade...; na forma como as pessoas se divertem, trabalham, sofrem etc.; nas descrições vistas nos vídeos, filmes, etc., e até no que acaba lendo nas redes sociais, nos livros e em outras comunicações que circulam na Internet.

QUEM TE INSPIRA?

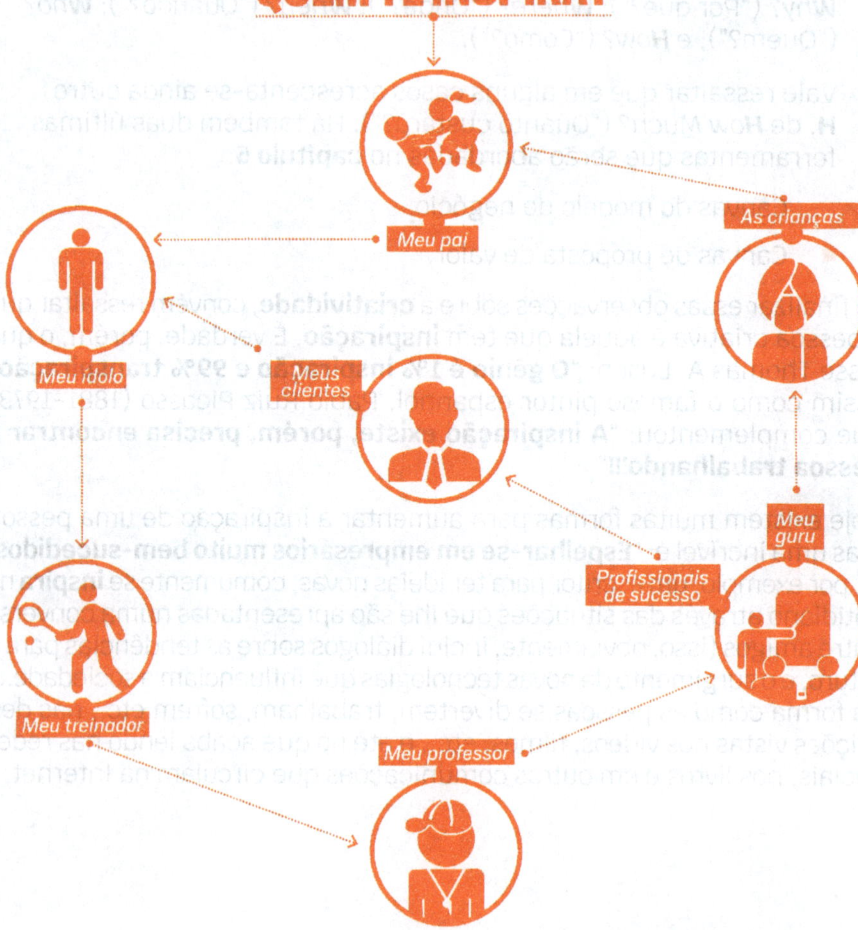

Existem várias pessoas que nos inspiram.
No seu caso, quem te inspira mais entre as indicadas nessa ilustração (elaborada pelo jornalista e escritor David Cohen)?

A **força inspiradora** surge frequentemente da nossa **intuição**, do nosso **instinto**, dos **lampejos** e das **revelações** que nos aparecem em momentos totalmente imprevisíveis, isto é, não surgem de um planejamento prévio.

Em seu livro *Business Recoded* (cuja tradução literal é *Negócio Recodificado*), Peter Fisk explica ao (à) leitor (a) que ele (ela) deve se inspirar em Jack Ma, que de um simples professor de inglês na China, criou a Alibaba, hoje uma empresa gigantesca que inclusive compete com as mais importantes *big techs* do mundo.

Ainda no mesmo livro, o autor ressaltou: "Ma Yún, mais conhecido pelo pseudônimo de Jack Ma, cofundador da Alibaba, abriu sua empresa em 1999, época em que poucas pessoas na China tinham um computador. Hoje ela é um grande conglomerado, com valor de mercado superior a U$900 bilhões, e ele continua sendo um homem '**996**' – **trabalha das 9h da manhã às 9h da noite, durante 6 dias da semana**."

Por outro lado, é indiscutível que uma pessoa acaba se comportando de forma criativa graças à sua **imaginação**. Ela é crucial para a vida do ser humano, sendo, sem dúvida, nossa mais importante aptidão, capaz de nos diferenciar de todas as outras espécies vivas no planeta!!! Para Albert Einstein: "A imaginação é mais importante que o conhecimento (ou a ciência), porque o conhecimento é limitado, ao passo que a imaginação abrange o mundo (**o universo**)."

Já o importante filósofo alemão Immanuel Kant (1724-1804), salientou: "A felicidade não é um ideal da razão, mas da nossa imaginação!" Na *Wikipédia* temos: "Imaginação é a capacidade mental que permite a representação de objetos segundo aquelas qualidades dos mesmos que são dadas à mente através dos sentidos." Em outras palavras, **imaginação** é a faculdade de representar objetos pelo pensamento, de inventar, de conectar, de criar imagens novas e originais **a partir do nada**!!!

De fato, a fantasia e a criatividade são os elementos-chave da imaginação. Talvez por isso há quem diga que: "O que os olhos não veem, a imaginação cria." Por isso, ler só é chato se você não tiver imaginação. Além disso, a **imaginação** deveria ser desmembrada em três palavras: **imagina a ação**!

Não foi por acaso que o famoso ator, roteirista, cineasta britânico Charles Spencer Chaplin (1889-1977), que se notabilizou pelo uso da **mímica** e da "**comédia pastelão**", destacou: "Num filme, o que importa não é a realidade, mas o que dele possa extrair a nossa imaginação."

Jean Albert Camus (1913-1960), o notável escritor franco-argelino, enfatizou, de maneira sarcástica: "A imaginação oferece às pessoas consolação por aquilo que não podem ser e o humor por aquilo que são." A imaginação da maioria das pessoas, lamentavelmente, é delimitada por muitas barreiras internas, individuais e sociais que as influenciam para que não tenham uma boa visão do futuro. Piero Morosini, um líder intelectual, disse em seu livro ***Sete Chaves da Imaginação***, que o processo para criar o futuro é desdobrado pelas sete chaves da imaginação, sendo a primeira delas a **atitude mental** para visualizar futuros radicalmente novos (e até então inimagináveis), que levam a um processo criativo que, uma vez consolidado, conduza a um processo de inovação, chegando-se à transformação almejada no futuro sonhado!!!

Hoje já existem vários textos que ensinam como uma pessoa pode estimular e liberar sua imaginação. É devido a sua **inspiração** e **imaginação** é que as pessoas conseguem formular **ideias novas** em todos os campos que acabam levando a **invenções** e **inovações**.

OI

Não é nada fácil colocar as ideias em ação. Aliás, em seu livro *Ideias em Ação! Como Superar os Obstáculos para Ser Criativo e Bem-sucedido*, Charles "Chic" Thompson e Lael Lyons explicaram muito bem como as diferentes pessoas exibem suas opiniões castradoras. Veja a tabela na sequência:

CLASSIFICAÇÃO DA PESSOA	QUANDO ELA DIZ...	DE FATO, QUER DIZER...
1ª) Catastrófica	Você percebe a papelada que essa ideia vai gerar.	Sua ideia é um enorme problema.
2ª) Comparativa	Sempre fizemos desse jeito.	Ficar como se está é melhor que a sua ideia.
3ª) Generalizadora	Não vai funcionar nunca!	Num mundo de perdas e ganhos, sua ideia perde.
4ª) Esnobadora	Não perca seu tempo pensando.	Sua ideia é ameaçadora.
5ª) Seletiva	Não está no orçamento.	Sua ideia não passa na primeira verificação.
6ª) Empacante	Apresente-me isso por escrito.	Sua ideia é muito complexa.
7ª) Irretocável	Não satisfaz o que se quer como inovação.	Sua ideia está fora do nosso espectro.

Bem, e aí vão algumas ilustrações envolvendo cada um dos tipos de pessoas obstacularizadoras!!!

1º)

"Você percebe a papelada que esta ideia vai gerar?"

2º)

"Chefe, tive uma ideia."

3º)

— Você já considerou...
— Não perca seu tempo pensando, Johnson.

4º)

"Não vai funcionar nunca!"

5º)

— Você está no caminho errado.
— Por que não vai para casa mais cedo hoje?

6º)

"Eis minha ideia, chefe."

7º)

"Que fantástico se isso já existisse, não é?"

Aliás, entre os bons livros para se ter muitas ideias, tem-se o de Steven Johnson, cujo título é *De Onde Vêm as Boas Ideias?* no qual ele explicou como uma pessoa, valendo-se de **inspiração**, **imaginação** e **criatividade**, pode elaborar "**grandes ideias**". Quem desejar se aprofundar em como lidar bem com as ideias, especialmente com a parte mais difícil que é implementá-las, devia também ler com atenção *A Ideia é Boa. E Agora?* de autoria do empreendedor Scott Belsky.

Bem, caro (a) leitor (a), a partir de agora leia e medite sobre algumas declarações de pessoas famosas sobre a importância de uma **boa ideia**, e depois responda mentalmente as perguntas colocadas depois de cada uma delas:

> "Nada é tão poderoso no mundo como uma ideia cuja oportunidade chegou." – **Victor-Marie Hugo** (1802-1885), romancista francês, estadista e ativista pelos direitos humanos.

Que ideia apontada nesse livro já chegou a esse ponto? Sem dúvida há pelo menos duas: **adaptar-se** o mais rápido possível às transformações digitais e **agir de forma ágil** sempre. Além dessas, qual você acha mais?

> "As grandes ideias são tão difíceis de ser reconhecidas, tão frágeis, tão fáceis de matar. Não se esqueçam disso, todos vocês que nunca têm uma." – **John Elliott Jr.**, famoso jogador e instrutor de golfe.

E qual foi a mais destacada ideia que você já teve e conseguiu implementar?

> "De nada valem as ideias sem homens capazes de colocá-las em prática." – **Karl Marx** (1818-1883), filósofo, economista, jornalista e revolucionário socialista alemão.

Quantas pessoas conhecemos com muitos planos de vida, diversos recomeços, muitas iniciativas!!! Poucas dessas ideias, entretanto, acabam sendo implementadas, não é?

> "Todo conhecimento humano começou com intuições, passou daí aos conceitos e terminou com ideias." – **Immanuel Kant**, filósofo alemão.

E aí, sua intuição o tem levado a ter ideias incríveis?

> "A mente que se abre para uma nova ideia jamais voltará ao seu tamanho original!!!" – **Oliver Wendell Holmes Senior** (1809-1899), médico, poeta e polímata norte-americano.

O que foi que abriu e ampliou sua mente nos últimos tempos?

> "Se a princípio a ideia não parecer absurda, não há esperança para ela." – **Albert Einstein**, um físico genial.

Quando é que uma ideia absurda que você teve se tornou realidade?

> "A verdadeira dificuldade não está em aceitar as ideias novas, mas em escapar das antigas." – **John Maynard Keynes** (1883-1946), famoso

economista britânico cujas ideias mudaram a teoria e a prática da macroeconomia.

Será que suas ideias antigas acabaram se transformando em crenças "imexíveis"!?!?

"Uma ideia é um ponto de partida e nada mais. Logo que se começa a elaborá-la, porém, ela pode ser transformada continuamente pelo nosso pensamento." – **Pablo Picasso**, renomado pintor e escultor espanhol.

Você sente que as suas ideias começam de um jeito e acabaram no fim sendo bem diferentes?

"Em ciência, o crédito vai para o homem que convence o mundo de uma ideia, não para aquele que a teve primeiro!?!?" – **William Osler** (1849-1919), um canadense que se tornou um dos ícones da medicina moderna.

Você consegue lembrar de alguma empresa que teve a primeira oportunidade de conhecer algo original e não aproveitou isso?

Não!!! Então procure descobrir por que a Kodak não quis produzir a máquina fotográfica digital!?!?

OI

Alguém bem sarcástico, e seguramente cínico, disse certa vez: "Aquele que copia de uma pessoa é um **ladrão**; quem copia de duas é **plagiador**; quem copia de três é **analista;** quem copia de quatro é **pesquisador**, mas quem copia de cinco ou mais, é **altamente criativo**!!!"

Porém, é seguramente dentro dessa sequência que alguém chegou ao famoso canivete suíço Victorinox, que apresenta muitas funções interessantes (vide ilustração):

Ninguém compraria um canivete que apresenta uma única função, não é mesmo?

Na realidade, uma pessoa criativa procura ter à sua disposição diversos objetos (elementos) os quais procura combinar de forma diferente daquela utilizada até agora!!!

Um ótimo exemplo de ideia criativa que deu muito certo foi o **Dia dos Solteiros**, na China, cuja inspiração é sem dúvida o **Dia dos Namorados**. Ele é comemorado em **11/11**.

Essa data foi escolhida pois o número 1 parece representar muito bem a pessoa **sozinha** e 11/11 seria a representação máxima do **solteirismo**.

Aliás, na China, os solteiros são chamados de "**galhos nus**", ou seja, que ainda não floresceram, que passaram assim a ter um dia especial para "exaltar" essa condição.

Embora essa comemoração tenha surgido em 1993, e fosse considerada um tanto obscura no início, ela **cresceu exponencialmente** e ganhou muita força graças ao grupo Alibaba a partir de 2009, quando a empresa de comércio eletrônico deu início a uma enorme campanha para divulgá-la,

vendendo seus produtos – cosméticos, roupas, produtos eletrônicos, alimentos etc. – com **grandes descontos**. Aliás o ano de 2011 foi chamado de **Dia dos Solteiros do Século** (11/11/11). Vale ressaltar que nesse dia, solteiras e solteiros chineses compraram desvairadamente – isto é, **presentearam-se** – de forma enlouquecida!!! Aliás, em 2020 registrou-se um recorde absoluto de vendas, quando as operações em plataformas como Tmall, Aliexpress, Taobao superaram os **R$ 415 bilhões**, em apenas **24 h**.

Como já foi dito, essa foi sem dúvida uma **ótima ideia**, e muito bem aproveitada pela Alibaba, **não é mesmo?** Pois é, com inspiração e imaginação **grandes descobertas** acontecem. Estas levam a **ideias** fantásticas que, por sua vez, possibilitam grandes **invenções** e, finalmente, muitas **inovações**!!!

O QUE É UMA DESCOBERTA?

A descoberta é o ato de se **detectar** ou **identificar** algo novo ou "**antigo**" que ainda não tenha sido reconhecido como **significativo**. Com referência às ciências e disciplinas acadêmicas, a descoberta é a observação de novos fenômenos, novos eventos e novas ações, e a criação de novas formas de raciocínio para explicar o conhecimento obtido por intermédio das mesmas, valendo-se de pensamentos abstratos, bem como de experiências do dia a dia.

Fala-se, assim, por exemplo, da descoberta: de um fenômeno físico ou químico por meio da pesquisa e da experimentação. Às vezes a descoberta é explicada como a aquisição de um **novo conhecimento**, porém, graças ao acaso, ou sem um esforço determinado aplicado neste sentido, o que se confunde com o **serendipismo**, tema sobre o qual se discorrerá mais adiante neste livro...

OI

Todo aquele que quer ser criativo precisa ser muito **curioso**. A recomendação é ficar atento a coisas extraordinárias em todos os setores, como por exemplo as observações fantásticas sobre as plantas, como: "A planta que dança", "Uma folha que tem 28m de comprimento, 4 m de largura e pesa 100 kg", "A árvore do adultério, na qual eram amarradas as adúlteras e de cujos galhos secos saíam milhares de formigas que as picavam...", "A orquídea sem folha" etc.

Para ficar ciente por exemplo dessas curiosidades, a sugestão é ler o *Atlas du Botanique Poétique* (*Atlas de Botânica Poético*, em tradução livre), de autoria de Francis Hallé, um dos maiores biólogos do mundo. Ele não é um poeta surrealista, tampouco escreve sobre literatura fantástica ou ficção científica, mas nessa sua obra apresentou descobertas sobre plantas que parecem "**quebrar o senso comum**".

O QUE VEM A SER UMA INVENÇÃO?

Antes de uma definição, que tal refletirmos sobre o que disseram algumas pessoas ilustres sobre invenção:

> "O tédio é uma invenção dos preguiçosos." – **Ugo Ojetti** (1871-1946), escritor e jornalista italiano.

Será que além da preguiça, todos os demais pecados capitais (**avareza**, **gula**, **inveja**, **ira**, **luxúria** e **soberba**) também são invenções? Certamente que **não**, pois todos conhecemos muita gente que os pratica, não é?

> "A lei suprema da invenção humana é que apenas se inventa trabalhando." – **Émile-Auguste Chartier** (1868-1951), jornalista e filósofo francês.

É por isso que existem no mundo tantos institutos e laboratórios de pesquisa e desenvolvimento (em especial nas nações mais poderosas...), sendo que alguns deles são muito produtivos e lançam invenções todos os anos!!!

> "Nunca fiz nada dar certo por acidente, tampouco nenhuma das minhas invenções surgiu por acidente. Todas vieram de um árduo trabalho." – **Thomas A. Edison** (1847-1931), empresário norte-americano que aplicou os princípios de produção maciça ao processo de invenção.

Por isso, desde já não acredite que o **serendipismo** poderá ajudá-lo de forma significativa a chegar a várias "invenções" (!?!?), especialmente para progredir em sua carreira...

> "Só um sentido de invenção e necessidade intensa de criar levam o homem a revoltar-se, a descobrir e a descobrir-se com lucidez!!!", explicou o famoso pintor espanhol **Pablo Picasso**.

E para você, diligente leitor (a), qual foi a mais importante inventor da humanidade até os dias de hoje? Essa é uma pergunta cuja resposta é complicada, não é?

> "A maior invenção do mundo não é a minha tecnologia. É a morte!!! É através dela que o velho sempre dará lugar ao novo!!!" – **Steve Jobs**, fundador da Apple, empresa que revolucionou a indústria em muitos setores (computadores, filmes de animação, telefones celulares etc.).

Deixando de lado essas citações, um tanto quanto **genéricas**, pode-se dizer que **invenção** é o resultado de uma atividade tecnológica, e tem por objetivo a resolução de um problema prático!!! Ela tem uma **proposta única**: trazer ao mundo **algo que não existia antes**, seja na forma de produto, serviço ou processo. Normalmente as invenções surgem a partir de um processo criativo, quando uma **necessidade** faz surgir na mente de alguém (ou de uma equipe) uma boa ideia que permita atendê-la...

As invenções são comumente protegidas por **patentes** ou outros mecanismos de proteção da **propriedade intelectual**. O registro formal dessas "novas ideias" evita que alguém as copie sem o devido consentimento, sendo, portanto, algo crucial para todo inventor – afinal, se o ato de **criar é humano**, o de **copiar também é**!!!

Vale lembrar que cada país possui sua própria agência responsável pelo **registro das patentes** locais, um processo que em algumas nações, como nos EUA, leva em média **três anos**. Lamentavelmente no Brasil o processo de **concessão de patentes** é bem mais longo, chegando a levar mais de **10 anos**...

Propriedade intelectual é uma área do direito que utiliza leis específicas, ou seja, dispositivos legais, para garantir aos inventores ou responsáveis por qualquer **produção intelectual** – seja nos domínios industrial, científico, literário ou artístico – o direito de obter recompensa pela própria criação, isso por um determinado período. Ela inclui patentes (invenções), marcas, desenho industrial, indicação geográfica e proteção de cultivares.

Atualmente a questão da propriedade intelectual vem sendo discutida cada vez mais, o que estimula o surgimento de mais criações e o empreendedorismo. Além disso, essa discussão contribui para a competitividade empresarial, beneficia o comércio e o desenvolvimento tecnológico, cultural e científico de uma nação.

A propriedade intelectual abrange um vasto espectro, normalmente subdividido em três ramos:

1º) **Propriedade industrial** – Inclui patentes, marcas, desenhos industriais e indicações geográficas no meio empresarial.

2º) **Direito autoral** – Compreende os trabalhos artísticos, como livros, poesias, peças teatrais, pinturas, músicas, filmes, vídeos etc.

3º) **Proteção *sui generis*** – Abrange obras como topografia de um circuito integrado, cultivar e o conhecimento tradicional.

Aquele que desrespeita direitos de propriedade intelectual comete **pirataria**, o que é considerado um crime pela nossa legislação.

O QUE É INOVAÇÃO?

A **inovação** pode ser entendida como a **exploração comercial** de uma invenção, tecnologia, produto ou processo. Sua principal motivação é **econômica**. Para que uma invenção se transforme numa inovação ela deve ser "**apropriada**" pelas pessoas, gerando valor para a sociedade e também para empresas.

De acordo com a lei federal Nº 10973/04, **inovação** é a introdução de uma novidade ou um aperfeiçoamento no ambiente produtivo ou social, que resulte em novos produtos, processos ou serviços. Uma inovação se dá com a chegada ao mercado de algo até então inexistente. Há inclusive quem diga que a **inovação é o uso criativo de uma invenção**!!!

OI

Sem procurar criar nenhum tipo de discórdia com os (as) leitores (as), mas na tentativa de tentar estimular pensamentos criativos e críticos, leia com atenção esse texto e medite se essas "afirmações" são complementares ou totalmente fictícias!?!?

"O homem descobriu o vidro e inventou a garrafa.
A mulher descobriu o vidro e inventou o espelho.
O homem inventou o baralho, e logo depois o jogo.
A mulher descobriu o baralho e inventou a cartomante.
A homem descobriu a palavra e inventou a conversa.
A mulher descobriu a conversa e inventou a fofoca.

O homem descobriu a dinheiro e inventou o comércio.
A mulher descobriu o comércio e inventou a dívida.
O homem descobriu a comida e inventou o almoço.
A mulher descobriu a comida e inventou a empregada.
O homem descobriu a mulher e inventou o namoro.
A mulher descobriu o homem e inventou o casamento.
E aí o homem não inventou mais nada."

Entre as definições para o conceito de **inovação**, temos:

> "A criatividade é a inspiração da inovação." – **Evelyn Cordeiro**, especialista em gestão de projetos e *storytelling*

> "A necessidade é a mãe da inovação." – **Platão** (427 a.C. a 347 a.C.), filósofo grego da antiguidade.

Aliás, essa afirmação está mais do que comprovada com a recente produção de tantas vacinas para combater a pandemia de *Covid-19*, e em tempo recorde, **não é mesmo**?

> "A criatividade é pensar em coisas novas, enquanto a inovação é fazer coisas novas." – palavras de **Theodore Levitt** (1925-2006), economista alemão e grande nome do *marketing* mundial.

> "Todas as inovações eficazes são surpreendentemente simples. Na verdade, o maior elogio de uma inovação é haver quem diga 'Isso é tão óbvio!!!' ou 'Por que não pensei nisso antes' " – **Peter Ferdinand Drucker** (1909-2005), escritor e professor, considerado "**pai da administração** ou **gestão moderna**".

OI

Quem se envolve com o estudo da criatividade acaba ficando perplexo com **ideias excêntricas**, como as Kenji Kawakami. Ele criou o ***chindogu***, ou seja, a arte de desenvolver produtos "quase úteis", isto é, que provavelmente "jamais serão utilizados", "nunca serão patenteados", e "dificilmente serão vendidos", mas que não foram feitos com o intuito de provocar **risos** sarcásticos nos outros....

a)

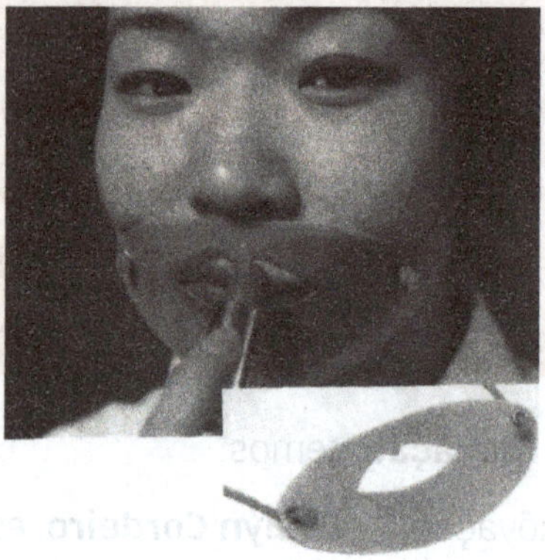

Máscara para facilitar a aplicação de batom nos lábios.

b)

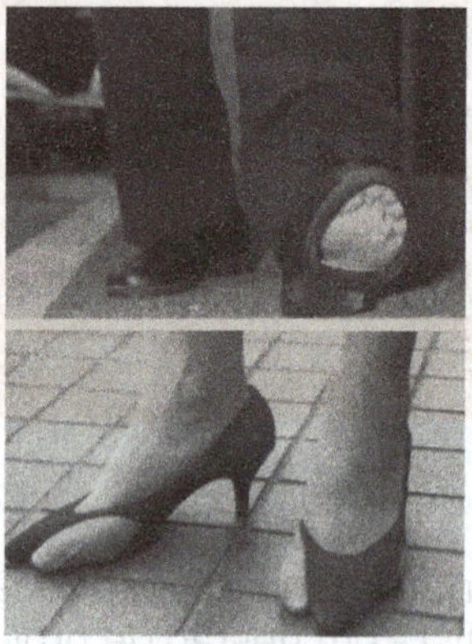

Sapatos que permitem ao usuário manter contato com a natureza.

c)

Dispositivo para esfriar o macarrão e não se sujar enquanto come.

d)

Pantufas protetoras de assoalho para gatos.

Ficou curioso com essas invenções? Você poderá encontrar muitas outras num dos livros de Kanji Kawakami, como no intitulado *101 Useless Japanese Inventions (101 Invenções Japonesas Inúteis)*.

Não sendo *chindogu*, mesmo assim as pessoas estão se equipando cada vez mais para desenvolver a sua **trabalhabilidade** com agilidade e flexibilidade.

a)  b) 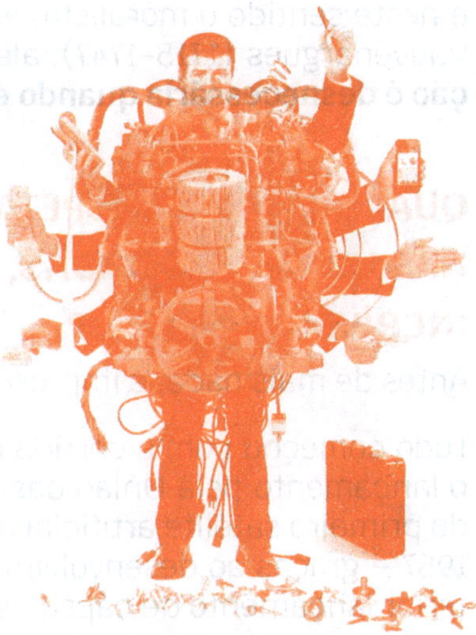

O que você acha das ilustrações **a)** e **b)**?

De fato, tanto a utilidade como a praticidade de uma invenção são cruciais, e um ótimo exemplo disso é o *smartphone* (o "telefone celular inteligente"), que combina recursos de um computador pessoal e diversas funcionalidades avançadas. Trata-se de um produto que prima pela arte e pelo *design*, e que se transformou na **inovação mais desejada por qualquer indivíduo**!!! Vale ressaltar que o **telefone celular** propriamente dito é um ótimo exemplo de **invenção**, enquanto o ***smartphone*** exemplifica de forma exata o conceito de **inovação**.

E outro grande exemplo de inovação são os já mencionados carros elétricos da Tesla, uma empresa fundada em 2003, que hoje pertence ao bilionário Elon Musk (foto ao lado). Apesar de já existirem automóveis elétricos, a Tesla introduziu neles **grandes melhorias**, como baterias de longa duração, e promoveu aperfeiçoamentos na potência dos veículos.

Conhecido como um falastrão no Twitter, o bilionário Elon Musk agora poderá fazer o que quiser nessa plataforma, uma vez que ofereceu por US$ 44 bilhões para adquirí-la!!!

Mas é claro que nem sempre uma inovação alcança o sucesso tão almejado, e neste sentido o moralista, ensaísta e escritor francês Luc de Clapiers Vauvenargues (1715-1747), alertou: "**Está comprovado que uma inovação é desnecessária quando é demasiadamente difícil implementá-la**."

QUAL FOI A MAIS ESPETACULAR INVENÇÃO OCORRIDA NAS ÚLTIMAS DÉCADAS, QUE SE TRANSFORMOU NA MAIS INCRÍVEL INOVAÇÃO?

Antes de mais nada, é imprescindível relatar como se chegou até "**ela**"!!!

Tudo começou com a corrida espacial no final da década de 1950, com o lançamento pela União das Repúblicas Socialistas Soviéticas (URSS) do primeiro satélite artificial da Terra – o *Sputinik1*, em 4 de outubro de 1957 – graças ao desenvolvimento de poderosos foguetes, e com o posterior lançamento de cápsulas ocupadas por astronautas.

Depois disso, ocorreram muitos milhares de lançamentos de satélites que possibilitaram, entre outras coisas, a interligação dos mais distantes pontos do planeta, o que possibilitou um **nível de conectividade** jamais experimentado até então. De modo concomitante, intensas pesquisas e grandes desenvolvimentos levaram à criação da **Internet** e, na sequência, da ***Web*** ("rede"), certamente **as mais importantes invenções das últimas décadas**!!! – pelo menos na minha opinião.

MAS COMO SE CHEGOU À INTERNET?

A Internet não surgiu de repente. De fato, os primeiros planos para interligar pessoas por meio de uma rede datam do início da década de 1960. Sua história evoluiu durante a Guerra Fria (um conflito geopolítico entre EUA e URSS, que segundo especialistas se manteve ativo entre 1947 e 1991), quando os norte-americanos resolveram criar o **sistema de comunicação mais eficiente e confiável do mundo**!!!

Com esse intuito foi criada a Advanced Research Projects Agency (ARPA), ou Agência de Projetos de Pesquisa Avançada, órgão responsável pelo projeto especial ARPANET (onde "*net*" significa "rede"). Em 1974, os engenheiros Vinton Cerf e Robert Kahn desenvolveram os protocolos TCP (*Transfer Control Protocol*, ou protocolo de controle da transmissão) e o IP (*Internet Protocol*, ou protocolo da Internet), com o objetivo de tornar a transmissão por pacotes de dados aplicável a todos os tipos de sistemas de informação.

Apesar de ser difícil apontar atualmente um único responsável pela invenção de algo, sem dúvida Vinton Cerf (foto ao lado) foi um pesquisador incrível, que nos permitiu ter mais acesso à Internet.

Esse trabalho acabou se constituindo na base de todas as comunicações da **Internet** (nome proposto em 1974 e aceito por todos). Lembrando que ***inter*** vem da palavra internacional, e ***net***, como já foi explicado, significa "rede". A Internet surgiu, portanto, como uma **rede mundial de computadores interligados**.

A partir de 1983 os protocolos TCP/IP se tornaram públicos, o que significou que essa tecnologia de vanguarda foi disponibilizada para todos e então, entre 1987 e 1991, a Internet foi liberada para uso comercial nos EUA. A tecnologia desenvolvida para a Internet atendeu seu objetivo: permitir a circulação de informações entre dois pontos – origem e destino –, **independentemente do caminho escolhido**!?!?

Daí em diante, a Internet se tornou o principal meio de comunicação criado pelo ser humano, e com ela tornou-se possível transferir arquivos, acessar informações em diversas partes do mundo e realizar chamadas por voz, texto ou vídeo. Com isso, as enormes distâncias que separavam as pessoas no planeta praticamente desapareceram...

Há quem diga que a humanidade vivenciou uma grande ruptura – e certamente um enorme avanço – em termos de comunicação, experienciando duas **eras distintas** num curto espaço de tempo: o **antes** e o **depois** da Internet. E embora os norte-americanos chamem Vinton Cert e Robert Kahn de "**os pais da Internet**", **não** se deve citar um nome específico como seu grande "inventor", uma vez que foi o resultado do trabalho árduo de muitos pesquisadores, de diversas partes do mundo.

Outro fato bastante importante aconteceu em 12 de março de 1989, no Conseil Européen pour la Recherche Nucléaire (CERN), ou Conselho Europeu de Pesquisa Nuclear, quando o cientista britânico Timothy John Berners-Lee lançou as bases para **uma das maiores revoluções da história da humanidade**: a criação da *World Wide Web* (WWW), que significa "**rede mundial de computadores**", mas ficou conhecida simplesmente como *Web*.

Foi Tim Berners-Lee que lançou a *World Wide Web* (*WWW*) para o mundo (foto ao lado).

No início a WWW era apenas um sistema para que as pesquisas e outros trabalhos acadêmicos de universidades pudessem ser utilizados em um ambiente contributivo para todas as partes envolvidas. A *Web* e a Internet **não são a mesma coisa**, embora muitas vezes os dois termos acabem se confundindo, uma vez que na maioria das soluções a *Web* é o que permite às pessoas acessarem a Internet.

O fato é que a *Web* foi evoluindo, transformando-se em um sistema de informações interligadas por meio de **hipermídia** (hiperligações em forma de texto, vídeo, som etc.), que permite ao usuário acessar uma enorme quantidade de conteúdos pela Internet!!! Ela não parou de se desenvolver e já está migrando da ***Web* 3.0** (bastante focada em sistemas de busca cada vez mais inteligentes) para ***Web* 4.0** (caracterizada pelo uso intenso de estratégias de *marketing* digital e pela utilização maciça da IA).

Em resumo, a Internet é uma rede global que permite conectar computadores e diversos outros dispositivos eletrônicos; a WWW, por outro lado, é uma teia de páginas diferenciadas e interligadas, disponíveis a todo e qualquer equipamento do mundo que possua acesso à Internet. A Internet é a rede que conecta globalmente todos os servidores do planeta, e a *Web* é uma ferramenta dela, usada de forma global para se obter conteúdo, transferido pela Internet.

Juntas, a Internet e a *Web* representam a **maior invenção dos últimos tempos**, ocupando papeis fundamentais nas intensas mudanças às quais estamos submetidos hoje, em especial quando problemas tradicionais passaram a ser solucionados pelo uso da **tecnologia digital**, valendo-se das transformações digitais (TDs).

Há quem pense que a maior invenção é a do *smartphone*, mas aí se esquece que sem Internet e a Web seu desempenho seria bem inferior ou limitado...

Se alguém ainda tiver alguma dúvida em relação ao poder das TDs, certamente irá se convencer disso ao perceber o grande número de importantes *startups* surgidas no Brasil nessa última década (mais detalhes no capítulos 6 desse livro). Porém, o essencial nesse momento é compreender concretamente que a **criatividade** depende da **inspiração**, da **imaginação**, e das **ideias** que, por sua vez, acabam levando a **descobertas**, **invenções** e **inovações**.

Daqui para frente serão apresentados alguns detalhes sobre como se chegar a uma **inovação**"!!! A criadora de *startup* Judy Estrin, em seu livro *Estreitando a Lacuna da Inovação – Como Reascender a Centelho da Criatividade na Economia Global*, (editora DVS) descreveu de forma precisa quais os ingredientes básicos para uma inovação, destacando:

A **tolerância** com os insucessos deve ser uma característica de quem deseja ter sucesso com a inovação, como demonstrou nossa saltadora com vara, Maurren Maggi (foto ao lado) que derrubou muitas vezes o sarrafo, até conseguir ultrapassar uma nova altura, os impressionantes 7,04 m conquistando a medalha de ouro nos Jogos Olímpicos de 2008, em Pequim.

Salientou Judy Estrin: "Para mim, os cinco princípios fundamentais da inovação são **questionamento**, **disposição ao risco**, **abertura**, **paciência** e **confiança**. O **questionamento** faz parte da natureza das pessoas inovadoras, que sempre perguntam '**Por quê**' e/ou '**Como**' algo deu errado; elas se perguntam se é possível fazer uma determinada coisa de maneira diferente. Para elas, admitir um **fracasso não é fácil** e, em geral, é muito caro para a sua reputação e também para o bolso... Essas pessoas têm grande dificuldade em **renunciar** a uma ideia pela qual estão **apaixonadas**..."

Quem quer inovar não pode ter **aversão ao risco**, ou seja, o comportamento humano de pessoas que são mais propensas a **não assumir** riscos, diferentemente de outras – como a equilibrista da foto – que são amantes do risco.

Todos os que querem inovar estão cientes de que o **insucesso** faz parte de qualquer inovação, isto é, existem **riscos intrínsecos** ao processo que precisam ser assumidos!!! Quando a cultura da empresa não prima pela **abertura**, possíveis desvios no plano que se deseja desenvolver são geralmente encobertos, ao invés de trazidos à tona, o que pode atrasar o processo de inovação. Por outro lado, um indivíduo inovador e com mente **demasiadamente aberta** pode mudar tanto o rumo de um projeto que este acaba não saindo do lugar.

É vital ter mente aberta, que significa ser tolerante, indulgente, treinado para ser criativo, entusiasmado frente ao que é diferente e novo, que aliás é o que acaba acontecendo na sequência de "encontros" indicada na ilustração ao lado, quando no final ocorre o compartilhamento e a colaboração entre as pessoas envolvidas no mesmo objetivo...

A **paciência** é indispensável para o sucesso de qualquer processo que visa inovação, entretanto, isso não quer dizer que ele deva ser **extremamente lento** ou **passivo**. Pessoas inovadoras precisam se sentir confortáveis em conviver bem com as ambiguidades durante um determinado tempo e, desse modo, não escolher logo de saída a primeira ideia ou solução que surgir!!!

Paciência é algo que todos os inovadores devem ter. Contudo, um comportamento paciente não pode ser confundido com aquele de uma lenta tartaruga transportando um passageiro, como mostrado na ilustração.

Porém, é preciso que se tenha uma **paciência altiva**: persistência para superar obstáculos técnicos e defender ideias novas e audaciosas diante da incredulidade de outras pessoas. Somente quando prevalece nas empresas uma **confiança autêntica** é que os funcionários sentem liberdade para questionar e ter disposição para implementar alguma inovação.

A confiança, ou seja, a crença de que algo não falhará, é importantíssima para quem está desenvolvendo um processo de inovação.

O aperto de mãos significa também confiança, **viu**?

Não se pode esquecer, entretanto, que levados ao extremo, qualquer dessas condições ou desses valores pode **reprimir** seriamente a inovação. Confiança em demasia sem o devido questionamento revela **falta de bom senso**. Paciência em excesso pode criar um ambiente **insosso** e **inerte**. A disposição para o risco dever ser contrabalançada por questionamentos, evitando-se assim a **impulsividade**. O questionamento desprovido de confiança pode dar lugar a **intolerância**.

Ninguém deve ficar desesperado quando o seu trabalho visando uma inovação não conduzir a nada... – como na figura andrógina (ao lado) que aparece na obra *O Grito*, do pintor norueguês Edvard Munch (1863-1944), um dos precursores do impressionismo e expressionismo.

Quando todos esses cinco princípios de comportamento estão equilibrados eles se interrelacionam, criando a capacidade para se promover a "**novidade**" essencial ao florescimento da inovação.

Todo aquele que deseja chegar a uma inovação deve concordar com o que disse Confúcio (552 a.C. - 489 a.C.), pensador e filósofo chinês: “A única maneira de não cometer erros é não fazendo nada novo. Este, no entanto, é certamente um dos maiores erros que se poderia cometer em toda a sua existência.”

Ficou claro quais são os elementos ou valores indispensáveis para que se possa chegar a uma inovação? Pois é, mas essa explicação não estaria completa sem um importante esclarecimento: é preciso que se tenha um ambiente adequado para inovações e que se compreenda muito bem a diferença entre **bom planejamento** e **pura sorte**.

OI

Mas afinal o que tem mais valor, **invenção**, **inovação** ou **imitação**?

É evidente que se não houvesse uma invenção que se tornou um sucesso, virando inovação, não haveria imitação!?!?

Porém, em muitas situações as invenções que viram inovações acabam sendo **superadas** pelas suas **imitações**!!!

Imitar significa copiar, replicar ou repetir uma inovação, seja um produto, seja um serviço ou um modelo de negócios.

Não se trata de **pirataria**, embora a linha divisória entre ambas seja tênue!!!

A pirataria é a prática de vender ou distribuir produtos (falsificados) sem a expressa autorização dos proprietários de uma marca ou produto.

Constitui—se em crime contra direito autoral ("*copyright*") sendo punido por lei.

Atualmente é a **pirataria digital** que está muito em voga com comercialização ou distribuição de conteúdos que possuem direitos intelectuais, sendo uma prática totalmente ilícita.

A imitação, por sua vez, permite economizar muito em pesquisa, desenvolvimento e *marketing*, além de reduzir o risco de um empreendimento, pois vale-se do precedente de que um novo produto ou serviço teve aceitação entre os consumidores.

Além disso, as imitações estão menos atadas a tecnologias antigas.

São os imitadores também que movimentam continuamente as **inovações**, ou seja, estas não podem parar pois esta é uma das formas que os inovadores procuram utilizar para "atrapalhá-los" forçando-os a se adaptarem rapidamente às mesmas...

A imitação na maioria das vezes é tratada de forma aviltante, no mundo dos negócios, mas o mesmo já não acontece nas relações sociais, nas lições de vida e nos exemplos de família.

O professor quer que seus ensinamentos sejam reproduzidos e deseja que seus alunos os imitem, os líderes influenciam com suas atitudes a ponto de se tornarem bons exemplos e finalmente os pais almejam que os seus filhos os imitem em muitas coisas...

É bom não esquecer o que o ícone do cristianismo Paulo de Tarso (5 a67), ou seja, são Paulo disse: "Sede meus imitadores, como eu mesmo sou de Jesus Cristo!!!"

O que ninguém pode esquecer é que as boas imitações levam ao sucesso também e por isso deveriam ter outro nome, como, por exemplo, **imovações** (tirando letras das palavras imitação e inovação).

E isso acontece pois sem dúvida "**imovar**" é bem mais barato do que descobrir e inovar!?!?

Você acha que há nesses desenho muitas boas imitações, ou na realidade elas podem ser chamadas de **imovações**?

E QUAL SERIA O AMBIENTE MAIS ADEQUADO PARA A INOVAÇÃO NAS EMPRESAS?

De modo geral, o melhor ambiente seria aquele no qual:

1º) Você consegue se sentir você mesmo!

2º) Procura-se sempre desenvolver e/ou oferecer algo significativo!

3º) Inexistem regras "estúpidas" que impedem o exercício da criatividade e/ou o compartilhamento e a defesa de ideias "malucas"!

4º) É permitido ao colaborador dizer o que ele vê acontecer na empresa e o que ele pensa, em especial no que se refere ao trabalho, descrevendo o modo para ser mais eficiente.

5º) Talento, criatividade e outros pontos fortes dos funcionários são reconhecidos e devidamente aproveitados!

A INOVAÇÃO SEMPRE SURGE DE UM PLANEJAMENTO INTELIGENTE OU PODE TAMBÉM OCORRER GRAÇAS A PURA SORTE?

Esta é sem dúvida uma pergunta muito interessante, cuja resposta bem detalhada pode ser encontrada no livro *Os Verdadeiros Heróis da Inovação* (DVS Editora), de Matt Kingdon, que afirmou: "Pergunte a qualquer inovador bem-sucedido **se ele planeja sua inovação**, e sua **resposta mais honesta** será de que ele se vale de uma mistura de pensamentos brilhantes, de uma imensa dose de determinação e ousadia e de uma grande probabilidade de ocorrência de eventos propícios, isto é, da '**serendipidade**'."

Inicialmente é necessário compreender o significado real do **conceito de serendipidade** (*serendipity*, no idioma inglês). Para isso, devemos retroceder a uma **antiga história** que surgiu no Oriente há pelo menos mil anos. Trata-se de um conto encantador, que já foi repetido inúmeras vezes ao longo dos séculos, no qual são descritos três príncipes de Serendip (antigo Ceilão, e hoje conhecido como Sri Lanka), que foram enviador pelo rei – seu pai – numa viagem para testar qual deles seria o mais capaz para assumir o trono...

Vale a pena conhecer esse conto, pois nele descreve-se como os três príncipes se mostraram astutos e, a partir de **observações aparentemente**

casuais – coisas que a maioria das pessoas não é capaz de perceber – eles conseguiam tirar **conclusões bem significativas**.

Essa história acabou se tornando também bastante popular no Ocidente, em especial a partir de 28 de janeiro de 1754, quando o escritor britânico Horace Walpole (1717-1797) escreveu uma carta na qual se referia aos três príncipes, em que dizia: "Eles sempre descobriam coisas que **não estavam procurando**, ou seja, de forma acidental, por conta de sua **sagacidade** (elevada percepção ou vivacidade). A esse tipo de descoberta chamarei de **serendipidade**." Muitos dicionários definem serendipidade como "a ocorrência ou o surgimento de eventos acidentais felizes e proveitosos", ou resumindo, **"uma descoberta feliz"** ou ainda uma **"descoberta ocorrida graças à sorte"**.

Todavia, tal definição evidencia o fato de que serendipidade seria algo puramente casual, um tipo de evento aleatório. Neste sentido, o elemento "**sagacidade**", sugerido por Walpole, foi totalmente esquecido!!!

De fato, a definição de serendipidade que eu aceito pressupõe sim um resultado feliz e proveitoso, que pode ter surgido de forma inesperada. Porém, **jamais por acaso**!?!? E o que parece uma "**descoberta feliz**" é fruto de árduo trabalho. E esse é o conceito que me parece totalmente apropriado à verdadeira sensação de inovar. Para compreender melhor, atente para o que dizem praticamente todos os inovadores a respeito do que sentem ao longo de suas trajetórias.

Somente eles sabem o quanto se esforçaram para fazer uma nova conexão, e quantas dessas conexões tiveram de ser observadas para que se concluísse que elas não apresentavam nenhum valor. A sorte para eles não existe, uma vez que se trata de um conceito ilusório.

Serendipidade é, portanto, muito mais que apenas se preparar para que as grandes correlações **se tornem plausíveis**. Ninguém consegue ser "**serendipitoso**" ou inovador se não souber lidar com as conexões que acaba de estabelecer!!! É por isso que a serendipidade se amolda bem com a inovação e não com a criatividade!?!? Topar com uma conexão nova pode ser o que alguns até chamam de criatividade, mas conseguir comercializá-la é algo completamente diferente. Isso já seria uma inovação, **não é mesmo**?

Uma história bastante "serendipista" é a que aconteceu no passado com a Pfizer – uma das mais importantes empresas farmacêuticas, que dominou recentemente os mercados do Brasil e do mundo com sua vacina contra a *Covid-19* – quando um de seus pesquisadores, David Brown, buscava identificar o potencial de um medicamento para o tratamento de angina, **mas acabou criando o Viagra**, uma droga que resolveu o problema de **disfunção erétil** para milhões de homens no planeta.

Desde que foi lançado, em 27 de março de 1998, a Pfizer já arrecadou mais de U$ 72 bilhões (!!!) com a venda desse medicamento. Vale ressaltar que David Brown levou o crédito como coinventor do Viagra, na patente obtida pela Pfizer para essa "**milagrosa**" **pílula azul**.

Pesquisadores bem-sucedidos são aqueles que conseguem observar os resultados que vão surgindo de uma maneira bem atenta e não inflexível e rígida, estando sempre com disposição para analisar cada fenômeno que surge sob as mais diversas perspectivas. Eles questionam a si mesmos sobre seus pressupostos que não se encaixam com as observações empíricas.

Percebendo que a serendipidade pode gerar importantes lampejos para a pesquisa, os cientistas reconheceram e apreciaram o **inesperado**, encorajando por isso mesmo todos aqueles dos quais recebiam ajuda para também observarem e analisarem **fatos inesperados**!!!

Infelizmente a **serendipidade** ainda tem sido entendida de forma incorreta, ou seja, como sinônimo de **coincidência**, **sorte** ou **acaso**, o que tem prejudicado a compreensão de sua contribuição para os processos de inovação. E o mais incrível é que a serendipidade caminha com o ser humano desde sempre!!! É claro que **é no mundo das invenções que se transformaram em inovações** que ela se revelou de forma **mais óbvia**!!!

Ao compreender melhor o processo de desenvolvimento do serendipismo, e sua utilização, que os pesquisadores e em especial os empreendedores, criadores de *startups*, podem valer se desse "**acaso**" como um importante impulsionador de seu sucesso!!!

Estimado (a) leitor (a), para aumentar os seus conhecimentos, que tal fazer uma busca no Google e verificar os mais significativos avanços científicos alcançados graças à **serendipidade**!?!?

POR QUE OS EMPREENDEDORES ESTÃO SEMPRE INOVANDO?

Isso se dá porque eles estão sempre à procura de novas formas de utilizar melhor a tecnologia existente ou criar um mercado para produtos e serviços totalmente novos!!! Por essa razão a **adaptabilidade**, a **agilidade** e a **inovação** constituem a força vital de toda *startup*, levando-a a fazer muito mais com muito menos recursos...

Vários outros motivos também estimulam as *startups* a envolver-se com a inovação, pois é através dela que se consegue aumentar a eficiência utilizando os melhores recursos produtivos, reduzir os custos dos processos, ganhar mais espaço e inclusive garantir sua sobrevivência nele. Atualmente, com base no efeito ou impacto de uma **inovação**, costuma-se classificá-la como **incremental**, **radical** ou **disruptiva**. Você sabe qual a diferença entre elas? **Não**? Mas logo saberá...

QUAIS SÃO AS CARACTERÍSTICAS DAS INOVAÇÕES INCREMENTAL, RADICAL E DISRUPTIVA?

Inicialmente é preciso salientar que **inovação incremental** é um tipo de melhoria em um produto ou serviço que, de alguma forma, beneficia clientes e/ou usuários. Trata-se de um **aprimoramento** (os japoneses, como já foi citado, chamam a isso de *kaizen*) em algo que já existe, que **não** envolve a quebra de **paradigmas**.

Esse tipo de inovação visa geralmente a redução de custos, a otimização dos processos existentes, a obtenção de maior satisfação pelo cliente, e o aumento das vendas (e dos lucros) com os produtos (serviços) já existentes. Ela permite que uma empresa se mantenha competitiva no mercado, mesmo que continue desenvolvendo o mesmo modelo de negócio.

Um bom exemplo de **inovação incremental** tem acontecido com os *smartphones*, quando os fabricantes lançam uma nova geração para um mesmo modelo, com telas menores (ou maiores), câmeras superiores, baterias mais eficientes, sistema dobrável e, inclusive, novas funções. Para o cliente é relativamente fácil aceitar inovações incrementais, afinal ele já está acostumado com aquele produto (serviço) e, quando adquirem o novo já esperam por melhorias, mas não por **mudanças exageradas**.

Veja quantas inovações já apareceram desses objetos, peças ou equipamentos.

a)

b)

c)

d)

e)

f)

g)

h)
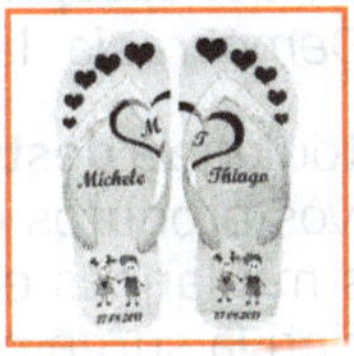

i)

j)

Qual você acha, entre esses itens, que estão cada vez mais sofisticados, nem parecendo que tiveram apenas uma inovação incremental?

Já a **inovação radical** chega para **quebrar paradigmas**, mudando **drasticamente** um produto (serviço), ou a forma como isso é oferecido. Geralmente ela implica na descontinuação ou no rompimento de processos existentes, transformando mercados e criando possibilidades totalmente novas para os consumidores.

Mudanças radicais derivam de **novos conhecimentos**, e quando as empresas optam por implementá-las demonstram que já não querem apenas uma "fatia do bolo" do mercado, mas se afastar da concorrência tradicional por meio da criação de um mercado totalmente novo (!!!) no qual tenham predominância.

Um bom exemplo de **inovação radical** foi a criação do mercado de *smartphones* pela Apple, apesar de esse tipo de aparelho já estar no radar de muitas outras empresas na mesma época. O fato é que a Apple se tornou pioneira nesse setor, alterando completamente a forma como a sociedade se relacionava com os aparelhos telefônicos portáteis. Com uma inovação radical, buscam-se objetivos bem ambiciosos, tais como: participação única em um novo mercado (pelo menos durante algum tempo...), possibilidades de implementar inovações incrementais de forma contínua, com base na criação original.

Outro bom exemplo de inovação radical é a Tesla, que se propôs a usar **energia elétrica** para mover seus automóveis, o que inclusive acena com o provável **desaparecimento** de veículos movidos a combustível fóssil. É através de inovações radical que *startups* conseguem dominar mercados. O fato é que inovações de modo geral, mas especialmente a **radical** e a **disruptiva**, provocam a já mencionada **destruição criativa**, apresentada primeiramente pelo economista austríaco Joseph Alois Schumpeter em seu livro *Capitalismo, Socialismo e Democracia*, lançado em 1942.

Nele, como já foi dito, o autor salientou que a **destruição criativa** ocorre quando empreendedores criam novos produtos e/ou serviços, e estes florescem, provocando expressivas mudanças econômicas dentro do sistema capitalista. A destruição criativa surge por causa do desenvolvimento de novas tendências e novos usos para um produto ou serviço. Assim, ao se chegar a uma nova e potente tecnologia, a vigente acaba sendo substituída e desaparecendo...

Também foi Schumpeter quem criou o conceito de **inovação incremental**, apresentado no seu livro *Business Cycles* (*Ciclos Econômicos*), editado em 1939. Nessa obra o autor estabeleceu as diferenças entre a inovação incremental e a radical, e enfatizou que a primeira representa um progresso naquilo que já existe, enquanto a segunda traz uma tecnologia totalmente diferente de qualquer outra existente.

Apesar de uma inovação incremental ser mais comum – pelo fato de ser mais comum e mais barata, assim como menos arriscada e menos complexa –, atualmente as empresas (particularmente as *startups*) utilizam com mais frequência e de forma simultânea estratégias de inovação incremental e radical.

Para compreender melhor uma estratégia de inovação radical a sugestão é ler o livro dos professores W. Chan Kim e Reneé Mauborgne, com o título *A Estratégia do Oceano Azul*, no qual se apresenta a "**estratégia do oceano azul**", com uma abordagem bem diferente para promover o crescimento de um negócio.

Utilizando-se dessa estratégia, no lugar de lutar por uma fatia maior de mercado existente, a empresa procura explorar novos mercados (o que também se busca na **inovação disruptiva**...), algo que naturalmente exige um investimento significativo de tempo e recursos. Nesse caso, o **oceano azul** representa um novo mercado, ou seja, uma **oportunidade** que as outras empresas ainda não perceberam...

Na obra, Kim e Mauborgne utilizaram a expressão "**mar vermelho**" para definir mercados saturados com grandes *players* ("atores") e muita concorrência. Isto é, o mar vermelho está repleto de tubarões, ou seja, de grandes empresas, bem-posicionadas e prontas para abocanhar quem estiver pela frente...

Bem, caro (a) leitor (a), se você ficou impressionado com esse minúsculo resumo do livro de Kim e Mauborgne, que tal reservar um tempo para lê-lo por completo? Isso certamente o (a) ajudará a se tornar ainda mais competente nos negócios.

O conceito de **inovação disruptiva** surgiu em 1997, tendo sido introduzido pelo professor da Universidade de Harvard (EUA), Clayton Christensen, (1952-2020) em seu livro *O Dilema da Inovação*. Nele o autor destacou de que modo uma empresa novata, ao invés de tentar vencer as já existentes no "jogo que elas já estão disputando", **consegue simplesmente mudar as regras da competição**!!!

Clayton Christensen (foto ao lado), viu o seu livro *O Dilema da Inovação* ser considerado pela revista *The Economist*, um dos seis livros mais importantes sobre negócios já escrito e que já vendeu algumas dezenas de milhões de cópias desde que foi lançado em 1997.

Nele, ele explicou que quando os clientes principais começam a adotar a oferta das empresas entrantes no mercado, e em grande volume é que essa **ruptura acontece**. As pessoas, em especial os empreendedores, sabem muito bem que a vida no mundo dos negócios é bem complexa e incerta (como já foi dito no mundo VICA), além de frágil e não linear (como foi explicado no mundo FANI), pois a qualquer momento, e do nada, pode surgir um novo concorrente capaz de tornar os competidores atuais obsoletos!?!?

E é a inovação disruptiva (ou inovação de ruptura) que provoca tudo isso, pois ela desencadeia um processo em que uma tecnologia, um produto ou serviço é transformado ou substituído por uma **solução inovadora superior**. Com ela não são criados produtos e/ou serviços mais caros, mas **soluções mais baratas**. Elas frequentemente atendem a um público até então não focado por empresas tradicionais, seja porque estas não o desejavam ou não o conheciam.

Com a **inovação disruptiva** busca-se criar novos **elementos** e **valores** para produtos e serviços, no lugar de aperfeiçoar os já existentes. Assim, com ela, em vez de agregar valor ao que já está disponível, ela entrega um **novo valor** ao mercado!!! Um dos exemplos mais evidentes nos foi proporcionado pela Netflix, que, como já mencionado, mudou radicalmente a forma como as pessoas consumiam vídeos em casa, inclusive tirando do mercado uma antiga gigante do ramo: a Blockbuster.

Mas você, leitor (a), sabe dizer de que modo a Neftlix acabou com a clientela da Blockbuster? Será que foi apenas mudando as regras de aluguel e devolução de vídeos? Que tal pesquisar sobre essa interessante história de sucesso – e fracasso, - que é **bem interessante**?

Obviamente a Netflix evoluiu muito desde então, e hoje atua de forma intensa no **campo do entretenimento**, tendo se tornado uma provedora global de filmes e séries via *streaming* (transmissão em tempo real de dados, áudio e vídeo), com um número de assinantes que no início de agosto de 2022 chegava a 220,6 milhões. Porém, vale ressaltar que já existem vários concorrentes de peso no mercado, oferecendo o mesmo serviço da Netflix.

Vivemos em constante angústia, pois queremos ter todos os serviços importantes de *streaming*, mas isso está ficando cada vez mais caro!?!?

Outro exemplo clássico de inovação disruptiva, no campo do *streaming* de música, foi o Spotify, serviço lançado em 7 de outubro de 2008, em Estocolmo (Suécia). Vale recordar que os *compact discs* (CDs) foram se tornando caros e traziam apenas algumas músicas, enquanto a demanda das pessoas por música era bem grande!!! A prova disso é que muita gente praticava **pirataria**, baixando arquivos ilegais com músicas e canções, sem o menor constrangimento.

O Spotify encontrou o meio para atender essa demanda, oferecendo ao usuário a oportunidade de pagar pelo uso da plataforma, não pelo uso da música!!! Isso praticamente acabou com o mercado de CDs – provocando uma **destruição criativa** – na medida que trouxe uma solução melhor, mais acessível e bastante cômoda para os usuários. Com isso, o Spotify se tornou o serviço de *streaming* de música **mais popular do mundo**. Seu acervo ultrapassa 50 milhões de músicas (!!!), o que lhe permitiu alcançar no final de julho de 2022 cerca de 187 milhões de assinantes pagos.

Outros exemplos famosos de inovação disruptiva são a *Wikipedia* (no campo da informação); o Airbnb (hospedagem) e o Waze (transporte e mobilidade). É por meio da inovação disruptiva que as empresas, em especial as *startups*, atingem um **crescimento exponencial** e se tornam capazes de desafiar com sucesso as grandes marcas já estabelecidas no mercado.

Concluindo esse assunto, é vital compreender que inovação disruptiva lida com tecnologias ou novos modelos de negócio que provocam uma **disrupção** em mercados existentes!!! Isso não é bem o que acontece quando se introduz uma **inovação radical**, que se baseia fundamentalmente em novos conhecimentos e, desse modo, na comercialização de produtos (serviços) **totalmente novos**.

A inovação radical implica em um avanço tecnológico que transforma a indústria e, com frequência, cria novos mercados. Obviamente, ainda prevalece uma certa **confusão** entre **inovação radical** e **disruptiva**, **não é mesmo**? Entretanto, em minha opinião, um fato é indiscutível: **nem toda inovação radical** provoca **disrupção**, mas **toda inovação disruptiva** faz surgir **elementos** radicalmente **diferentes** dos que já existiam antes!!!

A partir do momento em que uma disrupção surge, ela modifica completamente o comportamento e a forma de viver das pessoas, pois cria-se uma nova realidade. **Trata-se de um caminho sem volta**!?!? Tudo acaba se dividindo entre o **antes** e o **depois da disrupção**. O que fica claro no final de tudo é que qualquer que seja o tamanho de uma empresa, é preciso estimular dentro dela a prática da **criatividade**, pois isso certamente levará a algum tipo de inovação, sem a qual ela corre o risco de não ter vida longa, seja no mundo VICA ou no mundo FANI, e não estará apta a lidar com aquelas mudanças provocadas pelos NNs.

EM QUE SITUAÇÕES E DE QUAIS FORMAS É POSSÍVEL INOVAR?

Hoje está claro para todas as empresas que inovar continuamente não é algo **facultativo**, mas sim **imperativo**. Os clientes exigem inovações sem parar e os concorrente acabarão levando vantagem sobre toda empresa que não as promover. Além disso, os investidores recompensam as empresas que são inovadoras, enquanto os profissionais mais talentosos querem trabalhar nessas organizações, pois sabem que ali eles poderão aplicar sua criatividade e realizar inovações!!!

Para conhecer melhor as diversas inovações passíveis de implementação, recomendo a leitura atenta do livro *Dez Tipos de Inovação* (editora DVS), cuja autoria é de um grupo de pesquisadores, empreendedores e executivos, encabeçado pelo consultor Larry Keeley. A obra resulta de um estudo pioneiro a respeito da **eficácia da inovação**, que durou três décadas. Nesse livro são apresentadas as novas maneiras de pensar e promover ações que permitam aos profissionais talentosos alcançar suas inovações de forma confiável e recorrente. Veja na sequência os **dez tipos de inovação** existentes:

1º) Modelo de lucro.

Claro que para se ter um novo tipo de lucro é necessário revisar o modelo de negócios. Um bom exemplo foi o que aconteceu com o *smartphone*, quando alguém teve a ideia de oferecer os aplicativos que nele podiam ser instalados de forma gratuita, desde que seus usuários assistissem algum(ns) anúncio(s) antes de usá-los – como acontece no YouTube, por exemplo...

2º) Rede

As inovações na rede visam encontrar formas de criar conexões que ofereçam benefícios para todos os envolvidos. Assim, as empresas promovem parcerias nas quais as forças das parceiras permitam que uma organização supere suas próprias fraquezas. Essas redes não precisam ser formadas somente por empresas, podendo ocorrer de maneira aberta, conectando-se também com **profissionais autônomos**.

3º) Estrutura.

As inovações estruturais estão relacionadas ao modo como as empresas dispõem de seus vários ativos, sejam eles materiais ou humanos. Dessa forma, quando uma organização desenvolve um novo programa para identificar talentos e criar lideranças, ela está implementando uma inovação de estrutura.

4º) Processo.

As inovações nos processos estão entre as mais conhecidas. Elas estão no nível operacional, e podem ser traduzidas como inovações no modo como certa atividade é **desenvolvida**. Atualmente, a palavra de ordem em inovação de processo é *lean* ("enxuto"), quando as empresas buscam as formas mais simples, livres de desperdício de tempo, menor esforço ou menos recursos para se produzir etc.

A grande novidade no Brasil, em particular a partir do início de 2020 com a disseminação do *Covid-19*, foi a estratégia adotada por muitas empresas, autorizando seus funcionários a trabalharem em suas casas (no sistema *home office*)!!!

5º) Desempenho de produto.

As inovações no desempenho de produto buscam trazer melhorias nele, reforçando sua proposta de valor, seus atributos ou a sua qualidade, o que se percebe claramente no novo lançamento de qualquer um deles.

6º) Sistema de produto.

As inovações de sistema de produto são aquelas que encontram maneiras de estimular a complementaridade entre os vários produtos comercializados por uma empresa. A Apple é um bom exemplo, pois vende vários equipamentos que se completam entre si, como é o caso do computador, *smartphone*, relógio digital, fones de ouvido etc.

7º) Serviços.

As inovações de serviços não são apenas para as empresas de serviços. Hoje em dia a maioria das empresas fabricantes de produtos estão encontrando formas de inovar em serviços, com os quais aumentam o valor percebido por seus clientes. É aí que entram os seguros especiais, as garantias ampliadas, o suporte ao usuário etc.

8º) Canal.

As inovações de canal estão focadas em responder a questão: "Como seu produto chega até o cliente". A grande tendência é o comércio eletrônico (*e-commerce*), que permite que qualquer pessoa tenha acesso aos produtos que deseja, sem precisar sair de sua casa...

9º) Marca.

As inovações de marca dizem respeito ao modo como os clientes vêem a sua empresa e, por isso, elas devem garantir que eles a reconheçam, se lembrem dela e a escolham na hora de comprar.

10º) Envolvimento do cliente.

As inovações de envolvimento do cliente buscam criar novas maneiras de promover interação entre uma empresa e seus clientes. Claro que as **redes**

sociais representaram uma verdadeira revolução nesse tipo de relacionamento, sendo que agora é cada vez maior o uso da IA, especialmente com tantos assistentes virtuais inteligentes (Alexa, Siri, Google Assistant, Microsoft Cortana etc.) à disposição para "conversar" com os clientes.

Todavia, não se pode desprezar ou se afastar totalmente do **contato um a um** com as pessoas, pois os seres humanos continuam valorizando muito a relação próxima e autêntica com outras pessoas!!!

OI

Um livro clássico, mas ao mesmo tempo atual até hoje, é o *The Ten Faces of Innovation* (*As 10 Faces da Inovação*), escrito por Tom Kelley e Jonathan Littman, lançado em 2005. Nele são descritos os 10 personagens (*personae*) que são indispensáveis numa empresa para que ideias novas e frágeis não sejam asfixiadas, impedindo assim as inovações. Essas *personae* estimulam o aprendizado, a organização e a construção de novas ideias, e representam na empresa os seguintes papeis:

1º) **Antropólogo** – É aquele que observa o comportamento humano e então traz para a empresa novos ensinamentos e ideias. Ele então desenvolve dentro dela um entendimento profundo de como as pessoas precisam interagir física e emocionalmente com os novos produtos/serviços.

2º) **Experimentador** – É a pessoa que procura desenvolver protótipos o tempo todo, aprendendo por meio de um processo esclarecido de tentativa e erro.

3º) **Polinizador** – Explora outros setores de atividade, assim como outras culturas, e então traduz suas descobertas para que elas atendam às necessidades específicas da empresa em que trabalha.

4º) **Corredor especialista em corridas de obstáculos** – Esse personagem sabe que o caminho até a inovação é repleto de obstáculos, assim ele desenvolve a destreza necessária para superar ou se desviar deles.

5º) **Colaborador** – É a pessoa que contribui para o processo reunindo grupos ecléticos e liderando-os de forma a criar não apenas novas combinações, mas soluções multidisciplinares.

6º) Diretor – Esse personagem não somente reúne uma talentosa equipe, mas também contribui para que as pessoas dentro dela brilhem.

7º) Arquiteto de experiências – Desenvolve experiências que vão além da mera funcionalidade, a fim de estabelecer uma relação em nível profundo com as necessidades do consumidor, sejam elas latentes ou expressas.

8º) Cenógrafo – Cria o espaço no qual os integrantes da equipe de inovação possam melhor realizar seu trabalho. Ele transforma o ambiente físico em ferramentas poderosas, capazes de influenciar comportamentos e atitudes.

9º) Cuidador – A função desse personagem se baseia naquela desempenhada pelo profissional de saúde, que leva cuidado ao paciente. Assim, essa pessoa é responsável por cuidar do consumidor, num patamar que vai muito além dos serviços fornecidos.

10º) Contador de histórias – Esse personagem desenvolve o entusiasmo interno, assim como o nível de conhecimento externo pela narrativa. Com isso, ele não apenas transmite valores fundamentais, mas reforça características culturais específicas.

O QUE É INOVAÇÃO ABERTA?

Foi Henry Chesbrough, professor da Universidade de Berkeley (EUA) que em 2003 lançou o seu livro *Open Innovation – The New Imperative for Creating and Profiting from Technology* (cujo título em português é *Inovação Aberta: Como Criar e Lucrar com a Tecnologia*), no qual divulgou uma **nova forma** de alcançar a inovação, afirmando que ela deveria surgir de uma colaboração entre **empresas**, **indivíduos** e **órgãos públicos**.

As premissas defendidas pelo autor nesse livro são:

1º) Se as empresas não inovam, elas morrem!!!

2º) O coletivo colaborativo é mais inteligente que o individual!!!

E especialmente com essa 2ª premissa, rompeu-se um paradigma, visto que até então entendia-se que as pesquisas e o desenvolvimento da inovação numa empresa deviam estar **cercados de sigilo** e **ser feitas em segredo**, ou seja, praticando-se ali a **inovação fechada**!!!

No entanto, a realidade é que a ciência alcançou um tal nível de complexidade que em diversas situações é necessário **unir forças** para poder continuar inovando. E como hoje vivemos num mundo hiperconectado, que permite uma comunicação muito fácil (e até sigilosa...) entre os vários agentes, que por sua vez podem colaborar no desenvolvimento da inovação aberta, isso permitiu que ela se difundisse mais rapidamente!!!

Aliás, pouco a pouco, e apesar de a inovação aberta estar se desenvolvendo ainda lentamente no País, algumas organizações e instituições brasileiras já estão se envolvendo com ela, destacando-se empresas como Natura e Ambev.

O QUE SE PODE DIZER SOBRE A INOVAÇÃO ABERTA NO BRASIL?

Já existem alguns locais onde ela é cultivada, como é o caso do Distrito e do Cubo Itaú. O Distrito foi fundado em 2014 por Gustavo Araújo e Gustavo Gierun, inicialmente como um espaço de *coworking* ("compartilhamento de espaços e de recursos") para *startups*. Posteriormente, passou-se a criar diferentes espaços focados em várias áreas, como saúde, varejo ou finanças. Mas aí seus cofundadores perceberam que podiam fazer mais, ou seja, realizar investimentos de **capital de risco**, mapear dados do ecossistema local e auxiliar grandes corporações a realizarem sua **transformação digital**.

Com o seu ecossistema de inovação aberta, fundamentada em dados e IA, o Distrito foi conectando *startups*, grandes empresas, investidores e acadêmicos para gerar novos modelos de negócios. Atualmente, a função do Distrito tem sido acelerar a transformação corporativa por meio da conexão com *startups* e com a cultura empreendedora!!!

Além disso ajuda a construir novos modelos de negócios, mas colaborativos, eficientes e sustentáveis. Em 9 de novembro de 2020 o Distrito estabeleceu uma parceria com a Via Varejo – dona das Casas Bahia e do Ponto Frio (hoje só Via, a partir de abril de 2021) –, vendendo 16,7% do seu capital, e com esse investimento se tornou o **maior ecossistema de inovação aberta** do Brasil.

A plataforma de inovação aberta Distrito, por sua vez, também acelerou seu crescimento, aumentou sua capacidade de suporte e promoveu sua própria **reinvenção digital**. Gustavo Araújo, CEO do Distrito, comentou:

"No início de 2020 tínhamos quatro instalações físicas em São Paulo e Curitiba e para concretizar as parcerias de inovação aberta, as empresas tinham que de alguma forma frequentar esses ambientes para encontros e reuniões. Antes da pandemia de *Covid-19*, tudo o que fazíamos no mundo digital era garantir suporte para o físico.

Agora, entretanto, nosso negócio é essencialmente digital – o **físico** fornece apenas apoio!!! Isso aconteceu não só por causa da pandemia, mas pela nossa própria ideia de atender à nossa rede de cerca de 300 *startups* pela plataforma Digital Hubs, e isso mesmo que elas estejam em outras cidades!?!?

Por outro lado, como é que vamos conseguir agora atender também cerca de 46 mil funcionários da Via Varejo espalhados pelo País? Com a Digital Hubs é possível dobrar a velocidade de inovação, conectando velozmente um empreendedor que vem pensando em algo há um bom tempo e já tem a ideia para o seu negócio praticamente pronto... Acredito que até o final de 2021 atenderemos cerca de 1.500 *startups*!!!

Nos últimos anos, entretanto, fomos compreendendo melhor nosso papel no mercado, que é transformar o **analógico** num sistema pelo menos **híbrido**, uma vez que a digitalização é vital para a sobrevivência das empresas!!! Percebemos que o mercado de inovação é muito maior do imaginávamos, portanto, para operarmos melhor dentro dele necessitaríamos de mais recursos – o que ocorreu como o investimento da Via Varejo – para sermos capazes de aumentar a equipe e desenvolver melhor os produtos e as tecnologias."

Já a Cubo Itaú foi fundado em 2015 pelo Itaú Unibanco, pelo Redpoint eventures e um grupo seleto de *startups* e corporações, sendo hoje uma das mais importantes plataformas de inovação aberta e fomento ao empreendedorismo tecnológico no País. Seu objetivo é ajudar todo ecossistema a se desenvolver, desde as empresas nascentes até grandes empresas e investidores.

Circulam assim na Cubo Itaú os quatro principais agentes: ***startups***, **corporações**, **investidores** e **pessoas talentosas**. A Cubo Itaú tem conexão com *hubs* ["centros" semelhantes voltados para a inovação que acontece no Brasil, como o Distrito, a Porto Digital, a Acate (Associação Catarinense de Tecnologia)] etc., sendo que alguns de forma bem estruturada, e em outros casos de maneira mais informal.

Estabeleceu também um bom diálogo com diversos fundos de investimentos e várias aceleradoras, que promovem eventos no Cubo e interagem com as *startups* mais bem-sucedidas do País. O Cubo Itaú percebeu já no seu 2º ano de vida que havia um grande interesse das organizações pela **transformação digital**.

Por isso, deflagrou-se um grande movimento voltado para as empresas, no qual elas também tiveram a possibilidade de investir na Cubo Itaú, tornando-se inclusive suas mantenedoras. Isso facilitou o acesso à plataforma de muitas *startups*, para que apreendessem a fazer a inovação aberta, cada uma a seu modo. Em 2021, o Cubo Itaú já tinha mais de 30 grandes empresas como patrocinadoras, e esse movimento de adesão continua...

O diretor da Cubo Itaú, Pedro Pratos, relatou: "O cenário dos ecossistemas de *startups* mudou muito nos últimos anos no País. Sem dúvida o Brasil se tornou um grande foco de investimentos de capital de risco e um bom exemplo disso é o grupo japonês Soft Bank, que tem feito significativas 'apostas' nas *startups* nacionais."

COMO AS GRANDES EMPRESAS FAZEM PARA PROVOCAR NELAS A INOVAÇÃO?

Para se promover a inovação, as cinco práticas empresariais mais comuns são:

- ***Crowdsourcing*.**
- **Aquisição de *startups*.**
- **Investimento em *startups*.**
- ***Hackathons*.**
- **Estímulo à inovação no ambiente interno.**

Crowdsourcing é uma palavra inglesa composta pelos vocábulos *crowd* ("multidão") e *outsourcing* ("terceirização"), cujo significado em português é "contribuição colaborativa ou coletiva"). O termo foi descrito dessa forma pela primeira vez por Jeff Howe, um dos editores da famosa revista norte-americana *Wired*.

Ela foi definida no dicionário *Merriam-Webster* como: "Processo de obtenção de serviços, ideias ou conteúdo através da solicitação de contribuições de um grande grupo de indivíduos e, especialmente de uma comunidade *online*, em vez de se utilizar fornecedores tradicionais ou apenas uma equipe de empregados."

Desse modo, *crowdsourcing* costuma combinar os esforços de voluntários identificados ou de trabalhadores em tempo parcial, num ambiente no qual cada colaborador, por sua própria iniciativa, **adiciona** uma pequena contribuição a um determinado projeto, o que possibilita chegar a um resultado bem mais amplo, e à **inovação almejada**. *Crowdsourcing* distingue-se da terceirização pelo fato de o trabalho ser feito por um público indefinido de voluntários, no lugar de ser encomendado ou atribuído a um grupo específico.

Crowdsourcing é, portanto, uma forma de **inovação aberta** (!!!) que leva à **cocriação** (processo colaborativo no qual as pessoas se reúnem para buscar a solução de algum problema ou desenvolver algo específico).

As gigantes da tecnologia, como Facebook, Google, Apple, Amazon, Microsoft etc., têm mantido sua supremacia por **meio da aquisição** contínua de *startups* promissoras.

No Brasil, o Magazine Luíza adquiriu nesses últimos anos algumas dezenas de empresas de tecnologia, sendo que em 15 de julho de 2021 fez sua maior aquisição, ao comprar a KaBuM! por um valor que pode ter superado R$ 3,5 bilhões... Vale lembrar que no final de 2021, o mercado mundial de *games* movimentou sozinho algo próximo de US$ 330 bilhões!!!

Apesar de todas essas aquisições no início de 2022, o valor de mercado da empresa despencou significativamente!?!? Como um exemplo real de investimento em *startups* temos a grande empresa de varejo de moda C&A – que no final de 2020 tinha cerca de 290 lojas – que apesar de ter seus **próprios laboratórios de inovação**, celebrou uma parceria com sete *startups* para acelerar sua **transformação digital (TD)**, resolver problemas em seus canais digitais e estimular internamente, e de forma ampla, a cultura da inovação. A C&A recorreu a Endeavor, uma organização sem fins lucrativos de apoio a empreendedores. Esta analisou 192 *startups* e indicou as sete que seriam capazes de auxiliar a C&A a solucionar ou minimizar seus problemas.

O termo *hackathon*, por sua vez, resulta da combinação das palavras inglesas *hack* ("programar de forma excepcional") e *marathon* ("maratona"). Assim, os eventos *hackathons* são encontros em formato de maratona que envolvem programadores, desenvolvedores de *software*, *designers* gráficos, gerentes de projetos e outros profissionais multidisciplinares para trabalharem em projetos tecnológicos para empresas, com o objetivo de criar um recurso novo e/ou achar a solução para algum problema.

Os *hackathons* são desenvolvidos no decorrer de um dia completo, ou até ao longo de uma semana, quando talentosos profissionais ficam confinados num mesmo espaço, buscando chegar a uma inovação tecnológica. Os *hackathons* podem ser uma excelente maneira para empresas – tradicionais ou iniciantes – chegarem a soluções inovadoras, e ainda permitem o recrutamento de profissionais talentosos!!!

Vale ressaltar que muitas empresas que desejam sobreviver, sejam elas de pequeno ou grande porte, também continuam praticando a **inovação fechada**. Esta, como já foi dito, está ligada ao modelo tradicional, no qual o trabalho de pesquisa e desenvolvimento (P&D) acontece dentro da própria empresa, em absoluto sigilo, num departamento que leva o mesmo nome.

Neste caso, embora tenha ocorrido um processo de amadurecimento no processo, tudo é feito com recursos próprios. A organização acredita que desse modo conseguirá salvaguardar e controlar sua propriedade intelectual, impedindo que os concorrentes aproveitem suas ideias!!!

Empresas que utilizam a **inovação fechada,** o fazem com o objetivo de reunir as pessoas mais talentosas dos seus quadros, estimulando-as para que se dediquem à descoberta, ao desenvolvimento e à utilização das vantagens intrínsecas das inovações criadas!!!

ONDE OS BRASILEIROS DEVERIAM SE INSPIRAR, PARA APRENDER COMO SE CONSEGUE INOVAR?

De início a ideia talvez fosse a de observar o que acontece nos países que obtiveram até agora mais **patentes** e que acabaram transformando-as um importantes inovações, cada uma delas trazendo benefícios para a humanidade. Porém, de maneira concreta, o que se revela bem eficaz é acompanhar o que vem ocorrendo na Coreia do Sul nessas últimas décadas.

Vale lembrar que logo depois do término da 2ª Guerra Mundial (em 1945), mais precisamente em 17 de julho de 1948, a Coreia do Sul surgiu de uma divisão da Coreia em duas partes, como uma república moderna, influenciada na época pelos EUA. Nos anos seguintes, entre 1950 e 1953, esse novo país sofreu outro tremendo abalo com a guerra da Coreia.

Atualmente as duas Coreias não poderiam estar em situação mais diferente. A Coreia do Norte, que se manteve durante muito tempo sob a influência da então URSS, continua um país comunista. A Coreia do Sul, em contrapartida, adotou o regime capitalista, e nesses 74 anos de independência o país progrediu de maneira incrível. Hoje praticamente o mundo todo consome os produtos de suas gigantes, como Hyundai, LG, Samsung (na qual se investe muito em **inovação aberta**) etc.

E COMO A COREIA DO SUL CONSEGUIU OBTER ESSE PROGRESSO ESPANTOSO?

É bem simples! O coreano acorda cedo, trabalha e estuda até bem tarde e dorme pouco!!! Na empresa em que trabalha, ele não volta para casa enquanto não tiver terminado a tarefa que lhe foi atribuída pelo chefe!!! A sociedade coreana é movida por uma **disciplina militar** e, inclusive, no país o **serviço militar é obrigatório**!!!

O sul coreano **faz tudo rápido** – ele caminha, come e cria com extrema celeridade – o que seguramente contribuiu (e ainda contribui) muito para que o país progredisse de forma tão veloz. E foi com trabalho árduo e persistente de sua população que a nação sul-coreana conseguiu deixar para trás sua condição como um dos países mais miseráveis do planeta (na década de 1960) para se tornar em abril de 2022 a 12ª maior economia mundial com um PIB de US$ 1,8 trilhão, sendo que o Brasil ocupou a 10ª colocação com um PIB de US$ 1,83 trilhão.

A essência do sistema de inovação na Coreia do Sul não poderia ser mais óbvia. Ela se baseia na expressão ***pali, pali***, cujo significado em português é **"rápido, rápido"**!!! O *pali pali* se manifesta no jeito coreano de inovar e competir, e tem tudo a ver com **fazer mais em menos tempo** (!!!). Essa visão de vida também explica as cerca de 215 mil patentes registradas pelo país até agora, conforme as estatísticas do WIPO [World Industrial Property Organization, cujo significado é Organização Mundial de Propriedade Industrial (OMPI)]. O país está em 4º lugar no mundo, atrás apenas da China, dos EUA e do Japão, respectivamente.

De fato, os sul-coreanos só pensam em **trabalhar** (um sentimento que dificilmente surgirá entre os brasileiros no curto prazo, **não é mesmo?**), e ainda impera entre a maioria deles – em especial nos gestores de empresas – a mentalidade de que "**sair de férias**" não é algo bem-visto!?!? O ponto de partida para os sul coreanos foi pensar bastante e se debruçar sobre o que fazer para serem capazes de se transformar em uma **potência em inovação**.

A **impulsividade**, entretanto, não é uma característica admirada pelo sul-coreano. Como o país estava muito atrasado em relação às demais nações, de nada adiantaria sair **copiando** o que já existia – como infelizmente muitas empresas importantes e desenvolvidas continuam fazendo – pois a Coreia do Sul certamente entraria num jogo no qual sairia perdendo!?!?

O país não dispõe de recursos naturais, portanto, sua principal matéria-prima eram as **pessoas**. Por conta disso, a estratégia adotada foi investir na **educação** e seguir um modelo que privilegiava a **economia do conhecimento**. Concluiu-se que somente com uma formação educacional sofisticada o país poderia se destacar em termos de **inovação**.

E foi exatamente isso que o país fez e continua fazendo!!! Por exemplo, hoje trabalham na Samsung Electronics, um braço do poderoso conglomerado (*chaebol*, em coreano) Samsung (e com certeza muitos brasileiros possuem um *smarthphone* dessa marca...), dezenas de milhares de indivíduos muito talentosos, com ótimas aptidões profissionais e, inclusive, títulos de mestre e doutor em suas áreas. Foi graças a essas pessoas que até fevereiro 2022 a Samsung registrava cerca 90.416 patentes garantidas em todo o mundo!!!

CAPÍTULO 5

STARTUP – O QUE É? DE QUE TIPO ELAS SÃO? COMO FINANCIÁ-LAS?

O termo *startup* ("nascente ou iniciante") surgiu nos EUA há algumas décadas, mas somente se popularizou entre os empreendedores brasileiros a partir da bolha das empresas ponto.com (ou *dot.com*, no inglês) – voltadas para a comercialização de serviços e produtos na Internet – no período entre 1996 e 2001.

As ponto.com baseavam seu modelo de negócios em número de acessos, visibilidade ou até mesmo criação de comunidades virtuais. Para muitas pessoas, como os investidores e os próprios empreendedores, toda empresa no seu estágio inicial pode ser considerada uma *startup*.

Atualmente, entretanto, entende-se por *startup* uma empresa jovem com um modelo de negócio **replicável**, **flexível** e **escalável**, o que significa que ela estará sempre em busca de automação de suas operações, recorrendo para isso às mais recentes tecnologias.

Apesar de não se limitar apenas a negócios digitais, uma *startup* necessita de **inovação** para **não** ser considerada um modelo tradicional. Ainda que este seja um ponto polêmico, criar modelos de negócios disruptivos é uma das funções de uma *startup*, mas nem todas elas fazem isso, até porque algumas surgem "**imitando**" as que já realizaram algum **tipo de disrupção**!!!

As características de uma *startup* são:

1ª) Replicabilidade (ou repetibilidade).

É vital que o modelo de negócios de uma empresa iniciante seja replicável, isto é, que seja possível reproduzir a experiência de consumo do seu produto (ou serviço), de forma relativamente simples, sem exigir o crescimento na mesma proporção de recursos humanos ou financeiros.

2ª) Flexibilidade.

Em função de sua característica inovadora, do ambiente incerto, competitivo e volátil em que a *startup* irá atuar, ela deve ser capaz de atender às demandas do mercado, **adaptando-se** rapidamente conforme ocorrem as mudanças. Desse modo, um *startup* possui uma estrutura enxuta, com equipes relativamente pequenas e constituídas por pessoas ágeis, flexíveis e donas de certa autonomia.

3ª) Escalabilidade.

Ser escalável significa que a *startup* pode atingir rapidamente um grande número de clientes, com custos relativamente baixos. Assim, um negócio escalável é aquele capaz de promover o crescimento da *startup*, de forma ágil, sem que isso afete significativamente sua estrutura ou demande muitos recursos.

Um negócio escalável naturalmente requer gestores líderes, com as habilidades necessárias para conduzir o crescimento da *startup* de forma coerente, valendo-se de ferramentas robustas de gerenciamento e desenvolvendo uma comunicação interna e externa bem eficaz.

É óbvio que a TD estará sempre por trás da maioria dos empreendimentos escaláveis. Por exemplo, com o auxílio da Internet e de recursos de *marketing* digital, pequenas *startups* são capazes de competir com grandes marcas, muitas vezes provocando mudanças radicais ou disruptivas em seu setor!!!

Um modelo de negócios **escalável** deve contar com as seguintes características fundamentais:

- Ser ampliável e capaz de atender altas demandas.
- Possuir um processo de produção ensinável.
- Oferecer produtos ou serviços padronizados.
- Contar com uma logística inteligente.
- Utilizar processos automatizados.

4ª) Inovação.

Uma *startup* apresenta sempre um produto ou serviço **novo** – ou pelo menos com aspectos novos em seu modelo de negócio – para o mercado a que se destina, como elemento essencial de sua **diferenciação**. No atual cenário de intensas TDs, não apenas as organizações estão adotando novas soluções digitais, mas também as pessoas estão construindo novos comportamentos e cultura a partir delas.

Para se criar uma *startup* é importante ter como orientação as seguintes "**regras de ouro**":

- Ser criativo.
- Surpreender com seu produto ou serviço.
- Concentrar-se em grandes problemas, tendo disposição para enfrentar desafios.
- Começar com o que se tem.
- Colocar as necessidades dos clientes em primeiro lugar.
- Ter compromisso com o crescimento.
- Contar boas histórias sobre o seu negócio.
- Não desanimar se as coisas não forem bem no início, tendo a necessária resiliência para não desistir...

MAS O QUE É UM MODELO DE NEGÓCIO?

Nesse documento se tem a descrição dos principais elementos para se obter o financiamento de uma empresa iniciante. É no modelo de negócio que são apresentadas as informações sobre custos, fontes de receita, atividades principais da *startup*, clientela etc. No planejamento clássico de negócios, era comum a construção de um documento conhecido como **plano de negócios**, no qual se detalhava por escrito ao longo de várias páginas os diversos aspectos de um modelo de negócio.

SERÁ QUE ATUALMENTE É VIÁVEL SE TER UM PLANO DE NEGÓCIO?

Não! As *startups* de hoje estão sob o impacto direto dos desafios impostos pelos mundos **VICA** e **FANI**, o que torna qualquer planejamento para um prazo determinado passível de **falhas grotescas**... Justamente para levar em conta as rápidas mudanças que atormentam as *startups* (e todas as pessoas) é que surgiu uma nova ferramenta, num formato que possibilita montagem e modificações ou **adaptações** no modelo de negócio de maneira **ágil**!!!

VOCÊ JÁ PENSOU EM PODER VISUALIZAR TODO O PLANO DE NEGÓCIO NUMA ÚNICA PÁGINA?

Pois bem, isso é possível com o ***Business Model Canvas*** **(BMC)**, isto é, Canvas do Modelo de Negócio, uma ferramenta extremamente **versátil, simples e eficiente.**

BMC foi criado pelo escritor, pesquisador e empreendedor suíço Alex Osterwalder (com a ajuda de Yves Pigneur), depois dos seus estudos realizados na Universidade de Lausanne sobre os diversos tipos de negócios. Em 2008, após finalizar sua tese de doutorado, ele lançou o livro *Business Model Generation*, no qual apresentou seu modelo BMC para o mundo. A obra foi traduzida para mais de 30 idiomas, e fez enorme sucesso em todo o mundo, com suas imagens e infográficos.

O principal objetivo do BMC é permitir que o gestor **coloque suas ideias** no papel e as visualize de forma **fácil**, **clara** e **didática**. Trata-se de um modelo de negócios extremamente **ágil**, que possibilita ao usuário testar e medir cada um dos itens inseridos ao longo do tempo. Isso torna o BMC uma **ferramenta de inovação**.

O BMC é fácil de ser elaborado, pois a sua ideia principal consiste na construção de um quadro que **será exposto em mural**!!! Nesse quadro estarão todas as informações sobre o negócio, exibidos de maneira objetiva e de fácil percepção. Todavia, para se chegar ao BMC é preciso passar por cinco etapas básicas que constam de perguntas para as quais deve-se ter as respostas.

1ª) Por quê? (*Why?*)

Esse é o momento de pensar sobre qual é o real **propósito** do negócio ou **projeto** que será desenvolvido. Deve-se refletir sobre quais são as metas e os objetivos a serem cumpridos, assim como sobre os motivos por trás dessa ideia.

2ª) O quê? (*What?*)

Aqui pondera-se sobre a **proposta de valor** do próprio empreendimento. Nessa etapa procura-se descrever quais serão os produtos (serviços) oferecidos, levando em conta as necessidades, os interesses ou até mesmo os problemas que eles irão atender ou solucionar.

3ª) Quem? (*Who?*)

Agora é o momento de identificar os *stakeholders* ("os interessados") no empreendimento, assim como de definir o público-alvo e descobrir o nicho que será explorado.

4ª) Como? (*How?*)

Nessa etapa busca-se definir as estratégias que serão utilizadas para desenvolver o negócio. Analisam-se as ideias, os projetos e também os negócios similares existentes. Avalia-se a concorrência e verifica-se como os projetos parecidos são executados. Esse é o momento de buscar **oportunidades** e **entender os riscos** envolvidos, **apoiando-se** nos pontos fortes da *startup*, e mantendo-se **atentos** aos pontos fracos.

Em seu livro *Opportunism* (*Oportunismo*), o empreendedor israelita Shraga F. Biran enfatizou "O oportunismo é um conceito que vem da teoria da oportunidade. Ele reconhece que uma oportunidade que deixou de se aproveitar ou não se percebeu acabará se perdendo e poderá não surgir nunca mais...

O oportunismo confia no impulso, sendo guiado pela **inteligência emocional**, que nos orienta entre os extremos da **intuição** e das **escolhas**

racionais, entre as alternativas existentes. O oportunismo é progressista, pois olha para o futuro e, de fato, ajuda a antecipá-lo."

Já o renomado especialista norte-americano em *marketing* Seth Godin declarou: "**A oportunidade é a liberdade**!!! Vivemos numa época na qual temos a liberdade para escolher, para nos conectarmos, para aprender, para iniciar uma *startup* e muitas outras coisas!!! A liberdade por seu turno faz surgirem novos riscos, e implica em mais responsabilidades. Aliás, o que se pode afirmar de maneira categórica é que hoje a liberdade representa para nós, ao mesmo tempo, um grande **problema** e uma grande **oportunidade**!!!"

Finalmente, é muito importante saber como aproveitar uma **oportunidade**!!! Neste sentido, no livro *Como – Porque o Como Fazer Algo Significa Tudo... nos Negócios (e na Vida)*, publicado pela editora DVS, de Dov Seidman, o autor destaca em seu prefácio: "Este é um livro sobre **como**, não sobre **o que fazer**, pois a diferença entre ambos é **total**. A complexidade de comportamento humano é tão profunda, tão rica e geral que proporciona uma rara oportunidade, que é de **superar a concorrência pela forma como fazer as coisas**.

Para prosperar e lucrar com as novas circunstâncias da era digital, tanto as empresas como as pessoas que trabalham nelas precisam entender o poder do **como**. Isso inclui saber **como** pensamos, **como** nos comportamos, **como** nos administramos para descobrir os novos **comos** que revelam e produzem valor no século XXI."

5ª) Quando? (*When*?)

Finalmente, é a hora de mostrar um cronograma completo, no qual deve aparecer o capital disponível para o investimento inicial e os prazos estabelecidos para que a ideia comece a ser colocada em prática. Nessa etapa, pensa-se também nas projeções de **lucro**, no **retorno de capital** e em todos os **gastos** que possam ser previstos.

Após responder a todos esses questionamentos, e analisar a sua proposta, é chegado o momento de fazer seu BMC, isto é, de montar, organizar e preencher o quadro; de elaborar um mapa visual pré-formatado, contendo **nove blocos**, que são:

1º) **Proposta de valor** – O que a empresa oferece para o mercado que realmente terá valor para os clientes.

2º) Segmento de clientes – Quais segmentos de clientes serão foco da empresa.

3º) Os canais – Como o cliente poderá comprar e receber seu produto (serviço).

4º) Relacionamento com os clientes – De que maneira a empresa irá se relacionar com cada segmento de clientes.

5º) Atividades-chave – Quais são as atividades essenciais para que seja possível entregar a proposta de valor.

6º) Recursos principais – Quais são os recursos necessários para executar as atividades-chave.

7º) Parcerias principais – São as atividades-chave realizadas de forma terceirizada e os recursos principais vindos de fora da empresa.

8º) Fontes de receita – São as formas de obter receita por meio de propostas de valor.

9º) Estrutura de custos – São os custos relevantes necessários pra a estrutura proposta funcionar.

Uma ferramenta complementar ao BMC é o ***Value Proposition Canvas* (VPC)**, ou seja, o **Canvas da Proposta de Valor**, que na realidade é um aprofundamento de duas partes do BMC, isto é, do bloco de segmento de clientes e daquele da própria proposta de valor, porém, não entraremos em maiores detalhes sobre esse assunto...

A importância do BMC se fundamenta nas seguintes vantagens:

- Cria um maior e melhor **entendimento** entre todos os envolvidos no processo.
- Reduz as falhas na comunicação interna e fortalece a **cultura organizacional**.
- Permite que cada colaborador **compreenda** melhor o seu papel dentro da empresa e amplie sua visão sobre o negócio.
- Possibilita **adaptações** ao longo do processo para se estar de acordo com a realidade da empresa em cada etapa.
- Oferece maior **agilidade** para identificar propostas de valor que estejam alinhadas com os objetivos traçados.

O QUE É UMA *LEAN STARTUP*?

Lean startup é aquela que se baseia nos princípios de **método enxuto**, fundamentado no conceito de **produção enxuta,** desenvolvido no século XX pela empresa japonesa Toyota. Essa denominação se tornou bastante popular depois que foi publicado em 2011 o livro de Eric Ries, *A Startup Enxuta*, no qual o autor destaca que os empreendedores deveriam se inspirar no conceito japonês de "manufatura enxuta", procurando principalmente **encurtar** os ciclos de desenvolvimento de seus novos produtos (serviços).

Entre as lições que Anitta deu a muta gente uma foi a da sua **agilidade** para entender o que o público gosta, adaptando-se e ajustando a sua carreira rapidamente, baseando-se no conceito utilizado pelas *lean startups*.

O principal princípio apresentado no livro é que o empreendedor deve **construir**, **medir** e **aprender**!!! Assim, a *startup* deve construir (montar) o seu produto (serviço), medir os resultados, levando em conta principalmente a reação dos seus clientes e usar esse conhecimento para entender se o próximo passo é **seguir em frente** ou **pivotar**!!!

Pivotar (do inglês "*to pivot*") é um termo ligado ao movimento do pivô no jogo de basquete, e para Eric Ries significa que é necessário **reavaliar** as estratégias quando as coisas não saem como o esperado. Note-se que como as *startups* estão submetidas ao **princípio de inovação**, ou seja, **devem inovar constantemente**, isso faz com que elas operem em um cenário de muita **incerteza**!!! É por isso que é difícil ter um planejamento bem delineado e conseguir cumpri-lo, daí a importância de se ter o BMC.

No basquete, o pivô é um atleta que geralmente fica próximo da cesta, por ser bem alto, e pode se deslocar ou movimentar em qualquer direção, desde que mantenha o pé de apoio fixo, girando em torno do mesmo...

Aplicada aos negócios, a ideia de pivotar é que o empreendedor, percebendo que sua aposta inicial não está funcionando, mude radicalmente algum elemento da sua estratégia (público-alvo, forma de lucrar, tecnologia etc.), mas preserve a sua essência original.

Eric Ries sugeriu **dez tipos** de movimento ou ação para pivotar, no sentido de proporcionar o crescimento de uma *startup*, que são:

1º) Tecnologia – Realmente a mudança de tecnologia utilizada pode tornar um negócio mais competitivo.

2º) Canal de distribuição – Isso significa que se analisa uma alteração na logística de entrega do produto (serviço).

3º) Meio de comunicação – Trata-se de desenvolver um outro método de *marketing*, assim que se perceber que a divulgação usada para o produto (serviço) não foi eficiente.

4º) Captação de valor – Aí busca-se verificar o que acontece com a modificação da estratégia de geração de receita ou de funcionamento do negócio.

5º) Plataforma – É a mudança na forma como um produto (serviço) é oferecido e o que foi pensado como um *site* pode talvez funcionar melhor como um aplicativo para celular ou *tablet*.

6º) Modelo de negócio – Modificar o que foi pensado como negócio entre empresas, para que este seja agora voltado para pessoas físicas.

7º) **Necessidade** – Testar uma mudança em um produto (serviço) que não atende ao desejo dos clientes para algo que eles valorizem.

8º) **Consumidor** – Trata-se de um produto (serviço) a um público-alvo diferente do que havia sido previsto inicialmente.

9º) **Aumentar o *zoom* (a visualização)** – Nesse caso procura-se transformar o que antes era apenas uma parte do produto (serviço) da *startup*.

10º) **Diminuir o *zoom*** – Nesse movimento a intenção é transformar o produto (serviço) em uma funcionalidade ou parte de algo novo.

O pivotar proporciona sempre um **aprendizado** que é um fato essencial para o crescimento de um *startup*. E mais ainda, a forma eficaz de se ter uma **aprendizagem validada** é utilizando dados empíricos coletados de clientes reais. O método científico é o grande aliado da experimentação voltada para a aprendizagem validada. E o experimento é que leva ao **produto mínimo viável** (PMV).

MAS O QUE É O PMV?

É um conceito que significa construir a versão **mais simples** e **enxuta** de um produto, empregando o mínimo possível de recursos (tempo e dinheiro) para entregar a principal proposta de valor de uma ideia. Assim, é possível validar o produto antes do seu lançamento, antes de se investir muito dinheiro nele.

Dessa maneira, quando um empreendedor tem uma ideia e quer implementá-la, a metodologia mais recomendada para o seu desenvolvimento é a do PMV [em alguns textos usa-se também a expressão inglesa *minimum viable product* (MVP)]. Um bom exemplo do uso de PMV foi feito pelo Uber, que utilizou o conceito, testando antes o serviço em várias cidades metropolitanas, para depois oferecê-lo em praticamente todo o planeta.

De acordo com Eric Ries: "A atividade fundamental de uma *startup* é apresentar novas ideias em produtos (serviços), medir como os clientes reagem a eles e, a partir desses resultados, decidir pela sua implementação ou por uma interrupção. É aí que entra o PMV, como um elemento de experimentação junto aos clientes.

O PMV pode ser um protótipo que conte com a função primordial de um produto ou do aplicativo em teste. O intuito básico do PMV não é esgotar as funcionalidades do produto ou promover oficialmente a nova solução, mas apenas testar a sua aceitação pelos clientes e em seguida, caso tenha boa recepção, aprimorar a versão inicial.

E geralmente uma empresa lança vários PMVs, antes de chegar à **solução ideal**, pois a essência da *startup* está em aprendizagem contínua e mensuração dos *feedbacks* ("retornos"), que recebe do mercado." Bem, de forma conclusiva pode-se dizer que a metodologia da *startup* enxuta favorece a **experimentação** ao invés do **planejamento**, o *feedback* dos clientes no lugar da **intuição** e o ***design* interativo** em vez do **tradicional**!!!

Assim, repetindo, o PMV tornou-se um dos pilares da *lean startup*, pois o seu objetivo é testar uma ideia com o menor investimento possível a fim de lançar produtos (serviços) com reais possibilidades de sucesso, de modo a reduzir os riscos de desperdícios de **tempo** e **dinheiro**!!!

E DE ONDE E COMO É QUE UMA *STARTUP* PODE CAPTAR RECURSOS PARA SOBREVIVER E PROGREDIR?

Empreender envolve bem mais do que encontrar um nicho de mercado que valorize o que uma *startup* deseja oferecer.

O sucesso de uma *startup* está diretamente relacionado à **captação de recursos**. E essa atração só se torna possível a partir da capacidade de uma *startup* de vender a sua ideia, convencendo os potenciais investidores de que o retorno financeiro para eles é uma **possibilidade real**.

Uma das maneiras para conseguir isso é, por exemplo, conquistar um **investidor anjo**, por meio de um *pitch* (palavra inglesa cujo significado é "apresentação rápida de uma ideia") sobre o produto ou serviço oferecido pela *startup*. Desse modo, nos eventos que reúnem e conectam empreendedores e investidores, tornou-se uma prática bastante comum (e estimulada) a apresentação de *pitches* pelos criadores de *startups*, apresentando os produtos (serviços) que pretendem lançar. O intuito é explicar de forma direta e objetiva a própria finalidade da *startup*, assim como a solução que pretende oferecer aos potenciais clientes; discorrer sobre o mercado no qual irá operar e seus planos de curto e longo prazo.

É crucial que o apresentador do *pitch* tenha um profundo conhecimento sobre as características desse novo negócio, e assim seja capaz não apenas de atrair a atenção dos que o assistem, mas de ganhar a confiança desse público!!!

O fato é que quem deseja fazer um excelente *pitch* precisa sempre se lembrar de que "**a primeira impressão é a que fica**", e que dificilmente haverá uma segunda oportunidade para se conseguir isso. Também são fundamentais uma boa capacidade de comunicação e rapidez no compartilhamento da "**ideia criativa**".

Foi assim, aliás, que surgiu o termo ***elevator pitch*** ("discurso de elevador"), um modelo que limita uma apresentação ao mínimo de **30s** e o máximo de **1 min**. É como se você entrasse num elevador com um potencial investidor e, para não perder essa oportunidade única, se "**atrevesse**" a compartilhar com ele sua ideia de negócio. Obviamente o foco nesse caso é apenas nos aspectos **mais relevantes** da ideia, pois o objetivo é garantir uma **segunda oportunidade** para oferecer mais detalhes sobre o negócio.

Todos que acompanham a evolução das *startups* também acabam deparando com outro termo do idioma inglês: ***bootstrapping***. Normalmente, no âmbito do empreendedorismo, esse é o primeiro passo do investimento, quando um empreendedor (ou grupo de empreendedores) tira dinheiro do próprio bolso, até conseguir(em) investidores externos, por meio de um *pitch* bem-sucedido.

Outra forma de se obter recursos para uma *startup* é através do *crowdfunding* ("financiamento coletivo"). Ele consiste de múltiplas fontes de financiamento, por meio de um grupo de pessoas físicas e/ou empresas que se mostram interessadas numa empresa iniciante e decidem investir nela. Atualmente existem diversas plataformas *online* – Vaquinha, Kickante, Kickstarter, Indiegogo, Impulso, Catarse etc. – nas quais pode-se criar campanhas e divulgar *startups* pela Internet.

Pode-se também "conquistar" um **investidor anjo (*angel investor*)**, que se interesse pelo negócio. O termo "**anjo**", nesse caso, é utilizado pelo fato de o apoio oferecido por esse investidor não se restringir única e exclusivamente ao âmbito financeiro [capital ou **dinheiro inteligente** (***smart money***)], mas englobar seus conhecimentos, sua experiência e sua rede de relacionamentos (*networking*).

De fato, o investidor anjo torna-se um orientador e até mesmo um mentor para a *startup*, aumentando bastante suas possibilidades de sucesso. Um bom exemplo disso é a Spotify, lançada em 2008 na Suécia por Daniel Ek e Martin Lorentzon. Três anos depois de sua fundação a *startup* conseguiu um grande investidor anjo: o **famoso cantor canadense Justin Bieber**!!!

E VOCÊ ACHA QUE ESSE TIPO DE INVESTIDOR ANJO AJUDOU A SPOTIFY A CRESCER?

Sem dúvida! No início de 2022 o Spotify era o principal serviço de *streaming* ("transmissão") de música no mundo, permitindo que seus assinantes acessassem cerca de **50 milhões de músicas**. No aplicativo, o usuário consegue encontrar várias *playlists* ("listas de músicas"), verificar quais delas estão fazendo mais sucesso entre os assinantes, criar suas próprias seleções e seguir as coleções selecionadas pelos amigos e artistas famosos!!! O Spotify chegou ao Brasil em 2014.

Porém, é preciso que fique claro que o termo "**investidor anjo**" não pode ser associado a motivações filantrópicas. É alguém que aposta numa *startup*, pois obviamente enxerga nela um grande potencial de crescimento e que será fácil recuperar seu investimento, em forma de lucro!!!

Caso o (a) leitor (a) se interesse em obter mais detalhes sobre a atuação de investidores anjos, deve recorrer ao livro *Investidor Anjo – Guia Prático para Empreendedores e Investidores*, de autoria de Cassio Spina. Ele também é fundador da ONG Anjos do Brasil, em 2011, que apoia as *startups*, em especial na fase de crescimento.

A Anjos do Brasil é mantida por voluntários e patrocinadores, e oferece cursos e eventos e outras atividades que contribuem para sua manutenção. Sua missão é obviamente **fomentar o empreendedorismo brasileiro**, por meio da disseminação de conhecimentos, conexão de apoiadores (investidores anjo), com novos empreendedores, e a promoção de políticas públicas para o incentivo e estímulo ao desenvolvimento econômico e social do Brasil.

No País já contamos com alguns investidores anjo que inclusive já se tornaram bem conhecidos, como Camila Farani (participante do programa *Shark Tank Brasil*, do canal Sony), João Kepler (que já investiu em mais de 500 *startups* desde 2008), Benício Filho (que exerce também o papel de mentor e participa de programas de aceleração de *startups*, entre outros.

Um incrível investidor anjo é hoje Pierre Schürmann, que embora tenha crescido num barco, aprendeu a programar em terra firme!!! Ele lançou em 1997 o *site* Zeek, que se tornou o segundo maior brasileiro em número de buscas, e isso ainda nos primórdios da Internet. Ele também criou várias outras empresas, como a incubadora idea.com, em 2000, e a agência de *marketing* Conectis, em 2004.

Por fim, ele criou em 2011 o fundo *venture capital* ("capital de risco"), que tem hoje o maior portfólio da América Latina. Trata-se da gestora Bossa Nova Investimentos, que até o final de 2021 já tinha investido algo próximo de R$ 9,5 bilhões em mais de 500 empresas.

Em uma entrevista para o jornal *Folha de S.Paulo*, em 2 de dezembro de 2020, Pierre Schürmann contou: "Consegui tornar a Bossa Nova uma verdadeira máquina de fazer investimentos em *startups*, e o meu plano é que até o final de 2025 possamos dizer que já investimos em **1.000 novas empresas**!!!

Aliás, acho que se mantivermos o ritmo atual isso pode acontecer bem antes... Nos primeiros cinco anos da Bossa Nova os investimentos realizados praticamente foram feitos com capital próprio, e de alguns amigos coinvestindo. No final de 2015, consegui ter como sócio o João Kepler, que já era um investidor anjo e decidimos expandir e acelerar o nosso negócio.

João Kepler tornou-se o *alter ego* da Bossa Nova, aparecendo bastante na mídia, enquanto eu sempre preferi ficar longe dos holofotes. Desse modo, a Bossa Nova já teve dois ciclos, e agora está tendo o terceiro. Os aportes que a empresa tem feito nas *startups* estão geralmente entre R$ 300 mil e R$ 500 mil, mas também estamos investindo em tecnologia e *software* para a Internet. Eu sabia que poderia ser grande, mas nunca tive uma ideia bem clara de como chegaria até aqui..."

Uma outra boa fonte de recursos para as empresas iniciantes é o *seed capital* ("capital semente"), que é um tipo de "**investimento generoso**" na gestão e no desenvolvimento das *startups* que estão em estágio inicial de desenvolvimento, ou ainda não saíram do zero, e estão em busca de um tipo de investimento que lhes permita evoluir.

No Brasil, os dois fundos de investimento de capital semente mais importantes são o Criatec, mantido pelo BNDES (Banco Nacional de Desenvolvimento Econômico e Social) e o Banco do Nordeste, e a Confrapar, que administra fundos de investimento para empresas de tecnologia. Assim, o capital semente apoia *startups* em fase inicial de implementação e organização de operações, muitas delas concebidas no seio de **incubadoras** de empresas. Neste começo, os aportes financeiros ajudam, entre outras funções, na capacitação gerencial e financeira dos negócios.

Por sua vez, as **incubadoras** representam um modelo bem tradicional de investimento a partir de um projeto ou uma empresa que tem como objetivo a criação ou o desenvolvimento de pequenas empresas ou microempresas, apoiando-as nas primeiras etapas de suas vidas. O **processo de incubação** inclui ajuda com a modelagem básica do negócio, auxílio com as técnicas de apresentação, acesso a recursos do ensino superior, entre outros.

Já num patamar mais elevado existem hoje também as **aceleradoras**. Apesar de poderem ser consideradas como um tipo mais "moderno" de incubadoras de empresas, as aceleradoras têm uma metodologia bem mais complexa. O processo para participar das aceleradoras é **aberto** e elas geralmente se focam em *startups* já constituídas por empreendedores com modelos de negócios promissores, para apoiá-las financeiramente, oferecer consultoria, treinamento e presença em eventos durante um período específico, que pode ser de três a oito meses. Como contrapartida dessa ajuda, as aceleradoras recebem uma participação acionária nas *startups*. Pode-se dizer que no Brasil uma aceleradora investe até R$ 250 mil numa *startup* e a libera de sua orientação depois de 4 meses, em média.

Voltando ao caso do cantor canadense Justin Bieber, vale a pena recordar que em 2012 ele tinha apenas 18 anos, porém, já havia ganho cerca de US$ 108 milhões. Por essa razão ele foi aconselhado por seu empresário, o norte-americano Scooter Braun, a investir parte desse dinheiro em diversas *startups* – Spotify foi uma delas –, tornando-se assim um *venture capitalist* ("capitalista de risco"). Com isso, o jovem talentoso ganhou muito dinheiro, e sem precisar cantar...

Apesar da crise econômica em que o País mergulhou a partir do início de 2020, por causa do *Covid-19*, e que continuou em 2021, as *startups* nacionais receberam grandes aportes de investimentos *venture capital*, em especial aquelas nos estágios iniciais de maturação. Naturalmente cresceram muito as *startups* que ofereceram serviços digitais.

Confirmou-se dessa forma que os anos de crise acabam sendo ótimos para diversos setores, uma vez que nesses períodos as coisas tendem a mudar bastante e, por conta disso, abrem-se várias "**janelas de oportunidade**" para que empreendedores criativos resolvam os problemas surgidos no mercado de trabalho e na sociedade como um todo.

Esse foi o caso, por exemplo, do fundo de investimentos Ipiranga, que iniciou 2021 com cerca de 40 *startups* dos mais diversos setores sob sua gestão, com investimento na casa dos R$ 550 milhões. E algumas dessas *startups* cresceram de forma incrível, como a Loggi, a Quero Educação, entre outras.

Enquanto as empresas, em especial as iniciantes, ainda têm bastante dificuldade de arranjar financiamentos tradicionais, o *venture capital* se revela uma boa alternativa. E vale lembrar que os gestores de *venture capital* não oferecem às novas *startups* apenas dinheiro. Eles também procuram contribuir com elas na aquisição de conhecimentos para que elas aprendam a melhor administrar os próprios negócios.

Claro que os investidores se concentraram nas *startups* de entrega e naquelas que implementaram diversas **TDs**, inovando nas formas de atender e em outros serviços. Em 2022, esse cenário se manteve, e percebeu-se claramente que os investidores aprenderam mais ainda **como** e **quando** devem correr riscos!!!

As *startups* do Brasil também receberam nesses últimos **cinco anos** uma grande ajuda do programa Google for *Startups*, dedicado a impulsionar empresas de tecnologia, que até o final de 2021 já havia auxiliado cerca de 250 *startups*, conectando-as com fundos de capital de risco e permitindo que levantassem aproximadamente R$ 35 bilhões em investimentos.

Por fim, temos o *venture building* ("fábrica de *startups*"), que é um modelo no qual mesclam-se características de incubadoras, aceleradoras e *venture capital*. Nele são oferecidos a todas as *startups* a estrutura física, a captação de recursos financeiros e humanos, e o auxílio para que elas executem o seu planejamento estratégico. O objetivo de uma *venture building* não é apenas criar um novo produto (serviço), mas especialmente construir um negócio e alcançar sucesso com ele!!!

Geralmente a participação de uma *venture building*, ou do *venture builder* ("construtor de empreendimentos") é grande, chegando a até 80% da estrutura acionário na fase inicial. Ela se envolve basicamente em cinco atividades principais: identificação de ideias de negócio, formação de equipes, acesso ao capital, ajuda no gerenciamento do empreendimento e no desenvolvimento do seu *marketing*.

Uma *venture building* também se dedica a duas outras atividades importantes: o emprego de uma metodologia empreendedora e a captação de talentos. Por último, não se pode deixar de citar os fundos de *private equity* ("ativo privado"), que têm foco em investimentos em *startups* mais maduras, já estabelecidas no mercado e capazes de gerar receita e fluxo de caixa significativos. Além disso, quando uma *startup* recebe recursos via *private equity*, isso significa que certamente já captou outros investimentos antes... Desse modo, em relação ao *venture capital*, o perfil de risco no *private equity* é **bem menor**!!!

Uma pessoa que empreende pode achar que quanto **maior** e **mais variado** for o público que atender, isso será fundamental para o sucesso de seu negócio. Mas nem sempre é verdade!!! Criar um negócio com uma clientela muito ampla pode se revelar um tiro no pé!?!? A melhor opção é criar um *marketplace* de nicho com um perfil de cliente específico, pois até agora os serviços segmentados são os que têm tido expansão mais rápida... E existem muitos diferentes perfis de clientes que um empreendedor pode escolher!!!

MAS O QUE É UM *MARKETPLACE*?

A palavra é a junção de *market* ("mercado") e *place* ("lugar"), e significa um local onde se faz comércio de bens e serviços. Esse termo abrange tanto os mercados de rua (onde os comerciantes podem montar suas barracas ou lojas), como também o mercado global, seja ele físico (real) ou virtual (Internet).

Porém, atualmente passou-se a utilizar o termo *marketplace* para designar um tipo de *e-commerce* em que uma empresa específica – como a Amazon, por exemplo – comercializa os produtos de muitos lojistas. Esse *shopping center* ("centro de compras") permite que os comerciantes inscrevam seus produtos (serviços) em sua plataforma virtual e, desse modo, os clientes que a acessam podem visualizar muitas "vitrines" e adquirir diversos itens de diferentes varejistas, mas pagar tudo de uma vez.

E esse sistema não funciona apenas para lojas. No caso da Uber, por exemplo, a conexão é feita entre passageiros e motoristas. A mesma prática se aplica ainda ao iFood, no ramo alimentício, e ao Airbnb, no campo da hospedagem. De fato, o conceito de *marketplace* é vantajoso tanto para clientes quanto para empreendedores. Comprar produtos (serviços) nessas plataformas é muito rápido, e também possibilita o uso de muitas outras opções.

Quem anuncia seus produtos (serviços) nessas plataformas é capaz de atingir um número enorme de consumidores e vender muito.

Todavia, a maior oportunidade nesse meio é criar o próprio *marketplace*, pois esse é um modelo de negócio **escalável** e **expansível**, com elevado potencial de rentabilidade. Assim, se alguém tiver uma boa rede de contatos em um nicho de mercado, e vontade de empreender digitalmente, criar um *marketplace* é a solução ideal!!!

Com a expansão do *e-commerce*, *marketplaces* como Mercado Livre precisam de centros de distribuição cada vez maiores para armazenar os milhões de produtos que negociam.

Os tipos mais comuns de *marketplace* são:

- ***Business to consumer*** **(B2C)** – Envolve transações de empresas diretamente com os consumidores finais. É o que ocorre hoje no setor de varejo, com plataformas como Lojas Americanas ou Magalu.
- ***Business to business*** **(B2B)** – Ele não envolve o consumidor final, pois a transação é feita de empresa para empresa. No Brasil, houve um grande crescimento de *startups* B2B nos últimos três anos, sendo que hoje elas superam em número as *startups* B2C.
- ***Consummer to consumer*** **(C2C)** – No qual as transações ocorrem diretamente entre os consumidores. É como se qualquer pessoa pudesse empreender nessas plataformas e ganhar uma renda extra!!! Esse modelo se baseia na economia compartilhada e permite vendas e "trocas" de produtos usados ou seminovos, de forma mais sustentável entre as pessoas.
- ***Business to employee*** **(B2E)** – Aquele em que as transações acontecem entre empresa e seus funcionários. Um bom exemplo é a plataforma Gympass (sobre a qual falaremos adiante), focado em vender programas de assinatura em academias para empregados de empresas. Muitas vezes são oferecidos descontos ou benefícios aos funcionários que comprarem da própria organização.

- ***Business to business to consumer* (B2B2C)** – Esse tipo é uma junção dos modelos B2B e B2C. Nesse formato as transações acontecem de empresa para empresa, e então para um consumidor final. Normalmente eles envolvem parcerias entre varejistas e distribuidores. Por exemplo, pode-se dizer que o iFood é um *marketplace* B2B2C, pois além de vender comida direto para os consumidores finais, ele oferece o iFood Empresas e o iFood Shop, que vende produtos para os próprios restaurantes.
- ***Business to government* (B2G)** – São as transações diretamente das empresas com os governos, atendendo as regras específicas de cada país (editais de licitação, leis, processos internos etc.). Um bom exemplo disso são as construtoras que desejam realizar obras públicas (rodovias, escolas, hospitais etc.).
- ***Direct to consumer* (D2C)** – Fazem transações entre empresas e clientes, porém, há uma diferença entre os sistemas D2C e o B2C. Nesse caso a empresa em questão é a própria fabricante, que atua sem intermediários e vende seus produtos em diferentes regiões do País diretamente para o consumidor final.

O crescimento dos *marketplaces* na América Latina teve como um dos principais atores o Mercado Livre, uma empresa argentina, que utiliza os modelos B2B, B2C e C2C, que ajudou bastante a popularizar esses tipos de negócio no nosso País. Hoje o Brasil já possui grandes *marketplaces*, como a Via, a Magalu, a B2W (Submarino, Shoptime e Americanas), GFG (Global Fashion Group), Centauro, MadeiraMadeira, Elo7 etc.

Estamos em uma **era da inovação constante**, o que quer dizer que, quase todos os dias novas plataformas tecnológicas são criadas e aí as empresas precisam aderir a essas tecnologias com o máximo de **agilidade** pois caso contrário ficarão para trás no mercado...

E assim que acabar a pandemia da *Covid-19* (talvez nunca totalmente...), as empresas (lojas) vão voltar a ter uma boa atuação no mundo físico, mas elas não poderão mais deixar de se valer dos *marketplaces*, pois o mercado digital continuará a crescer cada vez mais...

Todavia, a despeito de todas as **vantagens** mencionadas, é preciso também salientar algumas **desvantagens** dos *marketplaces*: como concorrência acirrada, custos de comissão etc. Por conta disso, é preciso saber escolher e vincular-se aos melhores!?!?

E QUAL É A IMPORTANTE ESTRATÉGIA QUE SE DEVE DESENVOLVER PARA GERAR CONEXÃO DE UM NEGÓCIO DIGITAL COM OS CLIENTES?

As estratégias de comunicação e *marketing* evoluíram muito ao longo do tempo e, atualmente, não faz mais sentido **simplesmente** expor as qualidades do seu produto (serviço). É necessário envolver o público de uma forma mais **genuína**, o que se consegue, por exemplo através de *storytelling*.

E O QUE É *STORYTELLING*?

Trata-se de nada mais que **contar histórias**!!! O objetivo é, evidentemente, conquistar o **engajamento dos clientes**, por meio da **conexão** com uma narrativa ou os personagens. Afinal o cérebro humano grava histórias de forma muito mais fácil do que os dados. Significa aliar os aspectos emocional e racional na hora de se comunicar com seus públicos.

Assim, na parte "**Quem somos**" do *site* de uma empresa não adianta (ou não se deve) apenas dizer que ela é **referência no mercado**!?!?

É muito mais eficaz contar a história do negócio, divulgar seu propósito (missão, visão, valores etc.) e os seus casos vividos e os aprendizados obtidos pela empresa ao longo de sua existência. Entre os benefícios diretos que se consegue com um bom *storytelling* está o fortalecimento da marca, a fidelização dos clientes, incremento da rentabilidade etc.

Ao aplicar o *storytelling* ao seu *marketplace*, é vital definir sua *persona*. E, naturalmente, um passo muito importante para realizar um bom *storytelling* é conhecer bem o seu público. Afinal, você precisa compreender bem para quem irá contar histórias. E por isso que se deve recorrer a um modelo de *personas*, ou seja, uma representação semifictícia do cliente ideal de um negócio, o que ele espera e deseja. Obviamente essa narrativa deve se basear em dados reais sobre o comportamento e as características demográficas dos clientes, assim como nas histórias pessoais, motivações, objetivos, desafios e preocupações.

Vale também lembrar que as narrativas precisam sempre de uma estratégia bem clara (!!!), que leve a criação de histórias que cativem os clientes.

OI

Quem quiser aumentar seus conhecimentos sobre como contar bem uma história deveria ler os livros escritos por James McSill, publicados pela editora DVS:

- *Lições de Storytelling – Fatos, Ficção e Fantasia.*
- *Lições de Storytelling – Persuasão, Negociação e Vendas.*
- *Lições de Storytelling – O Best-Seller.*

POR QUE AGORA AS *STARTUPS* TÊM NOMES ESPECIAIS?

As *startups* começaram a se destacar tanto em alguns setores que passaram a ter denominações especiais (!!!), como:

1º) ***Fintech*** – A palavra *fintechs* é uma abreviação de *financial technology* ("tecnologia financeira"), sendo muito usada para se referir a uma *startup* que desenvolve e oferece produtos financeiros totalmente digitais. Entre as grandes vantagens oferecidas pelas *fintechs*, uma delas é a liberação de empréstimos para pessoas sem comprovação de renda, visto que isso não é necessariamente um sinal de que elas sejam **más pagadoras**!!!

Elas souberam aproveitar e atrair um grande contingente de pessoas no Brasil, concentrando-se especialmente nas que não tinham acesso a serviços financeiros. Entre as diversas soluções que apresentaram aos clientes estavam os cartões de crédito, de débito, sistemas antifraude, operações de câmbio, compra de criptomoedas etc. Em meados de 2022 havia cerca de 780 *fintechs* no Brasil.

2º) ***Foodtech*** – É a *startup* que surgiu com foco na alimentação, divulgando frequentemente que seus produtos são **saudáveis**. É uma empresa que atua desde a elaboração dos alimentos – alguns deles bem criativos – passando pela conexão entre pequenos produtores e os cozinheiros, até a logística na entrega dos mesmos. Elas buscam total eficiência nesse processo, sem que haja qualquer desperdício dos alimentos. As *foodtechs* evoluíram muito no País a partir de 2020, quando passaram a atender a um significativo contingente de clientes, por conta da pandemia, da implantação do sistema *home office*, e do fato de que todos precisavam comer de forma saudável e pagando menos do que nos restaurantes físicos nos arredores. Temos agora uma enorme variedade de *foodtechs*, desde aquelas que vendem produtos alimentícios mais baratos (elaborados com produtos cuja data de vencimento já está próxima, mas que ainda são aproveitáveis) até as que preparam e entregam refeições completas (até sopas e sobremesas) ou ainda as mais originais, voltadas para alimentos naturais (à base de plantas) e com ênfase no consumo de ovos.

3º) ***Edtech*** – Essa é a denominação dada às empresas de tecnologia voltadas para a **educação**. De acordo com a Associação Brasileira de *Startups* (AB *Startups*), no início de 2022 havia cerca de 920 *edtechs* no País. Entre os diversos serviços prestados por essas empresas, estão: achar escolas com custo acessível, com facilidade de pagamento e descontos nas mensalidades; indicar aos pais os melhores fornecedores de produtos como uniformes, material escolar etc.; corrigir e ensinar como fazer uma boa redação; oferecer aulas particulares sobre disciplinas específicas, e assim por diante. Muitas dessas *edtechs* têm registrado um crescimento acelerado tanto em número de funcionários como de usuários, especialmente de alunos.

4º) ***Insurtech*** – Inicialmente deve-se explicar que o termo *insurtech* reúne as palavras inglesas *insurance* ("seguro") e *technology* ("tecnologia"), e é usado para identificar *startups* cujo objetivo é simplificar e personalizar o mercado de seguros, propondo ao usuário que **pague apenas pelo que efetivamente usa**!!! Boa parte das *insurtechs* começaram a oferecer os mesmos serviços das seguradoras tradicionais, porém com um preço bem mais barato (até 70% menor...) para automóveis, residências, vida etc.

5º) ***Lawtech* (ou *legal tech*)** – Voltada para serviços jurídicos, essa categoria de *startup* tem enfrentado resistência dentro da própria área do Direito. Nesses últimos três anos, entretanto, durante os quais as pessoas foram abaladas pela pandemia, as *lawtechs* ganharam muito impulso, uma vez que muitos escritórios de advocacia e órgãos públicos ficaram boa parte do tempo fechados ou operando de forma parcial. Outro acontecimento que ajudou a abrir espaço para as *lawtechs* foi a sanção presidencial da Lei Geral de Proteção de Dados, em 2018. Vivemos numa época em que uma *startup* tem à sua disposição a tecnologia da IA, coma a da IBM, que com a sua plataforma Watson oferece a possibilidade de se fazer um serviço jurídico em apenas alguns segundos (algo que um advogado humano levaria no mínimo 2 h para fazer!?!?).

Não é por acaso que o presidente da AB *Startups*, Amaro Pinho, ressaltou: "Sempre houve muito protecionismo no Direito para que a tecnologia não ocupasse a função do advogado. Agora, porém, já ficou evidente que os advogados que usarem as ferramentas tecnológicas estarão na frente."

6º) ***Healthtech*** – O isolamento social ao qual as pessoas foram submetidas ao longo da pandemia exerceu um impacto direto no setor da saúde, e impulsionou muito o crescimento das *healthtechs*. Estas também se aproveitaram de certas "liberdades" que lhe foram dadas pela **telemedicina**, na mesma época em que as pessoas tinham medo de ir aos consultórios médicos e aos hospitais, preferindo se manter reclusas em suas casas...
No final de 2021, a Distrito estimou que havia no Brasil cerca de 580 *startups* de saúde, sendo que mais da metade delas tinha menos de cinco anos de operação. Aliás, muitas dessas *healthtechs* estão ainda nos primeiros estágios de desenvolvimento. Porém, um fato se tornou realidade: ao recorrer a uma dessas *healthtechs* as pessoas tiveram um atendimento médico correto, na maior parte das vezes, e pagaram por esse serviço muito menos do que nos consultórios tradicionais...
Claro que existem outras *startups* com denominações específicas, revolucionando diversos outros setores, como o imobiliário (compra e venda de propriedades, assim como o aluguel de moradias); o de agronegócio e preservação do meio ambiente (voltadas para a alimentação e a sustentabilidade), o de promoção da publicidade etc.

Como se nota, a rápida evolução de várias tecnologias digitais tem sido muito bem aproveitada pelos empreendedores. Eles estão criando *startups* que ninguém jamais imaginou possíveis de existir (e de crescer tanto nos últimos dez anos...).

CAPÍTULO 6

STARTUPS BRASILEIRAS QUE SE TORNARAM UNICÓRNIOS

Em 2013, a investidora norte-americana Aileen Lee foi a primeira a usar o termo **unicórnio**, ou seja, a qualificar uma *startup* com esse nome, no artigo *Welcome to the unicorm club – Learning from billion-dollar startups* (*Bem-vindo ao clube do unicórnio – Aprendendo com startups de um bilhão de dólares*) para se referir às empresas de tecnologia que alcançaram o valor de **no mínimo US$ 1 bilhão**, algo considerado bem expressivo, e difícil de se atingir.

Recorde-se que o unicórnio tem a forma de um cavalo, é geralmente branco e ostenta um único chifre em espiral no topo da cabeça. A imagem desse fabuloso e benéfico equino costuma ser associada não apenas a **força**, mas também à **virgindade**. De acordo com o mito, o único ser humano capaz de domá-lo era uma **donzela pura**!!! Todavia, como se sabe, o unicórnio é um animal **mitológico**, que somente existe em nossa imaginação, e é justamente isso que torna o uso dessa palavra ainda mais eloquente.

A tradução do diálogo é:

— Você é um unicórnio?

— Sim!

— E você é uma virgem?

— Sim!

Que tal essa conversa bem *fake* ("falsa")?

Diversas *startups* unicórnio que surgiram no Brasil (como será visto mais adiante) foram criadas a partir de ideias extremamente inovadoras, consideradas até há bem pouco tempo como inviáveis e até impossíveis, sendo que por essa razão, elas foram designadas como aquelas que "**encontraram o Santo Graal** – uma expressão medieval que normalmente designa o **cálice** que Jesus Cristo teria usado na **última ceia**!!!

Todavia, a expressão Santo Graal – e a posse desse objeto – também pode ter vários significados metafóricos. Um deles, que é bem profundo, envolve os dons da **abundância alimentar**, da **invencibilidade** e da **capacidade de dar a vida e esclarecer espiritualmente** os que estão ao seu redor.

MAS QUAL É A CONEXÃO ENTRE O SANTO GRAAL E O UNICÓRNIO?

Assim que uma *startup* conquista um sucesso **inimaginável**, graças à sua inventividade, e passa a ser classificada como unicórnio, ela também parece (para muita gente) conquistar a condição de "**poderosa**" e até mesmo "**imbatível**", "**insuperável**" ou "**invencível**" (!!!), como se possuísse o Santo Graal.

Isso acaba sendo muito positivo para o mercado de trabalho, pois essa *startup* unicórnio cresce até mais de **1000% ao ano**, contratando cada vez mais pessoas, numa época em que a redução dos postos de trabalho tem se revelado assustadora em muitos setores.

OI

Initial Public Offering (IPO), ou seja, **oferta inicial de ações**, é um processo relevante que costuma chamar bastante atenção dos investidores. Com a IPO uma empresa deixa de ser designada como "**de capital fechado**" e se torna uma *startup* com **ações negociáveis na bolsa**. Após uma IPO qualquer investidor pode se tornar sócio ou até mesmo dono de uma parte dessa empresa, sendo que para isso basta ele adquirir suas ações negociáveis utilizando-se de uma corretora de valores.

Com a IPO, o valor das *startups* geralmente ultrapassa a casa de US$ 1 bilhão. Para esses casos, a Distrito criou o termo **IPOgrifo**, utilizando uma denominação usada na mitologia para designar um cavalo com cabeça de águia e asas. Vale destacar que o alto valor de mercado alcançado por cada uma dessas empresas é geralmente superior a US$ 10 bilhões, mas isso não prejudica o já difundido conceito de unicórnio.

Até alguns anos atrás, praticamente ninguém acreditava na transformação de *startups* brasileiras em **unicórnios** (ou IPOgrifos), mas tal suposição se tornou falsa!!! Veja na sequência a descrição de algumas que entraram nessa categoria por causa de seu pioneirismo e das inovações disruptivas que elas ofereceram a seus clientes, isso até o final de 2021.

BRILHE 16

a) Na ilustração abaixo, Tufão não usa coleira e anda no mesmo sentido que Capeto, que tem o pelo igual ao do Shadow. Este, por sua vez, anda no mesmo sentido que Emir, cujo pelo é igual ao de Hercules. Identifique cada um dos cães!

b) O professor de Mecânica, A.Trevido diz que sabe como desafiar a gravidade. Ele afirma que é capaz de soltar simultaneamente duas folhas de papel sulfite da altura dos seus ombros, mas que a que se encontra na sua mão esquerda chegará ao chão mais depressa que a outra na sua mão direita!!!
Você consegue explicar como ele faz isso? Aliás, com o auxílio de sua cachola criativa, você consegue pensar em algo mais que se

possa fazer para que o papel na mão esquerda alcance mais rápido o chão que o da mão direita?

c) Partindo do número indicado pela seta no desenho, e obedecendo à sequência lógica crescente, qual é o número que deve ser colocado no espaço em branco, onde se tem um sinal de interrogação?

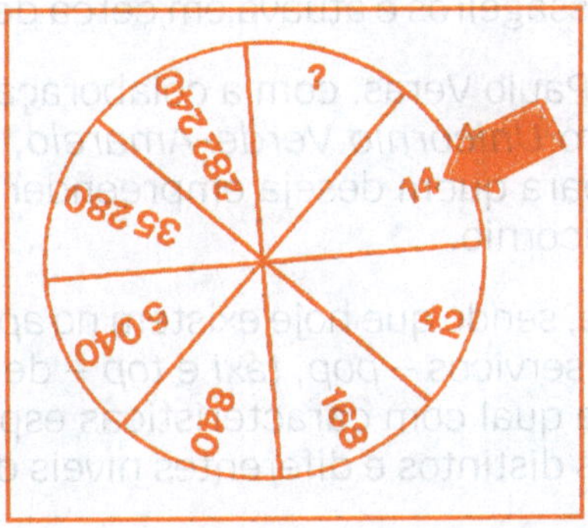

d) Apesar de parecer que só existe uma solução (!?!?), cabe a você achá-la, ou seja, dar uma volta completa no desenho, passando uma única vez por cada um dos pontos indicados no desenho abaixo e retornando ao ponto de origem. Para ajudar, uma parte da trajetória já está marcada em alguns trechos. Você consegue completá-la?

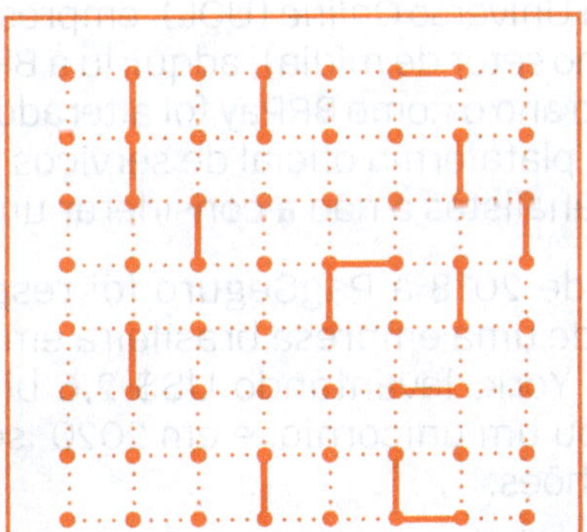

1ª) 99

Paulo Veras, um engenheiro mecatrônico graduado pela Escola Politécnica da Universidade de São Paulo, juntamente com Ariel Lambrecht e Renato Freitas, criou em 2012, o *app* de transporte 99.

Em janeiro de 2018 essa *startup* recebeu da gigante chinesa de transporte Didi Chuxing, um investimento de US$ 600 milhões, com o que ela se tornou um **unicórnio**. Nessa época ela já tinha mais de 300 mil motoristas, 14 milhões de passageiros e atuava em cerca de 400 cidades do País.

Em agosto de 2020, Paulo Veras, com a colaboração da jornalista Tânia Menai, lançou o livro *Unicórnio Verde-Amarelo*, no qual apresentou "lições" muito úteis para quem deseja empreender e levar sua empresa até o patamar de unicórnio.

A 99 evoluiu bastante, sendo que hoje existem no *app* desse *marketplace* várias categorias de serviços – *pop*, *táxi* e *top* – de viagem e transporte de passageiros, cada qual com características específicas (de veículos e motoristas), preços distintos e diferentes níveis de conforto.

2ª) PagSeguro

Em 1º de janeiro de 2006 foi lançado no mercado a BRPay, fundada pelos sócios Sérgio Costa, Armando Hilel e Leonardo Pascoal, sendo a primeira plataforma de pagamentos *online* no Brasil. A empresa nasceu assim como uma mediadora de pagamentos para compras *online*, cuja principal característica era assegurar a entrega do produto ou cliente.

Em janeiro de 2007, a Universo *Online* (UOL), empresa do grupo Folha (um dos maiores do País no setor de mídia), adquiriu a BRPay. Então, em 15 de julho daquele mesmo ano o nome BRPay foi alterado para PagSeguro, e a empresa se tornou a plataforma oficial de serviços financeiros do grupo (o que levou alguns analistas a não a considerar uma *startup*).

No final de janeiro de 2018 a PagSeguro foi responsável pela maior abertura de capital de uma empresa brasileira em sua estreia na Bolsa de Valores de Nova York, levantando US$ 2,6 bilhões. A PagSeguro obviamente se tornou um unicórnio, e em 2020, seu valor de mercado chegou a US$ 19 bilhões.

Desde então a PagSeguro não parou de fazer aquisições, e no decorrer de 2021 lançou muitos novos serviços. Um deles é o de investimentos, com a possibilidade de o cliente aplicar a partir de R$ 500,00 em fundos de criptomoedas, utilizando o PagBank; outro serviço é o PagPhone, uma inovação que reuniu pela primeira vez num único aparelho três serviços distintos: *smartphone*, banco digital e maquininha de cartão!!!

3ª) Nubank

O Nubank foi fundado em São Paulo em 6 de maio de 2013, pelo colombiano David Vélez, o norte-americano Edward Wible e a brasileira Cristina Junqueira. O foco dessa *startup* era revolucionar e desburocratizar o mercado de serviços financeiros, com o bom uso da tecnologia.

Seu primeiro produto foi um cartão de crédito controlado pelo próprio *app*, sem a cobrança de taxas ou fatura impressa. O objetivo claro era acabar com o péssimo serviço oferecido pelos bancos brasileiros tradicionais e, por isso, o Nubank investiu muito em *design* e valeu-se muito de tecnologia para devolver às pessoas o controle sobre sua vida financeira.

A primeira transação com cartão Nubank foi realizada em 1º de abril de 2014, e logo nos seus primeiros dois anos de existência a *startup* arrecadou R$ 600 milhões. Então, em março de 2018, depois de receber um novo investimento de US$ 150 milhões do DST Global Fund, ela se tornou um unicórnio. A partir daí a empresa iniciou operações no México (em 2019) e fez diversas aquisições, expandindo os seus negócios sem parar. Somente no 1º semestre de 2021 ela atraiu US$ 1,15 bilhão em investimentos, transformando-se num "**mega unicórnio**", com valor de mercado de US$ 30 bilhões.

Numa entrevista para o jornal *Folha de S.Paulo* (em 6 de julho de 2021) o fundador e presidente do Nubank David Vélez, comentou: "De fato, nesse 1º semestre de 2021 crescemos muito, ou seja, recebemos em média 45 mil novos clientes por dia, ultrapassando 40 milhões no total e nos tornamos o **maior banco digital do mundo**. E vamos crescer mais, pois somente no Brasil ainda temos 50 milhões de pessoas desbancarizadas.

Nubank, um exemplo incrível de como a tecnologia digital pode alavancar um negócio financeiro em ritmo extremamente acelerado!!!

Uma atitude importante que tomamos recentemente foi a de convidar a cantora Anitta, que tem mais de 53 milhões de seguidores, para o nosso conselho de administração, acreditando que com sua experiência em *marketing* internacional ela poderá nos ajudar a acelerar processos que identifiquem nossos gargalos, para que possamos implantar soluções mais eficientes. Sem dúvida Anitta simboliza a diversidade e a representatividade de um grande público que queremos trazer para o Nubank!!!"

Em 9 de dezembro de 2021 o Nubank fez a sua estreia na Bolsa de Valores de Nova York, quando o preço unitário de suas ações disparou, indo de US$ 9 para US$ 10,33, com um aumento de quase 15%. Com isso, essa *fintech* alcançou um valor de mercado de US$ 47 bilhões, tornando-se a instituição financeira mais valiosa da América Latina, superando inclusive o banco Itaú Unibanco naquele momento....

Vélez, Junqueira e Wible, presentes em Nova York durante a abertura de capital, manifestaram-se sobre as futuras ambições do Nubank, dizendo: "Essa IPO não é de forma alguma nossa linha de chegada. Pelo contrário, é um momento que nos permite escalar ainda mais o impacto que a gente tem."

Note-se que no final de 2021 o Nubank já tinha alcançado cerca de 52 milhões de clientes no Brasil, porém os especialistas acham que em menos de cinco anos esse número poderá chegar a 100 milhões!!! Quem tem ações na Bolsa vive sob o impacto de oscilações e infelizmente no decorrer de janeiro de 2022 o Nubank perdeu bastante do seu valor de mercado, caindo para US$ 37 bilhões. Esse declínio continuou e em maio de 2022 seu valor de mercado caiu para US$ 25,2 bilhões.

4ª) Arco Educação

A Arco Educação nasceu com a missão de "**Transformar a forma como os estudantes aprendem, promovendo e escalando a educação de excelência.**" Essa *startup* cearense de soluções educacionais foi fundada em 2006 pela família de Ari de Sá Cavalcante Neto, com destaque para Oto de Sá Cavalcante, porém, somente por volta de 2014 é que as suas atividades começaram a obter grande sucesso, em especial com a chegada da General Atlantic como sócia, passando a deter 25% do seu capital.

Desde o seu início, os executivos da família desejavam abrir um caminho para lançar as ações da *startup* – abrir seu capital – o que aconteceu em 26 de setembro de 2018, na NASDAQ (National Association of Securities Dealers Automated Quotations), nos EUA, quando a Arco Educação captou US$ 210 milhões. Com o preço inicial de US$ 17,5 por ação, o valor da empresa chegou aos US$ 850 milhões, porém, seus papéis subiram logo para US$ 24,4 e isso lhe conferiu o título de unicórnio, pois seu valor de mercado passou a ser de US$ 1,18 bilhão.

Naquela oportunidade o presidente executivo da Arco Educação, Ari de Sá Cavalcante Neto, disse: "Vamos gastar os recursos levantados, investindo na ampliação dos negócios e em provedores de serviços complementares de projetos já instaurados junto às IEs fundamental e médio particulares."

Com o passar do tempo de fato a Arco Educação transformou-se numa das maiores organizações educacionais do País, atuando em todos os segmentos do ensino infantil, básico e médio. E ela expandiu-se bastante graças aos altos índices de aprovação que obtinham seus alunos, principalmente nos exames de ingresso no Instituto Tecnológico de Aeronáutica e no Instituto Militar de Engenharia, que têm provas consideradas bem difíceis.

Pois bem, a Arco se tornou uma **empresa disruptiva** no setor de educação privada no Brasil, tendo um conteúdo de alta qualidade, um modelo de provas atraente e uma estratégia de mercado diferenciada. Numa entrevista concedida em 21 de maio de 2021 para o *Diário do Nordeste*, Ari de Sá Cavalcante Neto declarou: "A pandemia do *Covid-19* provocou a interrupção das aulas presenciais, o que mexeu na essência de nossos negócios, e aí surgiu uma corrida das escolas para se adaptarem ao ensino remoto, o que acelerou fortemente as TDs nesse mercado e apareceram para nós muitas novas oportunidades.

E a Arco Educação acabou se tornando uma solução imprescindível para cerca de 5.000 IEs que são nossas clientes, pois somente com a nossa plataforma e a nossa tecnologia elas conseguiram ministrar suas aulas. Crescemos bastante em 2020, e acredito que tanto em 2021 como ainda em 2022 continuaremos tendo um crescimento superior a 20% ao ano!!!"

5ª) iFood

O iFood foi fundado em 2011 pelos sócios Patrick Sigrist, Eduardo Baer, Guilherme Pinho Bonifácio e Felipe Ramos Fioravante, que foi seu presidente até 2017. A *startup* foi comprada pela Movile em 2013 e cresceu rapidamente graças a uma estratégia agressiva de aquisições. Na época em que foi adquirida a iFood possuía 10 funcionários e em 2016 já contava com cerca de 1.000 colaboradores, metade do número total dos que trabalhavam no grupo Movile. Entre 2017 e 2018 a iFood cresceu 110% e já estava atuando em aproximadamente 500 cidades brasileiras e em algumas na Colômbia e México.

Em 13 de novembro de 2018, a iFood – quando já era a maior empresa de *delivery* de refeições do Brasil – anunciou que recebeu um aporte de US$ 500 milhões, a maior rodada de investimentos já alcançado por uma empresa de tecnologia da América Latina, tornando-se unicórnio. Com isso a iFood passou a ter três sócios: a Movile – empresa que inclusive controla o *app*, o fundo norte-americano de tecnologia Naspers Ventures e a empresa brasileira Innova Capital, do bilionário brasileiro Jorge Paulo Lemann.

Ao receber esse aporte o então presidente da iFood, Carlos Eduardo Moyses comentou: "Esse montante será usado para que em pouco tempo tenhamos o dobro de cidades onde atuamos e conseguirmos triplicar o total de restaurantes dos quais entregamos **refeições**. E para conseguirmos isso deve-se investir muito mais em IA, bem como promover mais fusões e adquirir novas empresas. Atualmente em média, 35 min é o tempo que levamos entre o momento em que uma refeição é solicitada no iFood e acontece a entrega dela na casa do cliente, menor que o tempo de preparo de um jantar simples!!!"

Por sua vez, em 22 de dezembro de 2020, Fabrício Bloisi, presidente do iFood, declarou para o jornal *Folha de S.Paulo*: "Pandemias, assim como guerras geram **horror**, **medo** e **incerteza**. Elas também provocam profundas mudanças e saltos tecnológicos. Se por um lado a pandemia teve como efeito colateral o emperramento de empresas tradicionais, para outras, como a iFood, que já nasceu **digital**, o efeito foi bem diferente. Ela nos deu a oportunidade de usar a tecnologia intensamente para contribuir para a sociedade.

Num momento em que o Brasil e o mundo discutiram se a estratégia era **salvar vidas** ou **salvar a economia**, a iFood **abraçou ambos**!!! Ela atendeu com **comida** e **compras** quem estava em isolamento, e ajudou a **manter vivos** mais de 200 mil restaurantes, em sua maioria de pequeno e médio porte.

Por exemplo, no dia 27 de novembro de 2020, quando ocorreu a Black Friday (um dia de grandes promoções e descontos) a iFood entregou 2,5 milhões de pedidos. A meta do iFood, antes, durante e depois da pandemia, continuará sendo ajudar outros milhares de restaurantes brasileiros, mercados e os parceiros entregadores a se digitalizarem, abrindo dessa forma, cada vez mais as portas para o futuro, gerando riqueza para todo o ecossistema. E essa meta que vamos alcançar e entregar."

Na metade de 2021 foi divulgado pelo próprio iFood que a *foodtech* recebia no País cerca de 60 milhões de pedidos de refeições mensalmente, que estava contribuindo com inteligência de negócio e soluções de gestão, com algo próximo de 270.000 restaurantes cadastrados, em mais de 1.000 cidades de todo o Brasil, valendo-se do serviço de mais de 210.000 entregadores ativos para as suas entregas.

O valor de mercado da iFood hoje é muito, mas muito maior que o US$ 1 bilhão, e isso porque a Movile não para de aceitar propostas de outras investidoras. Além disso, ela não para de fazer aquisições para melhorar cada vez mais o serviço oferecido por ele!!!

BRILHE 17

Responda as seguintes questões:

a) Qual dessas três linhas é a mais longa?

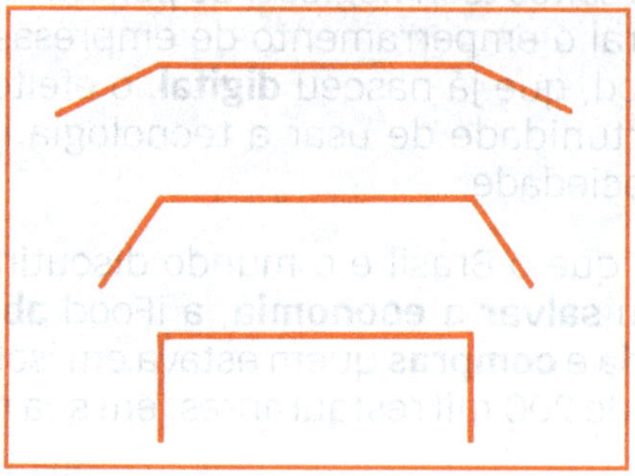

b) Qual dessas pessoas mudou a sua aparência?

c) Qual das espirais indicadas na sequência abaixo é a única que não combina como conjunto?

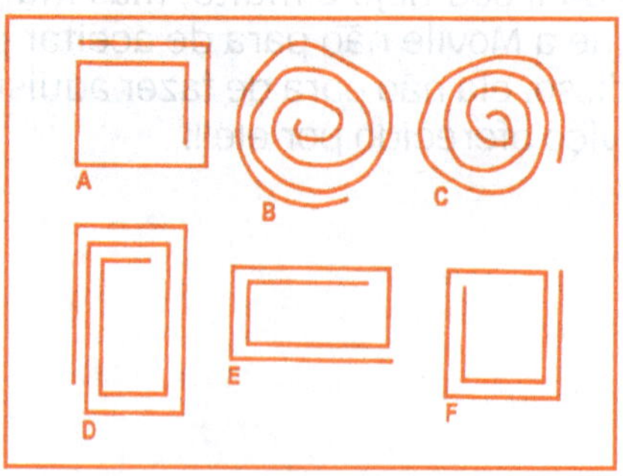

d) Observe o conjunto maior de **três quadrados** e escolha qual dos conjuntos menores na sequência compartilha uma mesma característica.

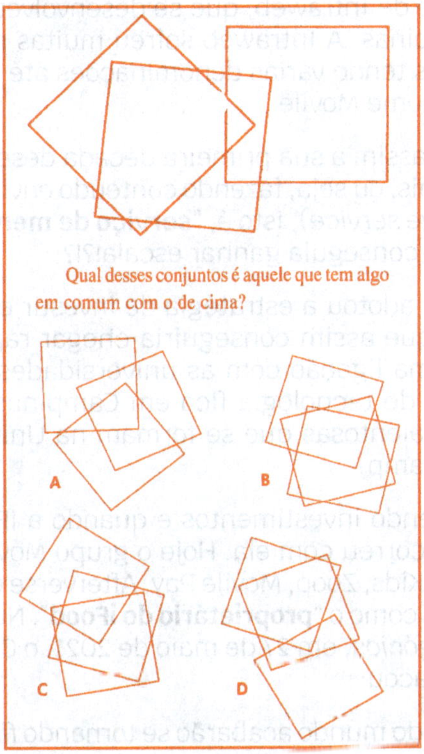

e) O segmento A é mais curto que o B?

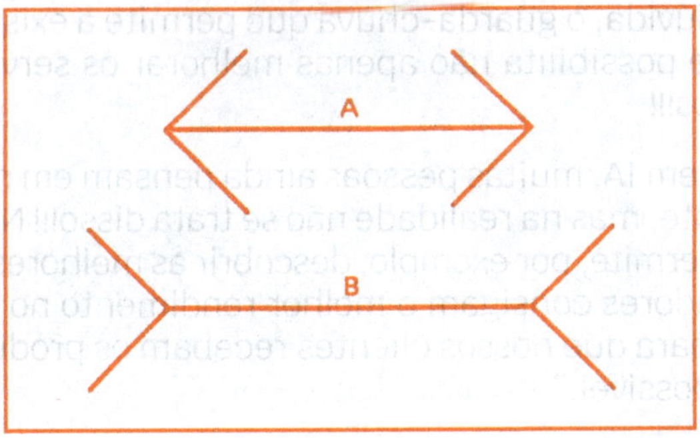

6ª) Movile

Ela foi fundada em 1998 por Fabrício Bloisi e Eduardo Henrique, inicialmente com o nome de Intraweb, que se desenvolveu na incubadora da prefeitura de Campinas. A Intraweb sofreu muitas mudanças devido a fusões e aquisições tendo várias denominações até que finalmente em 2010 adotou-se o nome Movile.

A empresa passou assim a sua primeira década desenvolvendo projetos relativamente triviais, ou seja, fazendo conteúdo enviado por mensagens SMS (*short message service*), isto é, "**serviço de mensagem curta**" para celulares, mas não conseguia ganhar escala!?!?

De 2010 em diante adotou a estratégia de investir em *startups* promissoras, esperando que assim conseguiria chegar rapidamente a inovações... Manteve uma ligação com as universidades e hoje inclusive a sua principal área de tecnologia fica em Campinas, justamente para atrair as pessoas talentosas que se formam na Universidade Estadual de Campinas (Unicamp).

A Movile foi recebendo investimentos e quando a iFood tornou-se **unicórnio**, o mesmo ocorreu com ela. Hoje o grupo Movile contém marcas como Sympla, Play Kids, Zoop, Movile Pay, Afterverse etc., mas tornou-se conhecido no Brasil como o "**proprietário do iFood**". Numa entrevista para a revista *Época Negócios*, em 27 de maio de 2021, o CEO do grupo Movile, Patrick Hruby destacou:

"Todas as empresas do mundo acabarão se tornando *fintechs*, oferecendo serviços financeiros aos seus clientes, de forma paralela. É justamente por isso que estamos investindo na Movile Pay e na Zoop. E o mesmo já acontece com o iFood. Nós nunca paramos de pensar em **inovações** na Movile e, sem dúvida, o guarda-chuva que permite a existência de todas elas é a IA, que possibilita não apenas melhorar os serviços existentes, mas criar outros!!!

Quando se fala em IA, muitas pessoas ainda pensam em robôs invadindo o nosso ambiente, mas na realidade não se trata disso!!! No caso da iFood, é a IA que nos permite, por exemplo, descobrir as melhores rotas para que nossos entregadores consigam o melhor rendimento no final de um dia de trabalho, e para que nossos clientes recebam os produtos solicitados o mais rápido possível."

Em 2 de agosto de 2021 a Movile anunciou o recebimento de R$ 1 bilhão em investimentos da Prosus, um grupo global de Internet (e uma divisão da Naspers, multinacional sul-africana e principal investidor da Movile desde 2008). Com relação a isso, Patrick Hruby comentou: "Esse dinheiro será repartido entre todas as empresas do grupo, sendo que nossos serviços financeiros receberão um bom montante desses recursos. Todavia, o iFood ficará com a maior fatia, para assim poder enfrentar uma concorrência cada vez mais competitiva no setor."

BRILHE 18

Se você pensa que os números são banais, entediantes ou irrelevantes para a sua vida, deveria refletir melhor sobre esse tipo de posicionamento, pois tudo o que você faz envolve números (!!!), desde o que você come, até o lugar no qual trabalha, passando pelas diversões que escolhe.

Kaiser Fung escreveu o livro *Os Números Governam sua Vida* (editora DVS), no qual descreveu a importância deles, em especial quando são usados corretamente – de forma verdadeira, isto é, sem mascarar mentiras... Diz-se que um dos méritos da mente humana é sua capacidade de formar ideias abstratas e transmitir pensamentos sensíveis. As ideias que levaram à evolução da matemática são um exemplo típico da capacidade que o ser humano possui para desenvolver um pensamento abstrato.

Mas Charles Seife, jornalista norte-americano e autor do livro *Os Números (Não) mentem – Como a Matemática Pode ser Usada para Enganar Você*, destacou: "Se você quiser convencer alguém de uma **bobagem sem tamanho**, basta acrescentar um número!!! Mesmo a tolice mais absurda parece plausível quando expressa em termos numéricos. Não importa o quanto uma ideia seja idiota e inacreditável, os números podem sempre conferir **credibilidade** a ela."

Mas pode a matemática nos ajudar a encontrar uma ordem elegante para coordenar o aparente pandemônio que ocorre em nossas mentes? De fato, a matemática nos permite chegar a respostas para decisões que precisamos tomar em nossas vidas, diante de absurdos que nos deparamos quando, por exemplo, aceitamos pagar os juros que um banco nos impõe quando nos empresta dinheiro!!!

Veja na sequência alguns desafios que só podem ser respondidos adequadamente por pessoas com certa *expertise* ("sabedoria") com os números:

a) Durante um momento ruim em sua vida, o lendário rei Iadava (que amava o jogo de xadrez), concordou em pagar ao não menos lendário Lahur Sessa (o inventor do xadrez) o prêmio solicitado em grãos de trigo, conforme a quantidade estabelecida para cada uma das casas. Assim, seria pago 1 grão na primeira casa; 2 grãos na segunda casa do tabuleiro; 4 grãos na terceira; 8 na quarta, e assim sucessivamente, até o final do tabuleiro....

Mas por que o rei Iadava cometeu um erro tão monstruoso?

b) Você sabe dizer quando custa para manter e educar uma criança?

c) Responda rápido: qual é a soma de todos os números inteiros de 1 a 100?

d) Você sabe para que servem combinações, arranjos e permutações?

7ª) Stone

A Stone foi fundada em 2012 pela dupla de cariocas André Street e Eduardo Pontes, que se manteve bastante discreta nos seus primeiros 18 meses de existência. A operação só começou mesmo em 2014, pois em 2013 o Banco Central instituiu uma nova regra que permitiu a entrada de novos "atores" no mercado de pagamentos com cartões.

A partir daí iniciou-se uma mudança radical no setor, visto que até aquela data a Cielo, da bandeira Elo, que por muito tempo teve vínculo com os bancos Bradesco, Santander, Itaú Unibanco e Banco do Brasil, concentrou quase 95% de participação no setor. De saída, a Stone ofereceu ao mercado **máquinas baratas** e **sem aluguel**, além de apresentar soluções focadas em tecnologia, com o seu próprio ***software*** de gestão.

O objetivo da Stone foi claro: **ganhar muitos usuários, no caso os lojistas!!!** Além disso, a empresa adotou um comportamento que não era praticado até então, ou seja, atuar com transparência em relação às taxas e buscar antecipar o pagamento aos lojistas, o que lhes agradou bastante. A partir daí um número cada vez maior deles foi se tornando cliente da Stone. No final de 2016, 1 em cada 4 comerciantes do Brasil, optava pela Stone como empresa de pagamentos e esse sucesso se devia o excelente atendimento que proporcionava aos lojistas.

Quando chegou 2018, a *startup* já estava bem conhecida e caminhando para ao IPO, porém, um pouco antes disso, numa rodada de investimento, a Stone conseguiu captar US$ 250 milhões, vindos de investidores bilionários, como Warren Buffett, Carlos Alberto Sicupira e Jorge Paulo Lemann, que certamente vislumbraram a obtenção de bons retornos depois da IPO.

A tremenda emoção dos funcionários da Stone, na sua festa de estreia na NASDAQ, um sentimento que alguns anos mais tarde se transformaria em temor diante das dificuldades enfrentadas pela *startup* quando a inadimplência dos clientes aos quais foram concedidos empréstimos tornou-se assustadora...

Isso aconteceu na NASDAQ em 25 de outubro de 2018, quando a Stone conseguiu captar US$ 1,5 bilhão e seu valor de mercado alcançou quase US$ 9 bilhões. Com isso ela se tornou uma das mais poderosas *fintechs* do País. Numa interessanto entrevista concedida em 25 de fevereiro de 2019 à revista *Pequenas Empresas & Grandes Negócios (PEGN)*, André Street relembrou:

"No início de nossas carreiras, eu e o Eduardo fomos muito influenciados pela *PEGN*. Recordo-me de sair da minha casa para comprar a revista toda vez que um novo número era lançado. Sempre lemos a publicação, desde que éramos bem jovens. Desse modo fomos também nos identificando com os nossos futuros clientes, que na época eram os pequenos empreendedores brasileiros: **os lojistas**!!!

Percebemos que o comerciante, dono de um pequeno negócio, precisava receber logo os pagamentos e controlar com bastante precisão seu fluxo de caixa. Ele precisava, portanto, de soluções eficientes e transparentes, assim como de um suporte para seu negócio. E aí ficou claro para nós que com uma tecnologia mais moderna e um atendimento mais humano e empático poderíamos oferecer-lhe um serviço melhor e mais barato!!!

Para executar esse trabalho, procuramos contratar pessoas com os seguintes atributos: **inteligência**, **integridade** e **energia**. Felizmente conseguimos recrutar muitos jovens com esses "**ingredientes**", os quais se desenvolveram bastante e através deles conseguirmos oferecer o bom serviço que desejávamos!!!"

De 2019 em diante a Stone não parou de progredir e de se expandir, fazendo grandes aquisições – como foi o caso da compra em 12 de agosto de 2020 da Linx, líder em *softwares* de gestão para varejo, por R$ 6,4 bilhões. Em janeiro de 2021 seu valor de mercado chegou a US$ 22,2 bilhões (uma IPOgrifo). Porém, ao longo de 2021, a Stone começou a ter problemas. Nessa época, a empresa parou com as concessões de crédito e viu suas ações no final desse ano caírem **85%**!?!? Aliás, no início de 2022, especulou-se inclusive sobre a possibilidade de a *fintech* ser vendida, o que foi recentemente desmentido pelo CEO, Thiago Piau, em carta enviada aos seus funcionários (mas....).

8ª) Gympass

Essa *startup* foi fundada em 2012, por César Carvalho, Vinicius Ferriani e João Thayro. Ela nasceu de um fato que aborrecia muito a um dos seus criadores, o consultor César Carvalho, que viajava bastante para sua empresa na época, e constatava a impossibilidade de frequentar como cliente avulso as academias de ginástica locais para fazer alguns exercícios físicos!?!?

Ele também percebeu que em muitas academias brasileiras era comum que suas esteiras e vários outros equipamentos ficassem ociosos por um longo período do dia, o que constituía uma **oportunidade** a ser **explorada**!!! Assim, juntamente com seus outros dois sócios, e para uma rede de academias conveniadas, criou-se um *app* com o qual o usuário poderia escolher um local para se exercitar, **pagando apenas pelo uso diário**!!!

Essa empreitada, porém, só ganhou mais corpo em 2013, quando a Gympass passou a vender seus serviços no formato de assinatura para outras empresas, que assim podiam oferecer um passe seu como benefício aos seus funcionários. Em 2014, os fundadores da Gympass "pivotaram" seu modelo de negócio para B2B, isto é, focaram-se na venda de serviços para outras empresas – o que corresponde a 95% da operação atual. A partir daí a *startup* passou a faturar mais no contrato de venda de serviços para empresas que no negócio com os clientes como pessoa física!!!

Desse modo, após fechar contrato com a Gympass, uma emrpesa podia colocar o plano de assinatura de atividades físicas à disposição de seus funcionários, com a vantagem de que o preço pago por eles era de até 75% menor que a mensalidade de uma academia paga diretamente pelo interessado.

Para convencer as empresas a se tornarem clientes, a Gympass argumentou junto aos seus gestores que um maior envolvimento dos funcionários com atividades físicas diminuiria as despesas com planos de saúde, assim como o número de faltas no trabalho.

Em junho de 2019, a Gympass recebeu de um time de investidores – liderado pelo grupo japonês Soft Bank e pelo fundo norte-americano General Atlantic – numa rodada de aportes no total de US$ 300 milhões, alcançando assim o *status* de unicórnio.

César Carvalho, presidente executivo global da Gympass, que já estava presente em outros países também, em agosto de 2019 declarou: "Somos agora bem conhecidos pelos nossos serviços de assinatura de academias e atividades físicas, com uma rede de 48 mil conveniadas no Brasil e no exterior.

Só no mercado brasileiro a Gympass tem parceria com 21 mil estabelecimentos em cerca de 1470 cidades, sendo que no País temos algo próximo de 36 mil academias. Estamos com cada vez mais usuários, apesar de termos um cruel competidor, ou seja, o **sofá**, no qual muitas pessoas passam tempo demais assistindo as séries da Netflix, no lugar de estarem fazendo **atividades físicas**!?!?"

Durante a pandemia de *Covid-19*, a partir do início de 2020, até a metade de 2021, mais de 1000 novas empresas aderiram a Gympass, que, entretanto, precisou se reinventar bastante. Numa outra entrevista para o jornal *O Estado de S.Paulo*, em 7 de julho de 2021, César Carvalho explicou: "Todas as empresas, incluindo obviamente as *startups* altamente digitalizadas, tiveram de trabalhar duro para se adaptar a todos os desafios trazidos pela pandemia.

A Gympass naturalmente também **suou** muito para oferecer alternativas digitais em tempos de academias fechadas, seu **principal filão até então**!!! Nesse período, ao todo lançamos cerca de 50 produtos novos em áreas como **meditação** e **nutrição**. Tivemos muito mais inovação nos últimos 15 meses do que em alguns anos de pré-pandemia.

E no dia 29 de junho de 2021 recebemos um novo e polpudo investimento de US$ 200 milhões de investidores gigantes, como Soft Bank, General Atlantic, Moore Strategic Ventures, Kaszek Ventures e Valor Capital Group, o que significa que acreditam no nosso negócio (!!!), cujo valor de mercado chegou a US$ 2,2 bilhões. Isso deve ter sido estimulado pelo fato de que em maio de 2021 tivemos o melhor mês de nossa história, quando registramos um crescimento de 10%!!!"

Numa entrevista em maio de 2022, César Carvalho (foto acima), CEO da Gympass declarou: "Diante do atual cenário econômico global, vamos paralisar a nossa expansão temporariamente."

9ª) Loggi

Essa *startup* foi fundada em 2013, por Fabien Mendez e Arthur Debert, como uma plataforma para entregas com o uso de *motoboys*. Isso aconteceu fundamentalmente porque, inspirado pela capa da revista *The Economist*, que numa edição específica estampou a imagem do Cristo Redentor (a famosa estátua no Rio de Janeiro) **voando alto, feito um foguete** (!!!), o francês Fabien Mendez decidiu vir para o Brasil. Ele só não esperava conviver com a crise econômica em que o País se envolveu a partir de 2016...

Ao comentar isso, Fabien Mendez disse: "Um bom empreendedor precisa ter uma visão de longo prazo e fazer investimentos contracíclicos. Claro que não imaginei que surgiria essa crise econômica no Brasil, mas não me arrependo de ter vindo para cá empreender."

Se no início a Loggi foi criada para enviar documentos, a medida que foi captando recursos e se expandindo, ela partiu para o atendimento de novas demandas, ou seja, a empresa começou a entregar produtos solicitados no *e-commerce* (o que foi crescendo ano após ano). Em 2017 a Loggi começou a atuar com horários distintos, intercalando a entrega de produtos do *e-commerce* e de refeições.

Desde a sua fundação até o início de 2019, a Loggi teve seis rodadas de aportes, com o que o total de investimentos chegou a US$ 295 milhões, vindos de fundos como Monashees, Kaszek Ventures e Qualcomm Ventures. Finalmente, em 5 de junho de 2019, ocorreu uma nova rodada de investimentos na Loggi, num total de US$ 150 milhões, liderada pelo Soft Bank e pela empresa norte-americana Microsoft. Também participaram desse aporte a GGV, a Fifth Wall e a Velt Partners, com o que ela alcançou o patamar de unicórnio.

Eufórico com esse aporte, o presidente da Loggi Fabien Mendez enfatizou: "Esse novo investimento é muito importante para nós e demonstra a confiança que os investidores têm em nosso trabalho. Aliás, estamos tentando reinventar a logística com o uso cada vez mais intenso da tecno logia. O objetivo imediato é promover em todo o território brasileiro, o que se pode chamar de '**entrega no dia seguinte**', isto é, criar as condições que permitam que qualquer cliente ao fazer uma compra pela Internet num dia possa receber seu produto no dia seguinte!!!"

Em 2020, ano em que a pandemia foi se espalhando pelo País, alguns pensaram que a Loggi afundaria, mas ocorreu o contrário: sua demanda por entregas no *e-commerce* cresceu 55% e foi necessário que a *startup* contratasse alguns milhares de novos entregadores, que recebem nessa empresa um **tratamento diferenciado** (!!!), ficando muito satisfeitos com seu empregador.

Em 2021 a Loggi já estava entregando algo próximo de 200 mil pacotes por dia, procurava abrir mais agências (centros de distribuição), investir cada vez mais em tecnologia, o que lhe permitirá entregar sem dificuldade **o dobro em qualquer dia**!!! A empresa conta com mais de 40 mil entregadores cadastrados trabalhando em quase todos os municípios brasileiros...

O faturamento da Loggi continua crescendo de forma expressiva e em breve ela se tornará um **decacórnio** (com valor de mercado de US$ 10 bilhões), mantendo, porém, de maneira inteligente, sua **sustentabilidade financeira**!!!

10ª) Quinto Andar

Essa *startup* foi fundada em 2013 por Gabriel Braga e André Penha, e desde então não parou de crescer, especialmente entre 2018 e 2019, quando em apenas um ano ficou **quatro vezes maior**. Claro que foi vital para esse progresso o aporte de R$ 250 milhões que recebeu em novembro de 2018. Ao longo dos seus anos de funcionamento, a Quinto Andar ficou conhecida pela sua excepcional atividade para promover o **aluguel residencial**, isso graças ao seu excelente sistema que conecta inquilinos e proprietários sem precisar de seguro, fiança, caução ou fiador!!!

Em setembro de 2019 a Quinto andar recebeu um novo aporte de U$ 250 milhões, numa rodada de financiamento liderada pelo Soft Bank e pelo fundo norte-americano Dragoneer, e tornou-se um unicórnio. No decorrer de 2019, ela começou também a reformar os imóveis para os proprietários, num projeto que chamou de Original, com o qual tinha dois objetivos: melhorar a liquidez dos ativos, uma vez que muitos proprietários não tinham recursos ou conhecimentos para promover uma boa reforma.

Numa entrevista para o jornal *O Estado de S.Paulo*, em 16 de dezembro de 2020, Gabriel Braga relatou algumas novidades que a *startup* estava promovendo: "Lançamos no final de 2019 o serviço de compra e venda de apartamentos, e esse segmento cresceu muito rápido, pois pegou carona na infraestrutura que já tínhamos para o aluguel. Estamos desenvolvendo inovações específicas para esse mercado e ajudando a diminuir alguns obstáculos que existem no mesmo, facilitando o crédito, minimizando a burocracia e reduzindo o tempo de transação.

Se conseguirmos agregar ao aluguel uma série de ferramentas que facilitem a vida dos proprietários, esperamos proporcionar algo similar no mercado de compra e venda, com imóveis com preços mais acessíveis e transações realizadas de forma mais rápida. Hoje o processo de crédito imobiliário é ainda obscuro e frequentemente demora até quatro meses para alguém receber a chave do imóvel, o que é algo no mínimo irritante nesse mercado!!!

Sem dúvida não será fácil criar alternativas de financiamento que sejam tão competitivas quando as do setor público, porém, nosso pessoal vai ser suficientemente criativo para encontrar mecanismos e processos diferentes que convençam os clientes a usar o financiamento oferecido por nós."

Em 28 de maio de 2021 a Quinto Andar teve a 5ª rodada de investimentos com um aporte de US$ 300 milhões, o que também foi comentado por Gabriel Braga: "Nossos investidores, como Ribbit, Soft Bank, Qualcomm etc., só apostam em negócios com **potencial de crescimento de cem vezes**!?!? Esse significativo aporte nos transfere uma responsabilidade enorme porque precisamos tornar realidade, pelo menos em parte, as expectativas dos que acreditam em nosso progresso.

Assim, além de expandir nossa equipe e continuar investindo em tecnologia na plataforma, pretendemos iniciar atividades no México, que é o segundo maior país da América Latina e tem 'dores' parecidas com as que temos no mercado brasileiro. Neste sentido, vamos ampliar o alcance da nossa plataforma de locação, que agora atende 40 cidades brasileiras e movimenta algo como 10 mil novos contratos por mês. Nosso foco no momento são as capitais nordestinas e a parte de compra e venda, que está restrita ainda a quatro capitais, mas também será expandida."

E em agosto de 2021, a Quinto Andar levantou mais um aporte adicional de U$ 120 milhões, liderado pelo fundo norte-americano Green Oaks e pelo grupo chinês Tencent, que certamente será utilizado pela *startup* para ampliar sua interiorização pelo Brasil, agora que seu valor de mercado chegou a US$ 5,1 bilhões.

11ª) Ebanx

A Ebanx precisou percorrer uma jornada bem árdua, desde que foi criada em Curitiba por Alphonse Voigt, Wagner Ruiz e João Del Valle, em 2012. Tudo começou com uma situação no mínimo curiosa, enquanto Alphonse Voigt, um advogado com experiência em direito internacional, se recuperava de um infeliz salto de paraquedas durante o qual machucara a coluna. Na época ele resolveu fazer um curso de filosofia e desenvolvimento pessoal e acabou conhecendo o professor Wagner Ruiz, que já havia atuado no mercado financeiro.

Nasceu entre eles uma grande amizade, e ambos resolveram montar um negócio depois que perceberam uma grande oportunidade na área de pagamentos internacionais, ajudando plataformas estrangeiras, como Airbnb, Spotify, Ali Express etc., a vender no Brasil com pagamentos em moeda local. Vencidas muitas dificuldades, desde 2015, a Ebanx começou a investir em um robusto projeto de internacionalização, atuando no México, Chile, Argentina, Colômbia e Uruguai.

Em 16 de outubro de 2019, graças a um aporte liderado pelo fundo norte-americano FTV, a Ebanx passou a valer mais de US$ 1 bilhão, tornando-se assim o primeiro unicórnio da região sul do País, o que mostra a evolução do sistema de *startups* brasileiro. E como a empresa estava faturando bem em 2019, decidiu aceitar outro aporte (cujo valor não foi revelado) para acelerar seu crescimento, incrementar seu quadro de funcionários e ampliar sua expansão na América Latina.

Ao receber esse segundo aporte, que permitiu a essa *startup* um "**salto de patamar**", Alphonse Voigt, presidente executivo da Ebanx, comentou: "Apesar de já estarmos gerando caixa, sentimos que precisávamos de mais dinheiro para fazer aquisições, contratar mais gente e prosseguir em nossa expansão internacional. Sabemos que cada país tem suas particularidades e, por isso, é vital que falemos a mesma língua de nossos clientes, e compartilhemos o mesmo fuso horário.

Em outubro de 2020, a Ebanx anunciou que estava se expandindo para cinco novos mercados, ou seja: Panamá, Costa Rica, República Dominicana, Guatemala e Portugal. Em 15 de junho de 2021 a empresa recebeu um polpudo cheque de U$ 430 milhões do fundo de *private equity* ("ativo privado") norte-americano Advent International, um dos mais ativos no mercado brasileiro.

Ao encerrar o ano de 2021, mais precisamente em 15 de dezembro, a Ebanx anunciou a compra por R$ 1,2 bilhão da Remessa *Online*, uma *fintech* brasileira especializada em serviços de remessas internacionais para pessoas físicas e pequenas e médias empresas (PMEs), no maior negócio da história dessa *startup* curitibana. Isso confirma seu desejo de continuar crescendo, e vislumbra a possibilidade de que em breve ela faça sua IPO.

12ª) Wildlife

Ocupando um espaço na própria casa dos pais e a partir de um investimento inicial de apenas US$ 100 (!?!?), a Wildlife foi criada em 2011 por Arthur Lazzarte e seu irmão, o engenheiro mecânico Victor Lazarte, que recordou: "Eu trabalhava no banco de investimentos JP Morgan e o meu irmão, que é engenheiro aeroespacial, no Boston Consulting Group. Nós dois ficamos muito empolgados quando fundamos a Wildlife, e desde o início o nosso objetivo era torná-la uma grande empresa de *games* para *smartphones*.

Nessa época, não tínhamos dinheiro para pagar o aluguel de um escritório, por isso nos estabelecemos na casa dos nossos pais. Os *smartphones* nesse tempo estavam começando a se popularizar, mas acreditamos que as pessoas iriam querer jogar *videogames* nesses dispositivos.

No começo a Wildlife se chamou Top Free Games (TFG), na qual nos dedicamos a criar *games* gratuitos!!! Então, para poder faturar, a Wildlife passou a exibir anúncios e também se valeu das chamadas '**microtransações**', que auxiliavam no desempenho dos *games* ou melhoravam o visual de seus personagens. Nesse modelo de negócio a grande maioria das pessoas jogava sem pagar nada (cerca de 85%), mas o grupo restante (de 15%) permitiu não apenas que a empresa se sustentasse, mas também que ela progredisse e crescesse, um dia após o outro."

Pois assim a Wildlife foi se desenvolvendo cautelosamente até que recebeu o aporte de US$ 60 milhões, liderado pelo investidor norte-americana Benchmark Capital (que fez investimentos também no Uber, Twitter e Snapchat), isso em 5 de dezembro de 2019, chegando ao valor de mercado de US$ 1,3 bilhão, conquistando o título de unicórnio.

Nessa época, a Wildlife já tinha cerca de 500 funcionários dispersos por seis escritórios em quatro países – Brasil, Argentina, EUA e Irlanda – tendo já alcançado mais de 2 bilhões de *downloads* ("transferência de arquivos"), divididos entre seus mais de 60 títulos, das quais os principais eram o jogo de tiro *Sniper 3D*, o esportivo *Tennis Clash* e o "livro de colorir" (*Colorfy*).

Feliz, pela condição que a sua *startup* atingiu, Victor Lazarte explicou: "Até agora a maior parte do nosso time está em São Paulo, mas nos próximos anos essa proporção mudará, permanecendo no País somente 50% deles. O Brasil é uma nação com muitas pessoas talentosas, mas infelizmente elas têm pouca experiência para o nosso negócio e por isso precisamos recrutá-las em outros países!?!?

Temos muita coisa para fazer e muito a progredir. Arthur e eu queremos ter uma plataforma de *videogames* icônica, como aconteceu com a empresa japonesa Nintendo. O nosso sonho é nos tornarmos para o celular o que a Nintendo foi para os consoles."

13ª) Loft

A Loft foi fundada em 2018 pelo alemão Florian Hagenbuch e pelo húngaro Mate Penaz, que antes já tinham criado uma outra *startup* de sucesso – uma gráfica *online* que chegou a ter um faturamento de R$ 100 milhões por ano, vendida em 2017.

A Loft, por sua vez, começou atuando na compra, reforma e venda de apartamentos usados em regiões específicas de São Paulo, valendo-se de IA para oferecer as suas propostas. Depois de comprados, os apartamentos eram reformados por empreiteiros parceiros e depois vendidos. No decorrer da reforma, a Loft trabalhava com muita eficiência e padronização de custos, tendo um grupo de parceiros predeterminados para a aquisição de materiais, e buscando sincronização com as obras seguintes.

No início de 2020, mais precisamente em 3 de janeiro, ocorreu uma nova rodada de investimentos liderada pelos fundos norte-americanos Vulcan Capital e Andreesen Horowitz, quando a *startup* captou US$ 175 milhões e se tornou um unicórnio.

Mate Penoz comentou o recebimento desse aporte, dizendo: "Naturalmente todo o dinheiro novo obtido será direcionado para promover a expansão geográfica de nossos produtos, especialmente com foco na cidade do Rio de Janeiro."

E assim, se no começo de 2020 a Loft atuava em apenas 12 bairros em São Paulo, no final desse ano estava em 110 e no Rio de Janeiro em 14 bairros. A Loft fez em 2020 algumas aquisições como a da *startup* Invest Mais e em 2021 aumentou significativamente as suas vendas e melhorou os seus serviços que ficaram mais **ágeis**, criando a possibilidade de se pode visitar um imóvel 2h após a visualização do anúncio!?!?

Nos quatro primeiros meses de 2021 a Loft recebeu em duas rodadas de investimentos um montante total de US$ 525 milhões, passando a ter uma avaliação no mercado de US$ 2,9 bilhões!!! No início de julho do mesmo ano, o banco BTG Pactual vendeu sua participação de 49% na Cred Pago, uma plataforma especializada em aluguel sem fiador, para a Loft. O negócio foi avaliado em R$ 1,4 bilhão e com esse desembolso bilionário, a empresa ampliou bastante sua área de produtos financeiros, que foi criada em janeiro de 2020 e originou algo próximo de R$ 2 bilhões por ano em crédito imobiliário.

Em 24 de agosto de 2021 a Loft comprou a *startup* de crédito imobiliário Credi Home, que se especializou na estratégia de facilitar a obtenção de serviços financeiros para seus clientes. Tudo indica que a Loft vai se tornar cada vez mais competitiva especialmente com as principais rivais, as *proptechs* Quinto Andar e Em Casa. Aliás, no início de 2022 a Loft foi acusada pela Quinto Andar de concorrência desleal, e isso foi parar na Justiça...

BRILHE 19

Para que você tenha um amplo repertório e possa dar pitacos sobre diversas coisas que fazemos (ou podemos fazer), que nos incomodam de certa forma, que tal pensar nas justificativas para as seguintes questões:

- Por que bocejamos?
- Por que sentimos cócegas?
- Por que soluçamos?
- Por que, qundo batemos o cotovelo em algum lugar, temos a sensação de um choque elétrico?
- Como ocorre a gagueira?
- Por que espreguiçamos? Isso pode levar a câimbras?
- Por que roncamos?
- Por que tossimos?
- Como uma forte emoção pode provocar um infarto?
- Por que ocorre a transpiração?
- Por que coçamos os olhos quando estamos com sono?
- O homem solta mais "puns" que a mulher?
- Quanto tempo uma pessoa pode ficar sem dormir?
- Por que ler dá sono? Obviamente isso não ocorre com esse livro, não é?
- Por que sonhamos e temos pesadelos?

14ª) VTEX

Em 5 de janeiro de 2000, após terem se formado em engenharia na Universidade Federal do Rio de Janeiro, Geraldo Thomaz e Mariano Gomide de Faria fundaram a Vitrine Têxtil (daí VTEX) inspirados pela frase "**Se quiser ser alguém, você precisa fazer parte da formação de algo**."

Em seus primeiros anos de atuação, ainda como uma plataforma de *e-commerce* tradicional, essa empresa tinha como objetivo a automatização das vendas no setor têxtil, mas enfrentou muitas dificuldades e por pouco não foi fechada... Os "bons tempos" para a VTEX começaram a partir de 2004, mas o grande impulso foi em 2007, quando ganhou um grande cliente – a Walmart – que contratou a *startup* para criar seu primeiro *site* de *e-commerce* fora dos EUA!!!

De 2008 em diante, a VTEX ganhou novos clientes bem importantes a cada ano e, a partir de 2009, seus fundadores passaram a atrair outros empreendedores para se unirem à empresa na condição de cofundadores e, com isso, também atraiu muita gente **talentosa** para trabalhar nela. Em 2010 o Walmart trouxe para a VTEX um 2º desafio: a criação de um *marketplace* nos moldes do que a Amazon havia iniciado nos EUA.

Em 2011 acreditava-se que a VTEX poderia ser uma solução para que "qualquer um fosse capaz de vender o que quisesse, de qualquer lugar e para qualquer local". Isso marcou sua refundação, o que também estimulou a sua expansão global, iniciando-se pelos países da América Latina, o que começou a se tornar uma realidade já em 2012.

Daí para frente a VTEX recebeu várias rodadas de investimentos e esses recursos possibilitaram que ela fosse se expandindo pelo planeta e se tornando uma empresa de tecnologia e conhecimento sobre *digital commerce* ("comércio digital") cada vez mais reconhecida.

Finalmente, em 28 de setembro de 2020, com um novo aporte de US$ 225 milhões, recursos que vieram principalmente da Tiger Global Management e Lone Pine Capital a VTEX se tornou um unicórnio, com o seu valor de mercado chegando a US$ 1,7 bilhão!!! No final de 2020 a VTEX oferecia seus serviços a mais de 3.000 marcas globais como Coca-Cola, Motorola, Sony, Nestlé, Samsung, Whirlpool, O Boticário etc., fechando o ano com um aumento de mais de 115% de crescimento em relação a 2019, obtendo um recorde de US$ 8 bilhões em volume bruto de mercadorias.

Logo depois que a VTEX se tornou unicórnio seu presidente Rafael Forte comentou: "A despeito desse momento que estamos passando, extremamente turbulento e triste, notou-se claramente que a humanidade na sua capacidade de adaptação e inovação – especialmente quando ocorrem crises – voltou-se para o **digital** como solução para algumas necessidades que precisavam ser atendidas, particularmente na aquisição de bens.

Foi necessário encontrar outra maneira para sobreviver e uma forma rápida para atender isso foi recorrer ao *e-commerce*. Porém, *e-commerce* não é apenas venda digital. As nossas soluções abrangem lojas físicas, *marketplace*, televendas, os vários pontos de contato que se pode ter com o vendedor e as diversas maneiras através das quais se pode fazer um pedido.

Sem dúvida, fomos beneficiados, pois muitas dessas soluções se transformaram na saída para as empresas manterem seu faturamento. Claro que isso abriu um grande leque de novos negócios. E isso foi acontecendo no País todo, pois é incrível o talento digital brasileiro, para mim uma coisa única no mundo!!!

O brasileiro tem uma capacidade de não sucumbir à pressão e de conseguir trabalhar de forma eficiente dentro do caos, o que as pessoas de outras nacionalidades não têm!?!? Já vi muitas pessoas talentosas de outros países que, em situações de crise, como a causada pela *Covid-19*, acabaram ficando 'congeladas'!!! Não é, pois, por acaso que muitas soluções das *startups* brasileiras atualmente vêm ganhando tanto espaço na América Latina e outros países do planeta, porque trouxeram realmente soluções disruptivas. Queremos continuar evoluindo e investindo aqui no País, bem como promover uma expansão fora dele. E por isso vamos desenvolver cada vez mais o nosso *software*!!!".

Em 21 de julho de 2021, a VTEX captou US$ 361 milhões em IPO nos EUA, um valor superior ao previsto, tornando-se uma empresa de capital aberto. A *startup* carioca e seus investidores, entre eles o Soft Bank, Constellation e Gavea, venderam 19 milhões de ações a US$ 19, acima da faixa de US$ 15 e US$ 17, e com isso o valor da VTEX alcançou US$ 3,6 bilhões.

Mariano Gomide de Faria, muito empolgado e otimista, comentou: "O sucesso da IPO endossa a excelente reputação das empresas brasileiras de tecnologia em todo o mundo. Vamos agora direcionar esses novos recursos para a nossa expansão global e a consolidação nos 32 mercados em que já atuamos."

15ª) C6Bank

Esse banco digital, isto é, sem agências físicas, foi fundado em março de 2018, por ex-sócios do BTG Pactual, entre eles Marcelo Kalim, Marcelo Calicchio, Leandro Torres e Carlos Fonseca (que saiu poucos meses depois...). Em 2019, o C6Bank teve a licença concedida pelo Banco Central e começou a operar em agosto daquele ano, no final do qual já tinha **um milhão de clientes**.

O investimento de abertura do banco foi de R$ 500 milhões. E já em 2 de dezembro de 2020, com uma nova rodada de financiamento, o C6Bank se tornou um unicórnio, com valor de mercado de US$ 2,1 bilhões. Nesse esforço de arrecadação de fundos do C6, que resultou em um aumento de capital de R$ 1,3 bilhão, estiveram envolvidos mais 40 investidores. O Credit Suisse atuou como agente financeiro da operação e o seu presidente no Brasil, José Olympio Pereira, observou: "Foi enorme o interesse dos investidores nessa rodada!"

Por sua vez o CEO do C6Bank, Marcelo Kalim, comentou: "Esse aumento de capital nos permitirá acelerar o crescimento do banco. Continuaremos investindo para expandir a nossa base de clientes e avançar na criação de novas linhas de negócios. Oferecemos hoje uma variedade de produtos bancários locais e internacionais em dispositivos móveis, cartões de crédito, distribuição de fundos de terceiros e renda variável. Já temos mais de 4 milhões de contas digitais abertas, e possuímos uma base nas ilhas Cayman e operação de corretagem de valores em São Paulo e em Nova York, com foco e clientes institucionais." Na ocasião em que se tornou unicórnio, o C6Bank já tinha aproximadamente 1.400 colaboradores, 325 consultores empresariais que distribuem produtos para pessoas jurídicas em todas as regiões brasileiras e uma rede de distribuição para pessoas físicas com 12.000 correspondentes bancários.

Em agosto de 2021, num incrível crescimento, o C6 Bank atingiu 10 milhões de clientes e para comemorar e divulgar esse marco, começou a veicular uma campanha que foi estrelada pela famosa modelo brasileira Gisele Bündchen, que assinou um contrato com a *startup* de dois anos. Ficou claro que a estratégia de *marketing* era de posicionar o banco com uma marca de "**estilo de vida**", cativando um público de alta renda sem deixar de lado aqueles de renda mais baixa, mantendo condições como ausência de cobrança de taxas em produtos básicos, por acreditar que esse público quer ter acesso a um banco de alto padrão.

Para Jaime Troiano, um especialista em *branding* ("gestão de marca") e comportamento do consumidor, a escolha do C6Bank por Gisele Bündchen para fazer seu *marketing* foi muito inteligente!!! Ele explicou: "Gisele é transparente e consegue se comunicar de igual para igual com pessoas de diversos níveis sociais. Não há ninguém de alta renda que torça a boca quando falamos de Gisele, tampouco ninguém de baixa renda a considera uma figura elitista. Além disso, ela é reconhecida internacionalmente, algo muito valorizado no Brasil!!!"

BRILHE 20

Muitos especialistas em recursos humanos acreditam que, num processo de recrutamento, perguntas tradicionais como as apresentadas na sequência, não permitem de forma alguma avaliar o candidato como criativo!!!

- Onde você se vê daqui a cinco anos?
- O que você faz em seus dias de folga?
- Qual é o último livro que você leu?
- Do que você mais se orgulha?

Nesse tipo de entrevista parece que no final das contas a decisão tomada pelo entrevistador depende mais da linguagem corporal do entrevistado, ou seja, sua boca, seu olhar etc. Uma coisa é praticamente certa, na maior parte das vezes o julgamento final não se baseia em nada daquilo que foi dito pelo candidato durante a entrevista.

É por isso que muitas empresas adotaram o sistema de **entrevistas-desafio**, nas quais são formulados enigmas, quebra-cabeças e até questões impossíveis!?!? Nesse caso, parece que o objetivo é avaliar a capacidade geral do indivíduo de resolver problemas, em vez de apenas de questioná-lo sobre uma competência específica. Acredita-se que nesse procedimento exista um paralelo entre o raciocínio usado para resolver um quebra-cabeça e o processo intelectual envolvido na resolução de problemas reais, algo muito importante para se chegar a uma inovação.

Imagine que nesse momento você está numa entrevista-desafio! Como responderia as seguintes questões:

a) Por que as tampas de entrada da rede de esgotos são redondas e não quadradas?

b) Você tem um balde com capacidade para 3 litros, outro com capacidade para 5 litros e um enorme suprimento de água. Como deve proceder para separar exatamente 4 litros no maior?

c) Como você conseguiria pesar um enorme avião a jato de passageiros sem usar uma balança?

16ª) Creditas

A Creditas foi fundada em 2012, como Bank Fácil, pelo espanhol Sergio Furio, que veio ao Brasil direto de Nova York (EUA), para ser um *marketplace* que comparava os preços de produtos financeiros e direcionava os clientes para instituições financeiras tradicionais. Só em 2016 ele começou a oferecer os primeiros créditos com garantia de imóvel e de veículo.

Em 2017 o nome da *startup* mudou para Creditas. Mesmo sem saber falar português, quando Sergio Furio chegou ao País já tinha um plano bem ambicioso: **mudar o mercado de crédito nacional, com o apoio da tecnologia**. E foi exatamente isso que começou a fazer com sua *startup*... e conseguiu! A empresa cresceu rápido e em 18 de dezembro de 2020 se tornou unicórnio, quando conseguiu captar numa rodada US$ 255 bilhões, investimentos liderados pelo fundo *private equity* LGT Lightstone, quando seu valor de mercado chegou a US$ 1,75 bilhão.

Com esse aporte a Creditas conseguiu funcionar bem e foi crescendo, apesar do tempo conturbado que se vivenciou por conta da *Covid-19*. Seu fundador comentou: "Com os novos recursos recebidos vamos acelerar o nosso desempenho em três frentes. Uma delas é a de **serviços financeiros**, como os empréstimos baseados em garantias como imóveis e carros. Outra prioridade serão os **serviços para o consumidor**, como reformas de imóveis a partir de um empréstimo ou crédito consignado privado. E a terceira frente é a **expansão** do nosso negócio no México, onde começamos a atuar a partir de julho de 2020, e já temos lá um time de funcionários bem significativo.

O nosso desejo e objetivo é que daqui a dois anos a operação mexicana tenha o mesmo tamanho daquela no Brasil atualmente. Contamos agora com 1.800 funcionários, mas vamos contratar mais gente e em breve termos mais de 2.500 empregados. Estou muito entusiasmado com a maneira como a Creditas conseguiu desenvolver-se no Brasil, algo que não consegui antecipar quando a criei, mas agora não descarto a possibilidade de usar parte dos nossos recursos para viabilizar aquisições de outras *startups*, ou de entrarmos em algumas fusões."

Destaque-se que no final de 2020 a Creditas deixou o imóvel que alugava para usar como seu escritório e colocou seus funcionários em *home office*, com o que muitos deles tiveram a vantagem de não ficarem retidos no trânsito quando se dirigiam para o edifício sede (alguns dispendiam até 2 h por dia...)

Preparando o terreno para uma IPO, em 25 de janeiro de 2022, a Creditas recebeu um novo aporte de US$ 260 milhões – de novos investidores, como o fundo norte-americano Fidelity Management, o espanhol Actyus, o britânico Greentrail Capital, e investidores antigos, como QED Investors, Soft Bank e Kaszek Ventures –, chegando ao valor de mercado de US$ 4,8 bilhões.

BRILHE 21

A matemática é um produto do pensamento humano, que é independente da experiência (empirismo), mas os seus conceitos e fórmulas se ajustam admiravelmente aos objetos da realidade física!!!

Johann Carl Friedrich Gauss (1777-1855), matemático, astrônomo e físico alemão considerado por alguns o "**príncipe da matemática**", disse: "A matemática é a rainha das ciências, distinguindo-se das ciências naturais, como a física (para alguns a "**princesa das ciências**"), a química e a biologia.

Ao contrário das ciências naturais, que podem nos oferecer apenas **verdades provisórias**, a matemática é a única ciência que nos **mune de certezas** – daí a sua **realeza**. Além disso, por meio da estatística (um seu ramo), usando a teoria das probabilidades e outras ferramentas permite avaliar ou estimar os **riscos** (as **incertezas**)."

De fato, essa ciência é tão importante que em 2019 a Unesco estabeleceu o dia 14 de março (ou 3/14, como escrevem os norte-americanos) como o **Dia do π**, data também conhecida como o **Dia Internacional da Matemática**.

Parece que foram os egípcios que descobriram o número **π**, havendo referências ao mesmo em um pergaminho datado de 1650 a.C. O valor do π é 3,141 592 653 589 793 238 46... e esses dígitos continuam para sempre, levando-nos ao conceito de infinito.

Aliás, em 2019, a engenheira japonesa Emma Haruka Iwao, do Google, conseguiu calcular o π com o maior número de dígitos após a vírgula, ou seja, **31,4 trilhões de dígitos** (um resultado considerado por muitos matemáticos "inútil", pois nenhum cálculo requereu até hoje um valor tão preciso no qual fossem usadas 40 casas decimais...), com o auxílio de **computação em nuvem**, operando 121 dias e usando 25 computadores, que juntos processaram 170 **terabytes** de dados (1 **terabyte** pode armazenar 200 mil músicas...).

Não Importa o quão grande ou pequeno seja um círculo, o comprimento da sua circunferência é sempre igual a π vezes o seu diâmetro. Uma estimativa aproximada do π é o resultado da fração:

$$\frac{355}{113} \cong 3{,}14$$

As fórmulas mais comuns que precisam do π são a área do círculo, cujo raio é **r**, sendo igual a πr^2, a área da superfície de uma esfera $4\pi r^2$ e o volume de uma esfera $\frac{4\pi r^3}{3}$ mas ele também aparece em outros cálculos para corpos redondos, como cone, cilindro, elipsoide etc.

Em inglês, "**pi**" e "***pie***" ("torta") têm o mesmo som, o que deu origem ao costume de as pessoas comerem tortas no **Dia do π**.

Obviamente a matemática tem outros números notáveis, como é o caso do **e** (número exponencial ou número de Euler), cujo valor com 10 casas decimais é 2,718 281 828 4..., a unidade imaginária **i**, que é o número que elevado ao quadrado resulta em **-1**, dando a base para a teoria dos números complexos.

A matemática nos faz pensar muito para entender que qualquer número multiplicado por **zero** (ou "nada") tem como resultado zero, mas nos deixa **perplexo** quando se conceitua (e se explica) que a divisão de qualquer número por zero nos leva a algo indefinido, ilimitado, incomensurável, ou seja, ao **infinito** – uma quantidade impossível de ser determinada o quanto é grande...

Aliás, o símbolo adotado para o infinito é o **∞**, que para alguns é um "oito deitado". Na realidade trata-se de uma curva denominada **lemniscata** (do latim *lemniscus*), que foi descrita pela primeira vez pelo matemático Jakob Bernoulli (1654-1705), um dos mais proeminentes da família Bernoulli.

Bem, depois desse rápido resumo de algumas "maravilhas" da matemática, vamos ver se você, dedicado (a) leitor (a) é capaz de descobrir onde se realizou uma "**operação fraudulenta**" quando foi feita uma demonstração por Alphonsus!!! Ele que se classificou como um matemático e cientista, estava devendo 2 *bitcoins* a uma pessoa, e não tinha em condições de pagar tudo. Aí ele decidiu "inovar" e, no dia do vencimento da dívida foi conversar com a pessoa a quem devia. Ele disse que na ocasião poderia pagar-lhe apenas 1 *bitcoin*, mas, como 2 é igual a 1 (!?!?), a dívida inteira estaria quitada!!!

É claro que a pessoa que deveria receber os dois *bitcoins* ficou boquiaberto e reclamou muito. Foi então que Alphonsus pegou um papel e uma caneta e começou a escrever a sua "explicação" para demonstrar que **2 = 1**. Veja essa explicação na sequência:

- Considere que **x** é igual a **1**, ou seja: $x = 1$
- Multiplique os dois lados por **x**, então você terá: $x^2 = x$
- Subtraia **1** dos dois lados e terá: $x^2 - 1 = x - 1$
- Fatore e obterá: $(x + 1)(x - 1) = x + 1$
- Divida os dois lados por $(x - 1)$, assim terá: $x + 1 = 1$

Assumindo, portanto, que **x** é **1**, conclui-se finalmente que **2 = 1 (!?!?)**

E agora, espantado (a) leitor (a), o que você acha? Com 1 *bitcoin* paga-se a dívida de 2 *bitcoins*?

17ª) MadeiraMadeira

Os irmãos Daniel e Marcelo Scandian fundaram a MadeiraMadeira em Curitiba, em 2009, mas ela só se tornou uma *startup* com a chegada do administrador de empresas Robson Privado, que foi convidado por eles para ser o cofundador!!! No início ela se concentrou na venda de material de construção, e tinha muitos produtos de madeira, o que justifica seu nome. Porém, na medida em que foi expandindo sua atuação a empresa passou a vender produtos de decoração, móveis e diversos outros itens.

A pandemia do *Covid-19* forçou muita gente a ficar mais em casa, especialmente nos anos de 2020 e 2021 (algo que ainda perdurou mais um pouco em 2022), o que acabou impulsionando novos hábitos e novas práticas – entre elas a de investir no lar e promover reformas. Com a necessidade de se trabalhar em casa, muitas moradias se transformaram em *home offices*, o que sem dúvida aqueceu bastante as vendas na MadeiraMadeira, e não passou despercebido pelos investidores...

No início de 2020 a *startup* tinha 600 funcionários e no final dele esse número chegou a 1.300, isto porque as suas vendas aumentaram 120%. Em 7 de janeiro de 2021 a MadeiraMadeira recebeu um aporte de US$ 190 milhões, com o que virou unicórnio. Essa rodada de investimentos foi liderada pelo grupo japonês Soft Bank (que já havia feito um investimento de R$ 110 milhões na empresa em 2019), e pela gestora de fundos de ações Dynamo. Participaram também Flybridge e Monashoes, que já haviam realizado aportes na *startup* em rodadas anteriores, além da Velt Partners, Brasil Capital e Lakewood Capital.

O cofundador e CEO da MadeiraMadeira, Daniel Scandian, comentou: "Em 2020 inauguramos 10 centros de distribuição e 9 lojas físicas. O modelo de negócio que a nossa *startup* desenvolveu está focado em comercializar diretamente o estoque dos fornecedores, reduzindo ao máximo a intermediação e obviamente diminuir nossos custos e permitir que nossos produtos tenham preços atraentes.

Atualmente vendemos cerca de 2 milhões de artigos diferentes, entre produtos próprios e de terceiros que estão disponíveis em nosso *marketplace*. O mercado em que a MadeiraMadeira atua ainda está no começo, e é muito **ineficiente**. O relacionamento entre os fabricantes e os consumidores precisa ser **agilizado**, pois no momento ainda é lento.

Certamente conseguiremos reduzir o tempo de entrega de produtos grandes de duas semanas para cinco dias, ou até em dois, em cidades como São Paulo. Além disso vamos reforçar a marca própria de móveis, aumentar nossa presença física e fazer a aquisição de outras *startups* que permitam incrementar nossos negócios, tornando a MadeiraMadeira **maior, mais sólida, mas ágil e mais competitiva**."

Em 9 de junho de 2021 a MadeiraMadeira adquiriu a empresa de Logística iTrack Brasil que atendia mais de 200 empresas, inclusive a própria MadeiraMadeira. Daniel Scandian explicou: "O transporte de móveis de grande estrutura, como guarda-roupas e sofás, é complexo e exige um processo extremamente diferenciado...

A decisão para adquirir o iTrack Brasil foi tomada para aprimorar e garantir mais **agilidade** nas entregas da MadeiraMadeira. Nós já tínhamos a nossa própria empresa de logística, a Bulkylog, mas com a iTrack haverá sem dúvida um aprimoramento substancial na qualidade e no custo dos nossos serviços logísticos."

BRILHE 22

Vejamos agora como estão as suas habilidades matemáticas para solucionar os seguintes "desafios":

a) Será que na igualdade matemática **1 + 2 + 3 + 4 + 5 + 6 + 7 + 8 + 9 = 45** você consegue, mudando apenas um sinal de adição para um sinal de multiplicação, e acrescentando um par de parênteses, transformá-la em uma outra igualdade cujo resultado seja igual a **100**?

b) Agora você tem 5 min para descobrir onde deve colocar dois sinais de menos **(-)** e um sinal de mais **(+)** para que a sequência **1 2 3 5 6 6 7 8 9** se transforme numa expressão matemática cujo resultado seja igual a **90**!

c) Confiando apenas na rapidez dos seus neurônios, isto é, não utilizando uma calculadora tampouco caneta e papel, faça de cabeça os seguintes cálculos da sequência:

I) Tome o número 1000 e some a ele 40.

II) Acrescente mais 1000.

III) Junte mais 30 e depois mais 1000

IV) Adicione 20

V) Agora somais mais 1000 e finalmente mais 10. Qual é o total?

d) Um vendedor de artesanato vendeu duas peças por R$ 600 cada uma, lucrando com uma delas 20%, mas com a segunda teve prejuízo de 20%. Ele ganhou ou perdeu dinheiro nessa negociação?

e) Essa é para mexer com o seu senso de grandeza ou magnitude!!! Um foguete foi lançado no espaço. A questão é que ele possui um sistema de propulsão que, à medida que o tempo passa, torna-se cada vez mais poderoso, assim, depois de 1s o foguete alcançou **10** m de altura; com 2s, 100 m; com 3s, 1000 m; 4 s, 10.000 m, e assim por diante. Pergunte-se: depois de **quanto tempo** esse foguete estará a **1 trilhão** de metros de altura?

18ª) Hotmart

Hotmart foi fundada em 2011 pelos empreendedores João Pedro Resende e Mateus Bicalho, nascendo graças a percepção de ambos de que os brasileiros estavam predispostos a consumir conteúdo *online* e **pagar por ele**. Isso parece trivial, agora em 2022, porém soava quase utópico em 2011, ou seja, bem antes da popularização de plataformas como a Netflix ou Prime Video, da melhoria da infraestrutura de banda larga e do amplo acesso aos *smartphones*.

Lembrando um pouco da história da *startup*, João Pedro Resende comentou: "A gente apostava que haveria gente talentosa que poderia criar muito conteúdo na Internet, porém obviamente essas pessoas precisariam ser remuneradas. E já no começo de sua existência a Hotmart concordou que os criadores de conteúdo pudessem vender seus arquivos de texto e apresentações pela Internet, porém nos primeiros meses a plataforma não conseguiu faturar praticamente nada...

O ponto de virada do nosso negócio só começou por volta de 2013, quando o consumo de vídeos *online* ganhou bastante espaço. Desde então, produzir e consumir cursos *online* ficou mais fácil e prazeroso, e para a Hotmart isso possibilitou o seu crescimento. Nosso sucesso no mercado de cursos *online* foi também chamando a atenção de investidores que se interessaram em participar da chamada '**economia da paixão**', na qual no lugar de celebridades patrocinadas por grandes marcas, as '**estrelas'** passaram a ser pessoas comuns, mas talentosas, que monetizavam suas habilidades em cursos *online*, dando sugestões para se ganhar dinheiro no mercado de ações, aulas de música, receitas de comidas saudáveis, métodos para se manter em forma física etc."

Bem, se o mercado global de aprendizado *online* arrecadou em 2020 cerca de US$ 110 bilhões, empresas de consultoria especializadas no tema apontam que até 2026 esse faturamento deve chegar a US$ 370 bilhões por ano. Provavelmente foram tais expectativas que facilitaram a rodada de captação de recursos para a Hotmart, que em 30 de março de 2021 obteve um aporte de R$ 735 milhões, tornando-se unicórnio.

Esse investimento foi liderado pelo fundo norte-americano TCV, que já investiu na Netflix e no Airbnb. O sócio da TCV, Neil Teloney, enfatizou: "A Hotmart é hoje uma das maiores plataformas para cursos *online*, sendo essencial que seus criadores de conteúdo em todo o mundo sejam bem-sucedidos, vivendo suas paixões e compartilhando seus conhecimentos com outras pessoas. Por isso, estamos empolgados para satisfazê-los, possibilitando que cada vez mais os empreendedores intelectuais do mundo todo possam realizar seus sonhos." No que se refere a esse aporte, João Pedro Resende destacou: "Estamos muito contentes com as contribuições de todos os nossos investidores.

Desde que começamos, tivemos a oportunidade de aprender muito com a experiência e o apoio de parceiros globais. Claro que essa chegada de novos recursos vai possibilitar que se promova a expansão dos nossos negócios e se tenha um maior desenvolvimento tecnológico da plataforma.

De 2019 para 2020, o volume de nossas transações dobrou e fechamos 2020 com US$ 1 bilhão de vendas na plataforma, tendo 50 milhões de usuários em 185 países. Naturalmente continuaremos a investir em aquisições, porém sempre naquelas que façam sentido para nós. Como aliás fizemos em 10 de março de 2021, ao investir na *startup* Skill Hub, voltada para o mercado de educação corporativa – que se tornou conhecida como uma '**Netflix da carreira**'.

Além disso, se dará atenção especial a expansão internacional, mas mais do que pensar em entrar em novos mercados, o foco é na consolidação onde já estamos. Até o momento, a Hotmart mantém uma sede em Amsterdã (Holanda) e tem 11 escritórios espalhados pelo Brasil, EUA, Espanha, México, Colômbia e França."

19ª) Mercado Bitcoin

Gustavo Chamati sempre sonhou em montar uma empresa inovadora. Então, em 2013, quando tinha 31 anos, ele ficou impressionado com uma matéria que saiu numa revista sobre a *bitcoin*, uma criptomoeda criada em 2008, que permitia transações financeiras sem intermediários e só existia na Internet. Foi então que ele e seu irmão juntaram suas economias e abriram o Mercado Bitcoin, que se tornaria a maior plataforma brasileira de negociação de **ativos digitais**.

Em diversas entrevistas, Gustavo Chimati explicou: "Foram grandes os desafios para que o Mercado Bitcoin progredisse, pois diferentemente do que outras *startups*, estávamos lidando com uma tecnologia sobre a qual não havia quase ninguém que a dominasse e nem algum modelo de negócios que pudéssemos tomar como referência.

Uma das dificuldades iniciais foi que o *bitcoin* foi tachado como criptomoeda, e não como um ativo digital. As pessoas queriam saber se a *bitcoin* era legal ou não, se existia alguma forma de insegurança na tecnologia, se poderia ser hackeado etc.

Nossos primeiros três anos foram muito difíceis, mas finalmente em 2017 ocorreu o *boom* ('explosão'), quando o *bitcoin* teve uma valorização exponencial e num período bem curto, popularizando-se no mundo todo. E aí a base de nossos clientes cresceu muito, sendo que de oito colaboradores passamos a contar com um time de 90 no final de 2017."

Em 2019, os dois irmãos deixaram o comando da Mercado Bitcoin e passaram a integrar o conselho da sua *holding* 2TM, um ecossistema integrado de empresas de tecnologia criado para transformar o futuro da nova economia digital. Em 2020, o Mercado Bitcoin passou a listar sua primeira criptomoeda, a WiBx, sendo que este ativo digital foi criado para ser trocado por produtos e serviços e também negociado em corretoras. Em muitos dias o *bitcoin* não é a criptomoeda mais negociada na plataforma, que opera com mais de 30 ativos digitais [entre eles *lifecoin*, *ethereum*, XRP (*ripple*) etc.]

Em 1º de julho de 2021, graças a um aporte de US$ 200 milhões do fundo japonês Soft Bank, a Mercado Bitcoin se tornou unicórnio, já com um valor de mercado de US$ 2,1 bilhões. Nessa oportunidade já tinha cerca de 3 milhões de clientes e trabalhavam na *startup* mais de 700 pessoas!!!

BRILHE 23

A Estatística foi muito importante na minha vida, pois lecionei muitos milhares de horas essa disciplina em várias IESs importantes, ministrei palestras em muitos eventos realizados por entidades e associações, além de apresentar cursos curtos em centenas de empresas; escrevei mais de uma dezena de livros sobre esse assunto, especialmente conectando-o com o **controle de qualidade de produtos e serviços**.

Em espanhol, estatística se diz ***estadística***, o que serve para lembrar que é uma ciência que ajuda a governar, pois dedicou-se a isso desde a sua criação (descoberta) por John Graunt (1620-1674), no século XVII, focada em questões de interesse do Estado, particularmente quando publicou seu livro *Observações Naturais e Políticas sobre as Listas de Mortalidade*, no qual analisou as tabelas de nascimentos e mortes (com suas causas) em Londres. Nele o autor salientou: "A arte de governar, e a verdadeira política, significam manter os cidadãos em paz e prósperos."

A Estatística evoluiu muito a partir do século XX, desenvolvendo técnicas como coleta de dados e sua organização, interpretação, análise e representação. Nessa sua evolução ela fez um grande uso da teoria das probabilidades – que permite "medir a incerteza" – e principalmente as pessoas a desenvolverem o raciocínio indutivo, ou seja, fazer **inferências** a partir de pequenas amostras (mas representativas) para grandes conjuntos de onde elas vieram, dando assim inclusive a origem das etapas iniciais do controle de qualidade buscado em **inspeções**.

Deve-se lembrar que a **teoria das probabilidades** é um campo da Matemática que estuda experimentos ou fenômenos aleatórios e é através dela que é possível analisar as possibilidades de ocorrência de certos eventos numa escala, variando entre **1 (sempre acontece)** e **0 (não ocorre nunca)**, proporcionando assim um modo para medir os riscos (as incertezas).

A teoria das probabilidades pode ser assim aplicada ao que acontece na nossa vida em muitas situações nas quais assumimos riscos ou precisamos lidar com eles. Um bom exemplo é a decisão sobre fazer ou não um seguro de vida ou proteger algum equipamento ou imóvel com uma apólice.

Hoje em dia, estatísticos eficazes são muito demandados pelas empresas, todavia, o nome atual dessa profissão é "**cientista de dados**". Esses profissionais analisam grandes quantidades de dados (*big data*), extraindo daí proveitosas conclusões sobre as tendências em evolução... Ter porém um talentoso cientista de dados numa empresa brasileira não é uma coisa tão simples, pois poucas são as IESs que oferecem bons cursos de formação nessa área!?!?

Veja na sequência algumas perguntas cujas respostas corretas são obtidas com o auxílio da Estatística e da teoria das probabilidades:

a) Uma família tem um filho cuja altura ao atingir 3 anos é inferior à considerada normal. Isso significa que essa criança corre o risco de ser um "anão de jardim" quando for adulto?

b) Quem está mais propenso a morrer no nascimento, meninos ou meninas?

c) Quem sofre mais com a pressão sanguínea elevada, homens ou mulheres?

d) Em que situação, a prática da corrida (*jogging*) se revela mais perigosa que saudável?

e) Qual é a possibilidade de que meus amigos no futuro me chamem de "quatro olhos"?

f) Para ser completamente montado, um equipamento precisa passar por dez etapas (ou estações). Sabe-se que uma operação distinta será realizada em cada uma delas por um funcionário cuja eficiência no trabalho é de 0,98. Se todos os trabalhadores demonstram o mesmo nível de eficiência, e trabalham de forma independente, qual a probabilidade (ou o índice de confiança) de o equipamento ser construído com perfeição?

g) Se um homem nunca se barbeasse, qual o perigo que isso representaria para sua própria saúde?

20ª) Unico

A Único foi fundada em 2007 pelo empreendedor Diego Martins, com o apoio de Rui Jordão e Paulo Alencastro, inicialmente com o nome de Acesso Digital, oferecendo uma solução no campo da biometria facial e admissão digital. Todavia, somente em 2016 que essa *IDtech* de fato adentrou o mercado da identidade digital, depois que seus fundadores visitaram a Estônia, onde há mais de 20 anos os cidadãos votam, pagam seus impostos e guardam seus históricos pessoais de saúde *online*!!!

De lá para cá, a empresa criou a maior *database* ("base de dados") de biometria facial do País, sendo hoje capaz de reconhecer 91% da população economicamente ativa no Brasil. Mais do que isso: essa base de dados tem múltiplas fotos de cada pessoa, o que diminui muito a margem de erro!!!

Essa solução de biometria facial é o principal produto da *startup*, mas a Único também atua em uma outra frente, tendo uma plataforma destinada aos departamentos de recursos humanos das empresas com o objetivo de **agilizar** a contratação remota de funcionários. Aliás, essa ferramenta foi lançada em 2018 e conta também com o recurso de assinatura eletrônica, sendo que por meio dela já foram viabilizadas até agora cerca de **750 mil admissões**!!!

Deve-se ressaltar que as ferramentas de biometria facial validam e protegem a identidade dos usuários em transações *online*, das compras no *e-commerce* à solicitação de crédito. A Único com esse serviço até o fim do 1º semestre de 2021, impediu mais de 900 mil ações fraudulentas, o que evitou um prejuízo de R$ 28 bilhões para as empresas que recorreram à plataforma.

No dia 3 de agosto de 2021 a *IDtech* Único se tornou unicórnio, após uma rodada de investimentos sob a liderança do Soft Bank e do General Atlantic, com a participação do fundo brasileiro Big Bets e do Micky Malta (sócio do Ribbit Capital) no qual levantou US$ 120 milhões. Aliás, a Soft Bank e o General Atlantic já tinham investido R$ 580 milhões na Único em outubro de 2020.

Antes desse último aporte, em maio de 2021, a Único comprou a Via Nuvem, o que lhe abriu o caminho para a entrada no mercado de concessionárias de automóveis, com a validação digital na venda de carros. E no final de julho de 2021 a *startup* adquiriu a CredDefense, empresa que também atua com soluções de validação de identidade para prevenção de fraudes por meio da biometria facial.

Diego Martins, fundador da Unico, que recebeu com satisfação no início de abril de 2022 o aporte de US$ 100 milhões em investimentos liderados pelo Goldman Sachs Asset Management, um braço do banco norte-americano que agora tem assento no conselho dessa *startup* paulista.

O CEO da Único, Diego Martins, destacou: "Com os novos recursos que recebemos em 2022 vamos criar cada vez mais produtos em torno do conceito de **identidade digital** e o nosso sonho é que as calças não tenham mais bolsos, ou seja, que as pessoas não precisem mais andar com documentos, crachás ou senhas armazenadas no celular. Queremos que as pessoas consigam fazer tudo com a infraestrutura da Único."

OI

A plataforma de *e-commerce* Nuvemshop, que atende micros, pequenas e médios varejistas, comunicou em 17 de agosto de 2021 que recebeu um aporte de US$ 500 milhões em uma rodada liderada pelos fundos Insight Partners e Tiger Global Management, com o que seu valor de mercado chegou a US$ 3,1 bilhões. Assim ela se tornou um "**unicórnio brasileiro**" o que gerou certa polêmica, uma vez que a *startup* foi fundada em 2011 na Argentina. Como a matriz foi transferida para o Brasil, onde trabalha a maioria de seus empregados, passou a ser considerada "nacional". **Um pouco estranho, não é?**

O cofundador da Nuvemshop, Alejandro Vásquez, disse: "Sou um argentino de alma brasileira, e vivo em São Paulo há mais de sete anos. Temos escritórios em Buenos Aires, Cidade do México, São Paulo, Belo Horizonte e Bragança Paulista, sendo que é nas cidades brasileiras que está a maioria dos nossos funcionários." Já o engenheiro Santiago Sosa, também cofundador, relembrou: "Desde o começo do negócio argentino, seguimos uma metodologia que se chamou ***Brasil First***, que priorizava o mercado brasileiro na hora de expandir!!!"

A Nuvemshop é a plataforma de *e-commerce* líder na América Latina, tendo no momento que virou unicórnio 90 mil lojas ativas. Ela integra produtos, pagamentos e envios com diferentes canais de vendas, como Facebook, Instagram, *marketplaces* e lojas físicas, e graças à sua tecnologia consegue se adaptar a cada tipo de negócio de forma diferente.

21ª) Frete.com

Em 2013, o empreendedor Federico Vega criou a Cargo X, uma *startup* especializada em conectar caminhoneiros com transportadoras, que acabou se tornando algo similar ao "**Uber dos fretes**". A empresa foi então evoluindo, mas em 2021 se uniu com a Fretebras e a Frete Pago para se tornar o grupo Frete.com!!!

Esse movimento aconteceu em conjunto com a aporte de US$ 200 milhões que recebeu em 10 de novembro de 2021 liderado pela empresa chinesa de tecnologia Tencent e pelo fundo japonês Soft Bank, que atraiu também investidores relevantes, como o ex-governador da Flórida (EUA) Jeb Bush, e um dos fundadores do Linked In, Reid Hoffman. Com esse aporte a Frete.com atingiu o patamar de unicórnio.

Empolgado com esse progresso, Federico Vega explicou: "Com frentes para intermediação financeira (Frete Pago), encontrar cargas (Fretebras) e para digitalizar as operações (Cargo X), sem dúvida seremos muito mais eficientes. Desde 2019, nosso foco está nas transportadoras. Se elas estiverem mais digitalizadas haverá um impacto positivo para esse mercado.

Os caminhões ainda rodam vazios de 40% a 60% do tempo em que estão nas estradas. Nosso objetivo primordial é garantir que esses profissionais tenham cargas nos trajetos de ida e volta. Até agora a empresa tem um base de 615 mil caminhoneiros, o que representa cerca de 40% de toda a frota do País, e já intermediamos mais de R$ 100 bilhões de pagamentos entre transportadoras e motoristas. Daqui para frente a corrida da Frete.com é para contratar novos funcionários. Desde 2019 a empresa saltou de 400 para 1.300 empregados, mas ao chegarmos no fim de 2022 devemos ter mais de 3.500...".

BRILHE 24

Para se utilizar bem o raciocínio indutivo, que permite fazer inferências é vital saber como lidar com as probabilidades e as estatísticas. Daniel Kahneman, prêmio Nobel de Economia em 2002, disse: "É difícil, mas toda pessoa deveria preocupar-se para saber desenvolver e aplicar em seu dia a dia, e no trabalho, o **raciocínio estatístico**."

Já no livro *O Andar do Bêbado*, seu autor Leonard Mlodinow, um físico norte-americano, declarou: "As pesquisas mostram que, em situações que envolvem o acaso (a aleatoriedade), nossos processos cerebrais costumam ser gravemente deficientes. Aí é vital usar o raciocínio estatístico fundamentado em probabilidades, que se valem de leis e princípios que **governam o acaso**!!!

Os cinco aspectos principais do raciocínio estatístico são:

1º) A evidente insatisfação de ser nivelado pela média, sem que perguntas sejam feitas ou detalhes a respeito da **variabilidade** sejam verificados. Um bom exemplo disso é quando se faz a seguinte indagação: "Se um indivíduo come um frango e o outro não come nenhum, seria certo dizer que, em média, ambos comeram meio frango? **Sim**, porém, o segundo provavelmente está com fome, o primeiro não."

Daí é que surgiu essa ideia de que há três espécies de mentiras: as **mentiras**, as **mentiras descaradas** e as **estatísticas**.

2º) A virtude de estar errado, preferindo o **útil** ao **verdadeiro**. E aí o que acontece é que não são as coisas que **ignoramos** que nos atrapalham, mas as que **conhecemos**, em especial se elas forem **falácias** do tipo:

Os mentirosos respiram rapidamente.

A respiração do Fulano acelerou.

Portanto, Fulano era mentiroso.

Não é bem assim. **Nem todos** os mentirosos respiram rapidamente, e **nem todas** as pessoas que o fazem estão mentindo!!!

3º) O dilema de estar em um mesmo grupo, pois comparações deveriam envolver somente semelhantes.

O que você acha, por exemplo, do conceito de renda *per capita*? Ele explica bem a real situação dos habitantes de uma nação?

4º) E essencial analisar bem a oscilação e a influência do assimétrico, considerando com muita ponderação os dois erros (!!!), como na dúvida entre **prender um inocente** ou **soltar um culpado**!?!?

5º. Não acreditar que algo é **raro demais** para **ser verdadeiro**!!!

O poder do impossível foi bastante calculado depois que ocorreram catástrofes planejadas, como o ataque terrorista em 11 de setembro de 2001, em Nova York, no qual se derrubaram as torres do *World Trade Center*, causando milhares de mortes!!!

O estudo das probabilidades se tornou **importante** (como já foi dito...), pois permitiu a obtenção de respostas para questões do tipo:

- Qual é a probabilidade de você ficar rico de repente, ganhando na loteria?
- Qual é a probabilidade de você chegar no trabalho na hora certa, deslocando-se de carro numa metrópole?
- Qual é a probabilidade de você ter um acidente com o seu automóvel?
- Etc.

Como já foi destacado no livro 1, todas as áreas de atividade humana – do consumo *online* e *offline* às de lazer, passando pelas rotinas de trabalho e o estilo de vida – oferecem dados que podem ser armazenados, cruzados e exaustivamente analisados em busca de informações que políticos, profissionais de *marketing*, do comércio e de instituições de pesquisa usam para tornar essas mesmas atividades mais eficazes.

É hoje isso está sendo feito particularmente pelos cientistas de dados, profissionais que sabem como fazer uso de *big data*, e inclusive podem ser chamados de *numerati*. Eles integram uma elite da ciência da computação, da matemática e da estatística, e estudam os dados coletados sobre outros seres humanos, concentrando-se em analisar todos os nossos passos em busca de padrões comportamentais capazes de prever o que compraremos, em quem votaremos, de quem nos apaixonaremos, que doenças nos afetarão etc. Esses dados incluem desde aspectos corriqueiros até estatísticas personalizadas sobre sexo, alimentação, finanças e até genoma. Todos eles são interpretados visando a identificação de desvios nos padrões.

22ª) CloudWalk

A *startup* foi fundada por Luis Silva em 2013, tendo iniciado suas operações em 2019. Seu objetivo é explorar o nicho do mercado de **maquininhas de cartão**. Após desenvolver sua tecnologia, essa *fintech* apresentou a maquininha Infinite Pay, que se tornou bem atrativa por conta das taxas bem pequenas, menores que as de suas rivais.

Outro nicho em que a *startup* está presente é o das criptomoedas, tendo criado seu próprio ativo digital baseado no real, a *stablecoin* (uma classe diferente de moeda digital, cujo objetivo é oferecer menor volatilidade de preços).

Em 17 de novembro de 2021, após receber um aporte de US$ 150 milhões (e antes em maio do mesmo ano, já foram aportados outros US$ 190 milhões) a *startup* alcançou o patamar de unicórnio. Essa rodada de investimentos foi liderada pelo fundo Coatue, com a participação do DST Global, A-Star, The Hive Brazil, Plug and Play Ventures, Valor Capital, além dos investidores anjo Gokul Rajaram, Larry Fitzgerald e Kelvin Beachum – estes dois últimos jogadores de futebol norte-americano.

O fundador da Cloud Walk, Luis Silva, muito entusiasmado declarou: "Nós recebemos muitos investimentos, o que permitiu crescermos cerca de **5000%** nos últimos dois anos. Vamos crescer ainda mais porque vamos contratar os melhores talentos em tecnologia e adiantar o lançamento de novos produtos. Nosso diferencial está no uso da IA, serviço de nuvem e *blockchain*, o que permitiu reduzir nossos custos e trazer mais **agilidade** para as nossas operações. Estamos competindo com gigantes como Pag Seguro, Stone, Cielo etc., mas com o *blockchain*, há ainda muito a ser explorado e desenvolvido, especialmente para se evitar fraudes."

23ª) Daki

Essa *startup* foi fundada em janeiro de 2021 por Rafael Vasto, Rodrigo Maroja e Alex Bretzner. Seu objetivo era atuar no setor de *delivery*, apostando no conceito de "**varejo local**", posicionando *dark stores* ("lojas ocultas" dos clientes, sem fachadas e sem balcões), localizadas em pontos estratégicos de cidades como São Paulo, Rio de Janeiro, Niterói, Guarulhos, ABC Paulista etc.

Para se diferenciar das concorrentes, especialmente da iFood e Rappi, a Daki levantou a **bandeira verde** – suas entregas são feitas usando apenas **bicicletas**, **elétricas** ou **não**, e sem **plástico nas embalagens**. A *startup* chama seus entregadores de "**parceiros**", considerando-os como MEIs e pagando-os por entrega realizada diretamente no aplicativo.

Em 2 de dezembro de 2021, a Daki recebeu um aporte de US$ 260 milhões, tornando-se unicórnio. Esse aporte ocorreu graças à participação dos fundos Tiger Global, Kaszek Ventures, Monashees, Activant Capital, Balderton, Greycroft , G-Squared, HV Capital, Mirae Asset, Moving Capital entre outros. Essa rodada veio após outro investimento de US$ 170 milhões em 2021.

Muito feliz com o *status* atingido pela Daki em menos de um ano, o cofundador Rafael Vasto, comentou: "Além de escolha e entrega de produtos em até 15 min, a Daki garante ao cliente que ele tem o controle e acompanhamento sobre todo o processo, o que é realizado via aplicativo por *Android* ou *iOS*.

Nos seus estoques a Daki tem em média mil produtos e seu *mix* inclui categorias como mercearia, hortifruti, carnes e congelados, padaria, bebidas, limpeza e farmácia. A plataforma recentemente virou um dos dez *apps* de *delivery*, mais baixados do mercado *mobile* e teve um crescimento de 922% no último trimestre. A meta da Daki é sair das atuais 60 lojas e até o final de 2022 dobrar esse número, bem como atuar em outros Estados."

BRILHE 25

BRILHE 25 - Vamos mexer um pouco com os seus neurônios para que responda as seguintes "provocações" matemáticas:

a) Na tabela abaixo, introduzindo o sinal de uma operação aritmética entre os dois primeiros números de cada fila ou linha (da esquerda para a direita) ou da coluna (de cima para baixo) obtém-se o terceiro?

Qual é essa operação? Qual é o número inteiro que falta na casela com o sinal de interrogação?

6	2	4
2	?	0
4	0	4

b) O que é que deve estar na coluna E da tabela abaixo para que a mesma seja formada de acordo com o mesmo critério que permitiu a estruturação da coluna B, a partir dos números da coluna A; da C, a partir da B; da D, a partir da C etc.?

A	B	C	D	E	F	G
1	3	8	20		112	256
2	5	12	28		144	
3	7	16	36			
4	9	20	44			
5	11	24				
6	13					
7						

c) A igualdade matemática na figura abaixo está errada. Você seria capaz de corrigi-la, usando apenas sinais de pontuação inseridos entre os números?

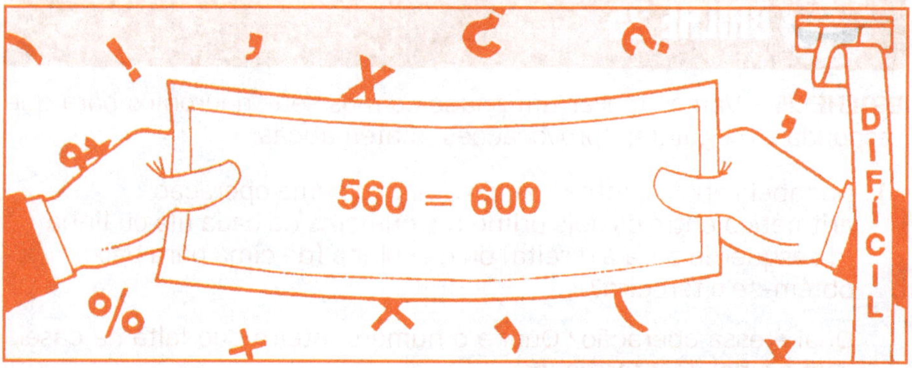

d) Qual é o valor da expressão **P = (x - a) (x - b) (x - c) ... (x - z) ?**

24ª) Merama

Essa *startup* foi fundada por dois sócios brasileiros, Renato Andrade e Guilherme Nosralla, que se conheceram na empresa de consultoria McKinsey, pelo francês Olivier Scialom, pelo norte-americano Sujay Tyle e o mexicano Felipe Delgado, que operam no lado mexicano. Isso significa que ela tem um pé no Brasil e outro no México, ondem ficam suas duas sedes.

A proposta da Merama foi a de criar uma *holding* de marcas de destaque em grandes *marketplaces* da região, como Mercado Livre, Amazon e Magazine Luiza. Por isso, a empresa foi buscar marcas que faturavam pelo menos US$ 1 milhão por ano e comprar mais de 50% do negócio, mantendo os fundadores na gestão!!!

Aproveitando as sinergias entre as operações, investindo dinheiro para ampliar os estoques e usando tecnologia para facilitar os processos, a Merama conseguiu **triplicar** a taxa de conversão de vendas das marcas adquiridas já nos primeiros meses após a transação.

O sucesso da Merama nos seus negócios, e no levantamento de capital, sem dúvida foi o resultado da combinação de um time de fundadores de peso, cuja proposta de negócio já tinha se mostrado bem-sucedida fora do Brasil!!! Em abril de 2021 a Merama captou US$ 160 milhões para financiar suas primeiras aquisições.

Em setembro de 2021, já tendo mais de 20 empresas no seu portfólio e 30 marcas sob seu comando, a *startup* levantou a quantia recorde de US$ 225 milhões liderado pelo Soft Bank e pela Advent. A Globo Ventures também entrou na rodada de investimentos, assim como os investidores anteriores Monashees, Valor Capital, Balderton Capital e Maya Capital.

Finalmente, em 9 de dezembro de 2021, um valor adicional de US$ 60 milhões foi investido pelo Soft Bank e pelo Advent, com o que a avaliação da Merama chegou a US$ 1,2 bilhão!!! O cofundador Renato Andrade comentou: "O nosso negócio acelerou tão rápido que precisamos de mais capital para manter a roda girando!!! E vamos agora ampliar nossa equipe interna de 110 funcionários pelo menos 50% já no início de 2022 para continuar se expandindo."

25ª) Olist

Essa *startup* curitibana atua no segmento de *e-commerce*, com o objetivo de descomplicar para qualquer lojista – *online* ou *offline* – que deseja vender nos principais *e-commerce* do Brasil, tendo sido criada em 2015 por Tiago Dalvi. Ele começou a empreender, ao ajudar seus pais em uma loja de *shopping center*, mas aos 19 anos abriu sua própria loja no *shopping* para ajudar artesãos "que faziam excelentes artigos, mas não sabiam comercializá-los".

Em pouco tempo conseguiu colocar os artesanatos em quase 500 lojas de varejistas para ganhar escala. Ele estudou vários casos norte-americanos, como eBay e Etsy, e transformou seu modelo num *marketplace online*, que chamou de Solidarium, um empreendimento que chegou a ter 15 mil lojistas e 80 mil produtos.

Porém, a concorrência de outros *marketplaces* de maior porte levou Tiago Dalvi a mudar seu modelo de negócio. Foi daí que surgiu em 2015 a Olist, com a ideia de ser a "**maior loja de departamentos dentro das lojas de departamento**". A partir de 2020 a *startup* foi ganhando nova musculatura e criando muitas vantagens para os lojistas, como melhor logística, serviços financeiros e desenvolvimento de uma melhor gestão.

Naturalmente para incrementar o escopo de sua atuação a Olist precisou de mais capital. Isso ocorreu seguidamente em novembro de 2020, quando a *startup* recebeu R$ 300 milhões; em abril de 2021, com um aporte de R$ 144 milhões e o grande montante em 15 de dezembro de 2021, ou seja, US$ 186 milhões, com o que sua avalição no mercado chegou a US$ 1,5 bilhão. Esse último investimento foi liderado pelo fundo Wellington Management, do qual também participaram Soft Bank, Corton Capital, Valor Capital, Goldman Sachs, Globo Ventures e o investidor Kevin Efrusy (que já fez investimentos também no Nubank, Ebanx e Sami).

Tiago Dalvi comentou: "No nosso atual estágio, não temos mais como ficar na dúvida se vamos optar por expansão de produtos ou crescer geograficamente. Claro que no Brasil vamos investir mais em *marketplace* e mais na ferramenta de *e-commerce*, mas o comércio eletrônico permite que a gente olhe para vários lugares. Assim em breve vamos iniciar nossas operações no México, que será a nossa entrada para o mundo, mas esse primeiro país não será de forma alguma o último..."

BRILHE 26

Você sabe por que o riso é importante?

Bem, já existem boas respostas para essa questão e certamente o professor Robert R. Provine, que leciona Psicologia e Neurociência no seu livro *Laughter: A Scientific Investigation* (*"Risada: Uma Investigação Científica"*) expressou boas explicações ao enfatizar: "**O riso é a mais poderosa forma de interação social entre os seres humanos**."

Somos tão racionais e, no entanto, rimos de frases que não tem a menor sombra de humor – muitas vezes isso acontece porque outras pessoas começaram a **rir antes**!?!? Os seres humanos também costumam gargalhar quando alguém lhes faz **cócegas**!!! Mas essas cócegas apenas surtem o efeito esperado – o riso – quando feitas por **pessoas conhecidas**, e ninguém é capaz de rir das cócegas que faz em si mesmo!?!? E aí vai a melhor parte, se homens e mulheres fazem cócegas uns nos outros, **isto é romance na certa**!!!

O mais importante, entretanto, é que cada vez é mais verdadeira a frase: "**Rir é o melhor remédio**", isto é, foram comprovados diversos benefícios das risadas (e principalmente das gargalhadas...) para a saúde (especialmente para se evitar problemas com o coração...).

A minha recomendação é que você, recatado (a) leitor (a), ria gostosa mente pelo menos **25 vezes todos os dias**!!! Tenho a impressão de que isso não ocorre contigo, então, que tal usar essa nossa pausa para rir pelo menos circo vezes após as seguintes "piadinhas":

Infelicidade da velhinha

A velhinha solteirona, virgem aos 84 anos, estava tricotando, com um bichano enroscado em seus pés, quando surgiu na sua frente uma fada que lhe ofereceu a satisfação de três desejos.

— Quero ver você provar que é fada mesmo – disse a velha incrédula.

— Vamos ver, transforme esta cadeira num monte de ouro.

Plim! – fez a fada com a varinha de condão e a cadeira virou ouro.

Aí a velha, toda feliz, pediu:

— Eu quero ser uma jovem bela, sensual, atraente, irresistível.

Plim! – e ela se transformou numa garota sensacional, como pediu à fada.

— Agora, como último desejo, transforme meu fiel gatinho num belo rapaz apaixonado por mim, para completar minha felicidade.

Plim! – e surgiu um rapaz atlético, bonito, bronzeado, com um olhar tentador, que se aproximou da ex-velha e disse, com voz envolvente, mas lamentosa:

— Ah, meu amor, você não deveria ter me mandado ao veterinário quando a gata do vizinho entrou no cio...

Num restaurante em Portugal

Cliente: "Garçom, por favor traga-me uma garrafa de vinho tinto."

Garçom: "Que ano?"

Cliente: "Neste ano! Quero bebê-lo nesse almoço."

No hospital

Na sala de espera de um grande hospital, o médico chega para um senhor muito nervoso e diz:

— Tenho uma péssima notícia para lhe dar. A cirurgia que fizemos na sua mãe...

— Ah, ela não é minha mãe. É minha sogra, doutor!

— Nesse caso, tenho uma boa notícia para lhe dar.

Habilidade para se comunicar

Na rinha de galo, numa cidade do interior, um turista chega perto de um matuto e lhe pergunta:

"Compadre, qual é o bom aí: o galo branco ou o preto?"

Responde o caipira: "O branco".

O visitante aposta todo seu dinheiro no galinho branco, que logo depois é massacrado pelo preto.

Furioso, o turista foi reclamar com o matuto, que respondeu tranquilo: "Uai!... o branco é o bom, o preto é o mau..."

Moral da história – Os mal-entendidos são frequentes nas organizações, por falta de compreensão, principalmente quando se tem uma linguagem ou uma comunicação ambígua nas relações de trabalho.

Recomendação irrefutável

Chefe: "Você está sugerindo que se promova o Soneca?

Eu não acredito, ele é o nosso empregado mais preguiçoso."

Supervisor: "Isso é fato, porém o seu ronco faz com que todos os outros fiquem acordados!!!"

Como é, você deu cinco risadinhas?

26ª) Facily

A *startup* foi criada em abril de 2018 por Diego Dzodan, Luciano Freitas e Vitor Zaninotto, como um *marketplace* social, que permitia que famílias de baixa renda tivessem acesso aos produtos por preços mais acessíveis. Esse aplicativo de compras inclui diversas mercadorias – de alimentos a produtos para *pets* –, com preços menores do que os praticados nos mercados convencionais. As compras são **coletivas**, uma vez que os interessados se juntam em grupos para fazer pedidos maiores e, assim, garantir preços mais "convidativos" com grandes "descontos".

O primeiro aporte foi recebido em novembro de 2021, no valor de US$ 250 milhões. Então, um mês depois – em 23 de dezembro do mesmo ano – a plataforma recebeu um adicional de US$ 135 milhões, e tornou-se unicórnio. A rodada de investimentos foi liderada pelos fundos de capital de risco Goodwater e Prosus, com a participação de Rise Capital, Emerging Variant, Tru Arrow e outros.

Empolgado com o valor de mercado da Facily, o Diego Dzodan comentou: "Nossos modelos de comércio eletrônico são inspirados nos norte-americanos ou europeus. Porém, os chineses descobriram modelos mais interessantes baseados em IA e mensageria. Vimos com o aplicativo chinês We Chat permitiu usar as mensagens entre amigos para fazer pedidos em grupo diretamente aos fabricantes. Ao se cortar os estabelecimentos do varejo como intermediários, é claro que os preços dos produtos ficam menores!!! A Facily tem seu modelo de negócio baseado em três teses.

A primeira tese é focar em consumidores na base da pirâmide econômica brasileira, que estão mais de olho nos preços e estão excluídos do comércio eletrônico tradicional por não terem cartão de crédito ou por acharem o custo do frete proibitivo. A segunda tese é usar tecnologia para eliminar intermediários e conectar fabricantes de alimentos bebidas, eletrônicos e itens de beleza aos seus consumidores finais. A última tese é a de **agregação de demanda** pessoas unidas em grupos fazem pedidos maiores, permitindo economia de escala aos fabricantes.

Vamos dessa forma usar novos recursos para reforçar os investimentos em logística e experiência do cliente, além de desenvolver os planos de expansão em 2022. Hoje já atendemos pessoas que vivem nas nossas 10 maiores cidades: São Paulo, Rio de Janeiro, Belo Horizonte, Brasília, Salvador, Recife, Curitiba, Fortaleza, Porto Alegre e Goiânia, mas vamos chegar a muitas outras."

O fato desagradável com o qual tem convivido a Facily foi o grande número de reclamações dos seus clientes que têm se queixado dos atrasos em entrega e falta de reembolso. Só nos 10 primeiros meses de 2021, a Fundação de Proteção e Defesa do Consumidor de São Paulo recebeu mais de 150 mil queixas, de pessoas insatisfeitas com a *startup*!?!? **Será que ela vai conseguir solucionar esses problemas de qualidade de serviço?**

E uma má notícia para a Facily foi que no 2º trimestre de 2022 a empresa precisou demitir 400 de seus funcionários. Aliás, no 1º semestre de 2022 várias *startups* unicórnios entre elas Quinto Andar, Loft, Olist, Mercado Bitcoin, Ebank, VTEX e outras também precisaram demitir um bom número de funcionários. É muito assustadora essa tendência...

OI

De acordo com um relatório da Distrito para 2022 há pelo menos 22 *startups* candidatas no decorrer do ano a alcançar a categoria de unicórnio. Elas são: A55, Alice, Buser, Conta Azul, Contabilizei, Cora, Cortex, Descomplica, Fazendo Futuro, Isaac, Kovi, Liv Up, Omie, Open Co, Petlove, Pipefy, Shopper, Solinftec, Tembici, Zoop e Warren.

Quais delas se tornarão realmente unicórnios? Você quer escolher algumas, estimado (a) leitor (a)? Essa previsão já não serve para a *fintech* brasileira Neon, que em 14 de fevereiro de 2022 alcançou esse *status*, viu?

CAPÍTULO 7

COMO NÃO FICAR SEDUZIDO PELO SUCESSO E ENTENDER MELHOR OS ERROS OU FRACASSOS

Depois que deixou de ser presidente dos EUA, em 2017, Barack Obama se perguntou: **"O que fazer da vida depois de chegar ao auge da carreira?"** Após refletir sobre essa questão, ele concluiu que deveria dedicar-se a transmitir aos jovens como eles deveriam se comportar para se tornarem **líderes**, num mundo constantemente modificado e impactado pelas enormes **TDs**!!!

Em sua palestra em São Paulo, no *VTEX Day*, ocorrido em 30 de novembro de 2019, Barack Obama destacou: "Por meio da IA, máquinas podem aprender a fazer muitas coisas que hoje são feitas pelos seres humanos. Mas elas não conseguirão substituir duas características de um bom profissional: sua capacidade de **pensar criativamente** e de **trabalhar em equipe**.

Mas o que quero ressaltar é que discordo quando se diz: **'Você teve sorte para obter esse sucesso!'** Hoje, pouquíssimas pessoas conseguem coisas trabalhando sozinhas, apesar de poderem recorrer a tecnologias incríveis!!! Um profissional líder só é bom quando tem uma equipe a altura dele, que o ajude a cumprir suas tarefas.

Há um ditado norte-americano que diz: **'Quanto mais você trabalha, mais sorte tem!!!'** Acredito que só é bem-sucedido quem trabalha arduamente, de forma inteligente e sem medo de se arriscar. Claro que todas as pessoas devem testar antes o que estão procurando colocar no mercado e, no caso de falhas, saber que as cicatrizes por elas provocadas servirão como lições.

Ninguém deve ter medo do **fracasso**!?!? É normal ter medo de falhar, mas isso também encoraja as pessoas a tentarem fazer aquilo que nunca foi feito... Se algo não der certo para você, isto irá prepará-lo para a próxima etapa da jornada!!!

Eu tive a sorte de ter uma mãe incrível, que me dizia que **eu podia ser o que eu quisesse**!!! Também tive avós que cuidaram bem de mim. Não conheci meu pai, e na escola fui uma das poucas crianças de ascendência africana, com o que sentia que sempre tinha que provar algo... Por isso, eu sempre digo, quando você enfrenta dificuldades, use isso como um elemento impulsionador para se esforçar mais ainda, lembrando sempre o *slogan* ("lema") da minha campanha presidencial: *'Yes, we can'* **('Sim, nós podemos')**."

Há mais de uma década, Robert J. Herbold escreveu um livro muito interessante com o título *Seduzido pelo Sucesso* (editora DVS), uma obra dolorosamente sincera sobre as decisões erradas que tomam os criadores de empresas que se tornam **bem-sucedidas**, e levando-as posteriormente à **falência**!!!

Um fato indiscutível é que o sucesso alcançado por uma empresa acaba frequentemente causando nela algumas **vulnerabilidades** nos seus negócios, que **não** são percebidos a tempo de serem corrigidas, e que as direcionam rumo a um **fragoroso fracasso**!!!

BRILHE 27

Ao se consultar o dicionário, encontramos as seguintes definições:

Humor – Capacidade de perceber, apreciar ou expressar o que é **cômico**.

Cômico – O que faz **rir** por ser engraçado.

Rir – Contrair os músculos da face em consequência de achar algo engraçado, alegre ou inusitado.

Riso – Alegria, contentamento, satisfação.

Juntando tudo temos que o **humor** é a capacidade de perceber, apreciar ou expressar o que nos faz contrair os músculos da face para expressar a nossa satisfação, alegria ou contentamento, causando também o riso (ou até uma intensa gargalhada) por termos visto, lido ou ouvido algo engraçado.

Você acha que isso é um cão rindo?

Essa cadeia de acontecimentos se consegue quando se lê ou se escuta, por exemplo, uma piada ou anedota.

Uma piada e um dito engraçado ou espirituoso. Já a anedota pode ser entendida como um relato sucinto de um fato jocoso ou curioso. Aí vão alguns exemplos. Espero que elas façam você rir:

1ª) Joaquim estava saindo pela primeira vez com sua namorada Manoelita. Estavam passeando no carro de Joaquim tarde da noite quando timidamente Manoelita lhe pergunta: "Você gostaria de ver onde me operaram", Joaquim, entusiasmado, responde: "Mas é claro. Isso seria excelente!!!". "Pois bem", disse a moça, "estamos justamente passando em frente do hospital."

2ª) Um sujeito, voltando de uma viagem de negócios, entra em um táxi do aeroporto. Enquanto se dirige para casa ele pergunta ao taxista se ele topa ser testemunha, pois suspeita que sua esposa o está traindo e pretende flagrá-la no ato.

O motorista concorda e, ao chegarem silenciosamente à casa, sobem pé ante pé até o quarto. O marido acende as luzes, arranca o cobertor e lá está a esposa dele na cama com outro cara. O marido coloca a arma na cabaça do homem nu e a esposa grita:

— Não faça isso! Este homem tem sido muito generoso! Eu menti para você quando disse que herdei muito dinheiro. Foi ele que comprou o Hyundai que eu disse que comprei para você, como também a casa de veraneio em Ubatuba e o título de sócio no clube em que você joga tênis.

Perplexo, o marido abaixa a arma, olha para o motorista e pergunta:

— O que você faria?

O motorista responde:

— Cobre ele logo com o cobertor antes que ele pegue um resfriado...

Bill Gates, que foi muito bem-sucedido com a criação da Microsoft, e por um bom tempo foi considerado o homem mais rico do mundo, disse: "O sucesso é um péssimo professor. Ele seduz as pessoas mais espertas e as leva a pensar que são **invencíveis**!?!?"

Segundo Herbold, existem **nove armadilhas** muito perigosas nas quais organização bem-sucedidas – e seus talentosos e criativos gestores – podem "cair", provocando verdadeiras **catástrofes**... Essas **"armadilhas assassinas"** são:

1ª) NEGLIGÊNCIA – MANTENDO UM NEGÓCIO ANTIGO!

Por "modelo de negócio" deve-se entender "o quê" uma empresa desenvolve, e **"como"** ela faz isso!!! A tendência em geral é **não mexer** naquilo que está funcionando, e é justamente aí que começa a **negligência**. Embora uma empresa (em especial uma *startup*) sempre tenha que **inovar**, ou seja, criar novos produtos/serviços e processos, as organizações de grande sucesso habitualmente desenvolvem mais a sua aptidão para **modernizar constantemente** o que já está obtendo sucesso!?!?

Uma boa atitude para se fugir da negligência é observar atentamente como o trabalho é mais bem executado por algum concorrente ameaçador, inclusive colocando em prática o chamado **plágio criativo**. Isso, entretanto, não pode demorar a acontecer.

BRILHE 28

A finalidade da comunicação é fazer com que as pessoas se **entendam**. Mas como demonstrado nessas ilustrações, parece que há muita gente que prefere se desentender. Na realidade as mensagens parecem fazer parte da comunicação **antecipativa difusa** que deixa muitas pessoas bem desorientadas ou confusas.

a)

"Diante da sua decisão de suicídio, dá para você me pagar hoje?"

b)

"É verdade!!! Eu não faço nada. Só sei dar ideias..."

c)

"Além do Dia da Criança, temos que aguentar o Dia do Patrão?"

d)

"Cuidado, dar risadas em hora de trabalho é motivo de demissão por aqui."

e)

SUGESTÕES -> Possíveis | Não viáveis | Estúpidas

f)

"E admitirei que você está certa se você admitir que está errada!!!"

2ª) ORGULHO – PERMITINDO QUE SEUS PRODUTOS/ SERVIÇOS SE TORNEM OBSOLETOS.

Todo empreendedor ou proprietário de uma empresa pode ter **orgulho** do seu produto (serviço) atualmente, mas também pode ter certeza de que ele logo se **tornará inferior** ao de seus concorrentes, caso permaneça inerte e sem melhorias!!!

É por isso que ele deve estar sempre preocupado em não permitir que os competidores superem sua empresa e, por isso, que no mundo dos negócios nada é mais importante do que **criar** continuamente produtos/serviços **singulares** e **diferentes**. A empresa que for a **primeira a oferecer** algo novo numa categoria específica de negócios – como uma nova característica, função ou melhor desempenho que empolga os clientes – pode se tornar **líder no mercado**.

Para alcançar essa condição é fundamental mostrar-se flexível, ou seja, ter a capacidade de **adaptar-se às constantes mudanças** no que precisa ser feito, e atuar com **agilidade na execução do processo**, ou seja, no **modo** como isso será feito. Para não cair na **armadilha do orgulho** é crucial que se tenha uma visão ampla e estratégica das alterações que estejam acontecendo não apenas no que se refere a tecnologias e políticas econômicas, mas também nas necessidades e nos desejos dos próprios clientes. Isso não é nada fácil, pois leva à assunção de riscos, visto que é bem difícil prever corretamente o que irá acontecer no futuro...

3ª) TÉDIO – SENDO FIEL A UMA MARCA BEM-SUCEDIDA QUE SE TORNOU ANTIQUADA E INSÍPIDA.

Alcançar a distinção e a singularidade de uma **marca** e conseguir mantê-la **nova** e **contemporânea** por bastante tempo é uma tarefa árdua, pois uma vez que uma empresa alcança o sucesso com seus produtos (serviços) surge comumente a tendência de **acomodar-se** para desfrutá-lo, permitindo dessa forma que essa marca se torne enfadonha e comum, à medida que as empresas concorrentes evoluem...

É o tédio vigente numa empresa que acaba levando-a geralmente a se "**congelar**", continuando a seguir as mesmas práticas, coletando apenas os lucros, que dessa maneira paulatinamente acabam sumindo... Aliás, o mundo dos negócios está repleto de exemplos de marcas que já foram empolgantes e se tornaram antiquadas e até desapareceram...

Um exemplo típico é o da famosa Kodak, que em sua época dominava o setor de material para máquinas fotográficas, e não quis investir nas máquinas digitais. A empresa não percebeu o quanto os *smartphones* iriam evoluir e no quão fácil se tornaria para as pessoas não apenas fotografarem com eles, até que fosse tarde demais.

4ª) COMPLEXIDADE – IGNORANDO QUE SEUS PROCESSOS DE NEGÓCIOS ESTÃO CADA VEZ MAIS COMPLICADOS.

Pois é, à medida que as empresas crescem, elas acabam caindo na **armadilha da complexidade**, isto é, contratando mais pessoas do que precisam, o que as torna mais burocráticas e complicadas. Então para contornar esse "**embaraço**" elas acabam se reorganizando em pequenos grupos para conseguir um grau maior de **agilidade** e **responsabilidade**!?!?

Mas isso geralmente leva à **fragmentação improdutiva** de processos que deveriam ser seguidos por toda a empresa. A fragmentação dificulta a introdução de mudanças nos **processos essenciais**, pois os "fragmentos" querem conduzir suas atividades de forma independente. Como consequência, nessa situação a implementação de qualquer mudança na empresa fica extremamente difícil, pois ela está **desintegrada**!?!?

Hoje, para se fugir dessa armadilha, valendo-se das tecnologias digitais, o que se procura é substituir onde for possível as pessoas por "**máquinas inteligentes**" e não contratar mais gente, evitando assim qualquer tipo de fragmentação!?!?

BRILHE 29

Você sabe que basta ouvir uma gargalhada para que caia na risada também? Pois é, o riso é "**contagioso**" sim!!!

A causa disso é a ação dos chamados "**neurônios-espelho**", que tendem a copiar o comportamento do nosso interlocutor, isto é, da pessoa que está se esparramando de rir. Acredita-se que são os neurônios-espelho que explicam também por que bocejamos ao ver outra pessoa abrir a boca e nos emocionamos ao ver um filme triste.

Os neurônios-espelho estão ligados à nossa capacidade de compreender o sentimento alheio, imitar gestos e entender significados. Pesquisas recentes comprovaram que os neurônios-espelho não agem apenas ao "ver" um gesto ou "sentir" uma emoção; eles também são acionados por **sons**, ou seja, de outras pessoas rindo, por exemplo!!!

Com isso parece que é absolutamente verdade a expressão: "**Sorria sempre e o mundo inteiro sorrirá com você!!!**" Acredito que com isso está explicado por que todos nós normalmente respondemos com um sorriso involuntário a uma gargalhada, a uma comemoração, ou ainda a alguma situação inusitada.

Mas será que você, comportado (a) leitor (a), esboçará pelo menos um **sorriso simpático** ao observar as ilustrações e analisar as declarações a seguir?

a)

"Meu limite são dois quilômetros: a distância da pizzaria mais próxima."

b)

"Também está sem clientes. Que tal processarmos um ao outro?"

c)

"É, doutor Silva. Sua aposentadoria não causou a comoção esperada."

d)

"Parece que você terá um corte de salário ou se tornará roupeiro de um time de futebol!!!"

e)

"Simplesmente odeio este novo uniforme com código de barras."

f)

"Ele ainda não esqueceu os seus hábitos."

g)

"Harry não pode vir. Mas ele mandou seu laptop..."

h)

"O elevador desligado faz parte do programa de *fitness* dos nossos funcionários..."

i)

"Qual é o oposto de *eureka*?"

j)

"Você chegou ao topo de nossa hierarquia. Poderia pintar o teto?"

Deu para sorrir com a "apreciação" do cômico, sarcástico ou humorístico de algumas das situações mostradas?

5ª) GERENCIAMENTO PROTETOR EXCESSIVO, – LEVANDO A EMPRESA A PERDER AGILIDADE.

De fato, o gerenciamento exagerado – quando a gerente tem demasiado controle sobre sua equipe – acaba levando à falta de **agilidade** numa empresa o que obviamente é bem prejudicial, pois como consequência surge uma **lentidão** para se reagir e implementar depressa as mudanças exigidas.

Para que uma empresa realmente permaneça **ágil**, ela precisa ser capaz de examinar constantemente e oportunamente o que faz e decidir quais atividades devem ser eliminadas e quais precisam ser melhoradas para ter um desempenho superior no futuro.

Um exemplo onde a agilidade é vital e frequentemente **não acontece** é quando se decide pelo encerramento de projetos (ou certos serviços) em andamento dentro da própria empresa, quando os gestores que os conduzem se tornam **protetores** ou **defensores** dos mesmos, temendo que o seu término acabe sendo encarado como um **fracasso**!!!

Assim todos os envolvidos neles preocupam-se com a possibilidade de carregar um estigma de malsucedidos e até de serem demitidos por isso... Daí a tendência, especialmente do gestor de cada projeto, é o de **manter o mesmo a todo custo** (!?!?), blindando-o de críticas e comunicando que está no controle de sua equipe!?!?

BRILHE 30

a)

"Estou sem ação. Esqueci meus cartões de créditos."

b)

"Heureca, querida. Acabo de inventar o golfe."

c)

Livro: "*101 Maneiras de Despedir Alguém*"
"Se fosse você, eu não entraria lá agora."

d)

"Traga o cardápio especial para pequenos homens de negócio."

e)

"Guru, se você é tão esperto, por que ainda não ficou rico?"

f)

"Você só será admitido quando encontrar sua sala sem usar o mapa."

O que você pensa dessas situações curiosas ou embaraçosas?

6ª) MEDIOCRIDADE – TOLERANDO EM DEMASIA O DESEMPENHO FRACO E A POSSIBILIDADE DE QUE FUNCIONÁRIOS MELHORES PERCAM SEU VIGOR E SUA MOTIVAÇÃO.

Lidar com o fraco desempenho de funcionários é algo bem **difícil**. Também é complicado deslocar os empregados para novos cargos existentes, visto que isso implica em prepará-los para que sejam eficientes e ágeis, e existe ainda a crença de que isto pode levar a perder uma pessoa competente que estava nesse posto...

Porém, deixar os funcionários em um mesmo cargo por muito tempo é **ruim**, pois infelizmente um significativo contingente deles acaba acumulando práticas que consideram corretas e não precisam ser mudadas, com o que as suas habilidades para lidar com as mudanças se atrofiam e eles continuam trabalhando como sempre fizeram, de maneira antiga e até obsoleta...

Para evitar a **armadilha da mediocridade**, ou seja, usar inadequadamente os seus colaboradores talentosos ou levar tempo demais para remover alguém que não tem o desempenho conveniente é fundamental que o setor de recursos humanos defina e acompanhe as expectativas de desempenho dos empregados e tenha bons critérios em seus processos de recrutamento para substituir os demitidos de forma eficaz.

7º) APATIA – ENVOLVENDO-SE COM UMA CULTURA DE CONFORTO, INFORMALIDADE E CONFIANÇA.

O sucesso conquistado por uma empresa leva a consequente tendência de se tornar complacente e aí tanto a organização quanto as pessoas que ali trabalham passam a acreditar que têm um talento incrível, que sabem o que estão fazendo, que têm respostas para todas as questões e que **não precisam** mais esforçar-se ou preocupar-se (!?!?) tanto para se manterem competitivas, bem como para não serem superadas pelos concorrentes.

Desse modo, elas perdem o **senso de urgência**, ou seja, a sensibilidade de perceber que as dificuldades podem aparecer a qualquer momento. E aí acabam caindo na **armadilha da apatia** e ingressar na "**emboscada**" do fomento da cultura da aposentadoria precoce, cujas características são a **lentidão**, decisões a partir de demorados consensos, ambiguidade, informalidade, confiança exagerada e falta de comportamento agressivo.

Para não cair na armadilha da apatia a empresa precisa criar uma **cultura ágil e ousada** (!!!), que é crucial para incrementar o excitamento, a energia e as inovações que podem ser geradas.

BRILHE 31

a)

Elaboração de novas obras de arte no Museu Retorno de Arte Moderna.

b)

c)

"Parece que eles não entenderam o que eu disse."

d)

"Suas instruções para chegar até sua casa são perfeitas."

e)

"Não pude resistir. O segundo par era grátis."

f)

"Já estava aposentado. Mas não consigo viver só com a pensão."

g)

O círculo do respeito dentro do intrincado anel governamental.
"É assim que trabalha o sistema."

h)

Decisões numa mesa de negociação dentro da empresa privada.
"Muito bem!!! Parece que ganhamos de 5 a 1."

i)

"Vá lá para baixo e faça todos eles rirem."

O que você acha dessas diversas "manifestações", que podem até ser chamadas de criativas, **não é**?

8ª) TIMIDEZ – NÃO ENFRENTANDO ADEQUADAMENTE CONFLITOS, RIVALIDADES E OPOSITORES.

Como foi dito, à medida que as empresas vão obtendo sucesso e crescendo, elas tendem a se fragmentar em **feudos**. A partir daí os gestores principais costumam cair na **armadilha da timidez**, ao ignorar ou não se intrometer nas típicas brigas internas pelo poder.

Porém, esses gestores não podem ser tímidos e nem ficar paralisados pelos receios. No lugar disso eles precisam ter a **coragem** de remover (ou demitir) as pessoas que não estão dispostas a se alinhar aos propósitos da empresa. Eles precisam estar sempre dispostos (e até ansiosos) para tomar decisões radicais no sentido de manter o clima correto na empresa.

9ª) CONFUSÃO – PROMOVENDO A COMUNICAÇÃO EMPRESARIAL DE FORMA ESQUIZOFRÊNICA.

Frequentemente quando uma empresa alcança o sucesso, seus executivos principais se "distraem" e caem na armadilha de não deixar bem claro "**para onde**" ela está indo!?!? As vezes isso acontece porque nem eles mesmos sabem o rumo ou a melhor estratégia a seguir.

Assim, os funcionários acabam recebendo mensagens confusas e conflitantes e ficando sem saber claramente "**para onde**" a empresa está caminhando ou se ainda consegue progredir. A partir daí, os colaboradores sentem-se vulneráveis e bastante protetores quanto às atividades que realizam. A **acomodação** surge de forma aparentemente invisível e, com o tempo, leva a empresa ao declínio...

Para não cair na **armadilha da confusão** é imprescindível que a comunicação com os funcionários sobre a situação da empresa, os resultados desejados e as expectativas em relação ao futuro sejam comunicadas de forma absolutamente transparente.

A principal lição que o livro de Robert J. Herbold nos proporciona é de que o sucesso alcançado por uma empresa também pode acabar fomentando nela – e de maneira frequente – **a cultura da falta de urgência, de perigosa satisfação, orgulho excessivo e até mesmo de perfeição.** Afinal, se no passado os atos eram considerados corretos, eles sempre estarão corretos no futuro!?!?

Porém, o que uma empresa bem-sucedida **não pode esquecer** é que seus concorrentes a estão observando o tempo todo, ansiosos e famintos para **superá-la**. Para isso elas elaboram planos agressivos e frequentemente imperceptíveis para as empresas que alcançaram sucesso e agora vivem numa certa **inércia**, e assim permitem que seus competidores a tornem irrelevante rapidamente.

Agora é preciso fazer uma reflexão: "É só comentando erros que as pessoas de fato aprendem e podem exibir sua criatividade e chegar a inovações?" Inicialmente vale destacar que, no que se refere às ações governamentais relativas ao combate à pandemia de *Covid-19* – entre 2020 e 2022 –, tomadas não apenas no Brasil, mas em todo o mundo, muitas delas foram consideradas equivocadas e levaram a consequências bastante danosas!?!?

Acredito que isso tenha ficado evidente demais para todos e, nesse ponto do livro, chamo a atenção do (a) leitor (a) para uma das ideias administrativas bastante difundida nessas últimas décadas: "**Cometer erros não deve ser motivo de vergonha!!!**"

Em minha opinião, essa é uma proposição **tola**, **irresponsável** e até **hipócrita**!!! Lamentavelmente, quem colaborou muito para que ela fosse aceita como verdadeira foi Jack Welch (1935-2020), que foi apontado como *o* **mais importante gestor do século XX** pela revista *Fortune*. Ele costumava dizer: "**Aprendi que os erros podem ser um professor tão bom quanto o sucesso!?!?**"

A partir daí, muitos dos principais gestores de empresas espalhadas pelo mundo – indivíduos considerados "**cultos**" – passaram a concordar com esse ponto de vista e a incentivar entre seus funcionários o cometimento de erros. Eles enxergavam nisso uma maneira de eles expressarem sua **criatividade** e **inventividade**!?!?

Assim, quando os funcionários erravam – e geravam grandes prejuízos – eles não eram responsabilizados pelos executivos. Considerava-se na época que esses colaboradores estavam de fato desenvolvendo algum projeto inovador que apenas não estava dando certo naquele momento. Então incentivava-se a continuidade do trabalho, pois todos certamente **aprenderiam com os insucessos**!?!?

É preciso ressaltar que essa onda de "**erros são bons**" começou de fato quando Peter Ferdinand Drucker (19009-2005), o grande guru da administração e "**pai da gestão moderna**", em seu livro *The Practice of Management* (*A Prática da Administração*), lançado em 1951, escreveu

"Quanto melhor um homem, mais erros ele cometeria, pois mais coisas novas ele tentaria fazer. Eu jamais promoveria um homem para um cargo de cúpula se ele não tivesse cometido erros, e grandes erros!!! Caso contrário, teria certeza de que ele seria medíocre e, pior ainda, de que não tendo cometido erros ele não teria aprendido como detectá-los e corrigi-los!?!?"

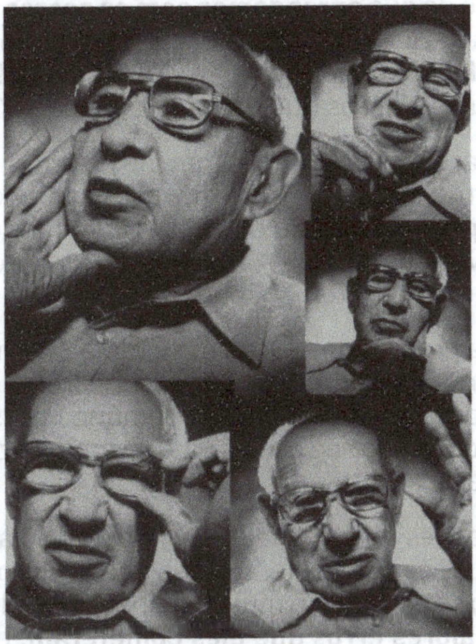

O admirado pensador Peter F. Drucker em vários "momentos" de suas palestras.

A criativa articulista Lucy Kellaway, que durante várias décadas escreveu artigos **provocativos** e **esclarecedores** no famoso jornal britânico *Financial Times*, salientou num deles (em 2008): "O papo de Drucker é brilhante, e o argumento até soa bem. Entretanto, se você pensar melhor a respeito por um momento, e compará-lo com a vida real, descobrirá que **ele está errado**!!!

Em primeiro lugar, cometer muitos erros não é necessariamente um sinal de que o indivíduo está se desenvolvendo e exibindo criatividade. Isso é perfeitamente possível, porém, na realidade, o verdadeiro motivo para alguém '**pisar na bola**' com tanta frequência é o fato de ele ser uma pessoa ignorante e bastante teimosa. Quando penso nos chefes que tive, em especial aqueles que **cometeram mais erros**, o fizeram por estupidez, incompetência e vaidade, não por serem **ousados**!!!

A segunda falácia é de que **aprendemos com os nossos erros**, isso porque não há evidências de que os empresários que falharam pela primeira vez, têm uma **probabilidade maior** de serem bem-sucedidos na segunda ou terceira vez do que os outros que estão começando!?!?

Quanto a mim, quase nunca aprendo com meus erros!!! Mas é justamente isso o que me torna humana. Seja o que for o que me levou a cometer aquele erro pela **primeira vez**, é o que também me tornou propensa a cometê-lo **de novo** e **de novo**!!! A maioria de nós não consegue evitar erros. Nós os cometemos o tempo todo.

O que claramente precisamos é de um sistema que nos proteja de nós mesmos e nos torne mais **cuidadosos**. Isso, porém, não significa que uma pessoa não possa ser criativa ou que nunca possa assumir riscos. **Cautela** e **criatividade** não são exclusivas. Podemos e devemos aprender a lidar com as duas!!!"

Bem, essas afirmações de Lucy Kellaway podem não agradar ao (à) prezado (a) leitor (a), mas vale salientar que se constatou que na maioria dos casos, quando se pergunta a muitos milhares de líderes empresariais quais **foram os maiores erros que eles cometeram, eles só admitiram alguns poucos e, praticamente todos eles sem muita importância!**?!?

Já em relação aos seus grandes fracassos, não apenas os CEOs, mas também os gestores em posição intermediária e os profissionais em geral **não querem falar**, procurando **omitir** ou de fato **mentir** sobre eles!!! E eles fazem isso por vários motivos, dentre os quais não querer manchar sua **reputação** (imagem), passar vergonha ou desagradar outras pessoas. Dois livros interessantes sobre esse tema são *Por que Você Mente e Eu Acredito?*, escritos por Prem Milan, e *Todo Mundo Mente*, de autoria do economista Seth Stephens-Davidowitz – cujo título foi provavelmente inspirado na frase constantemente repetida pelo personagem dr. House, numa série de TV homônima: ***"Everybody lies"***.

Nesse livro Davidowitz enfatizou: "Muito do que pensávamos sobre as pessoas está completamente errado. **E qual é o motivo?** O fato é que todo mundo mente para familiares, amigos, parceiros e sócios. E nesse grupo também estão incluídos os empresários, políticos, advogados, engenheiros, policiais, médicos, artistas, jogadores, epidemiologistas, jornalistas, psicólogos, comunicadores, professores, enfim, todos os que se pode imaginar... Por isso não podemos confiar em ninguém, especialmente nas pessoas que dizem e escrevem na Internet!?!?"

BRILHE 32

Nunca pratique o **humor destrutivo**, uma vez que ele pode um dia ser aplicado a você. Esse é o caso das piadas sobre homens que são traídos por suas mulheres, e passam a ser conhecidos como "**cornos**"!?!? Veja a seguir três relatos de pessoas que acabaram enfrentando tal condição (as vezes por um longo tempo...).

1º) Após casar-se com o Salim, Samira levou para a nova casa um grande baú, pedindo ao marido que respeitasse sua privacidade e **nunca o abrisse**. Então, ao longo dos 50 anos seguintes, e apesar de sua curiosidade, Salim nunca se atreveu a contrariar sua esposa. Porém, quando da comemoração de suas bodas de ouro, ele não aguentou mais e perguntou a Samira o que afinal havia dentro daquele baú. Ela concordou em abri-lo, e dentro dele havia R$ 250 mil e quatro batatas. Confuso, Salim perguntou:

— O que são essas batatas?

E Samira confessou:

— Toda vez que lhe traí coloquei uma batata bem grande no baú.

Salim ficou perplexo ao ouvir aquilo, mas depois de pensar muito respondeu:

— Acho que até posso te perdoar. Afinal, quatro batatas em 50 anos representam uma traição a cada 12,5 anos.

Mas em seguida ele fez uma segunda pergunta:

— E o que significam os R$ 250 mil?

Ao que Samira respondeu:

— É que toda vez que o baú ficava cheio eu vendia as batatas ...

2º) Um sujeito chega no barbeiro e pergunta:

— Em quanto tempo pode me atender?

— Em duas horas – respondeu o barbeiro.

O cliente vai embora e só retorna no dia seguinte, fazendo a mesma pergunta. O barbeiro verifica quem está aguardando e responde:

— Em duas horas e meia.

O homem vai embora e volta no dia seguinte, com a mesma pergunta.

Dessa vez o barbeiro responde:

— Uma hora e meia.

Com essa conversa se repetindo por muitos dias, o barbeiro acaba ficando curioso e pede a um ajudante que siga o sujeito para ele entender "qual é a daquele homem".

Depois de 15 min o ajudante retorna, tentando controlar o riso. Curioso, o barbeiro pergunta:

— E aí, para onde é que ele foi?

E o ajudante responde:

— Encontrar-se com a tua mulher, na tua casa!?!?

3º) Um menino de 8 anos pergunta ao pai:

— Papai, o que é que existe entre as pernas da mamãe?

— O paraíso, meu filho, o paraíso...

O garoto pergunta novamente:

— E o que é que você tem entre as tuas pernas, papai?

— A chave para o paraíso, meu filho.

Depois de refletir por um instante o menino aconselha o pai:

— Papai, uma dica: muda a fechadura, pois o nosso vizinho Ricardão tem uma cópia da sua chave!!!

Por causa dessas e de muitas outras situações semelhantes, os cornos passaram a receber uma série de apelidos bastante criativos, como:

Cebola – Quando vê a mulher com outro, só chora.

Descarado – Aquele que leva chifre e ainda assim desfila para todo lado com a mulher.

Elétrico – Que quando escuta dos outros que ele é corno, diz: "Tô ligado!!!"

Fraterno – O que empresta a mulher para o irmão.

Político – O que só faz promessa, como: "Eu vou matar esse cara!!!"

Você usando a sua imaginação e inspiração poderia citar pelo menos mais cinco classificações para os cornos?

CAPÍTULO 8

OS EMPREENDEDORES DEVEM ENTENDER POR QUE ELES ERRARAM?!?!

Inicialmente é preciso conceituar o termo **"erro"**, algo que certamente nos leva ao **fracasso**!!! Segundo o professor James Reason, especialista britânico em psicologia, que já escreveu bastante sobre o desempenho humano e a prevenção de erros em setores de risco, a definição de erro é: "Fracasso de uma sequência planejada de atividades mentais ou físicas no sentido de alcançar um resultado pretendido, quando ele (o fracasso) não pode ser atribuído ao acaso."

Em geral, julga-se a severidade de um erro pelo resultado, ou seja, pela escala das consequências. Um erro pode ocorrer mesmo quando se tem as melhores informações e as melhores intenções, ou em consequência de descuido ou até mesmo falta de conhecimento.

Algumas pessoas acreditam que um erro também pode ser chamado de **falha**, **engano**, **lapso**, **deslize**, "**mancada**", "**trapalhada**" etc., mas existem diversas diferenças entre todos esses termos, mesmo que elas possam ser consideradas sutis.

Embora possa se dar uma certa fluidez na definição de erro, o que certamente não é um erro é quando há maldade deliberada ou ilicitude envolvida em sua ocorrência. Nesse caso, envereda-se para a **fraude**, **ilegalidade** ou até memos para o **crime**!!!

Para melhorar seu entendimento sobre o erro, veja a seguir algumas frases de pessoas renomadas.

- Otto Eduard Leopold von Bismark (1815-1898), estadista prussiano, que enfatizou: "Os tolos dizem que aprendem com os próprios erros; eu prefiro aprender com os erros dos outros."
- Theodore Roosevelt Jr. (1858-1919), que foi presidente dos EUA, ressaltou: "O único homem que nunca comete erros é aquela que nunca fez coisa alguma."
- Mark Twain alertou: "Algumas pessoas nunca cometem os mesmos erros duas vezes. Descobrem sempre novos erros para cometer."
- Denis Waitley declarou: "Erros são dolorosos quando acontecem, mas é essa coleção de erros que anos mais tarde é chamada de experiência!!!"

O fracasso, por sua vez, está totalmente conectado ao erro (e vice-versa), tendo as seguintes explicações.

- William Somerset Maugham (1874-1965), dramaturgo britânico, disse: "O sucesso geralmente torna as pessoas modestas, amigáveis e tolerantes, enquanto o fracasso as torna ásperas e más."
- Roger Von Oech, criativo autor e orador norte-americano, salientou: "Lembre sempre dos benefícios do fracasso. Primeiro, se você fracassa, aprende o que não funciona; segundo, o fracasso oferece a oportunidade de tentar um novo caminho."
- O pastor norte-americano John Calvin Maxwell destacou: "O fracasso é um evento, não uma pessoa!?!?"

Pois é, parece que o almejado sucesso é alcançado quando se mantém o entusiasmo ao longo de uma série de fracassos.

OI

Quem quiser se envolver mais com esse tema de **"erros"** (e **fracassos**) deve recorrer ao livro da jornalista, oradora e escritora norte-americana Alina Tugend, cujo título é *Sem Medo de Errar – As Vantagens de Estar Enganado*. Nele a autora nos ensina a lidar com os erros e continuar a ser uma pessoa **saudável**, **feliz** e **produtiva**!!!

Outro livro realmente incrível, publicado no Brasil em 2018, é *Arriscando a Própria Pele – Assimetrias Ocultas do Cotidiano*, no qual o autor Nassim Nicholas Taleb, não apenas destaca muitas verdades que nos incomodam, mas enfatiza o quão importante é o indivíduo saber assumir riscos (uma grande virtude), sem jamais se esquecer de que quando a realidade se impõe, ele se verá obrigado a "arriscar sua pele" e, principalmente, a "colocar o 'seu' na reta", como se costuma dizer de maneira cristalina no português informal.

Nesse mesmo livro, Taleb também apresenta a importância de se identificar e "filtrar" as baboseiras e os papos furados que se costuma encontrar por aí, percebendo a diferença entre teoria e prática. Segundo o autor, é preciso saber distinguir conhecimento **verdadeiro** do **cosmético**, e reconhecer se você está no mundo acadêmico ou real!!! Esse é um livro que todos deveriam ler, em especial os empreendedores, particularmente quando suas *startups* enfrentarem **fracassos**, pois isso certamente as forçará a valer-se de sua **resiliência** para **reinventar-se**, e de forma rápida.

E ainda no que se refere a sucesso e fracasso, quando Cass Philipps e Diana Loviglio perceberam que os eventos de tecnologia, em particular nos EUA, estavam se tornando repetitivos e focando **apenas no sucesso**, eles criaram em 2009 a **Fail Con**, uma conferência na qual os empreendedores palestrantes **explicavam o porquê de eles terem falhado**!?!? Aliás, o Brasil – e mais especificamente a cidade de Porto Alegre – sediou em 2012 sua primeira edição do evento.

Vale destacar que apresentar um evento como Fail Con não é uma tarefa nada fácil. São **poucos os empreendedores** que se dispõem a explicar com desenvoltura e sinceridade os motivos pelos quais eles falharam e fecharam suas empresas. Porém, o objetivo principal dos temas abordados nesse evento não era o de compartilhar a ideia de que **"falhar pode ser legal"** (?!?!), uma vez que nunca é, mas sim "constituir um processo de aprendizagem" para aqueles que desejarem empreender!!!

No Brasil, por exemplo, um empreendedor que não temia falar de fracasso foi Robinson Shiba, que entre os seus vários negócios teve churrascaria, casa de cuscuz, choperia, restaurante, *lan house*, loja de roupas infantis etc., mas ficou conhecido nacionalmente pelo sucesso finalmente obtido com a China in Box – que se tornou "**o macarrão mais famoso do Brasil**".

Robinson Shiba criou a China in Box em 1992, que servia comida chinesa em caixinhas e ainda no mesmo ano com os sócios Carlos Sadaki Kaidei e Alexandre Miqui, entre outros, a rede Gendai, especializada em comida japonesa. Em 2008, para gerenciar as duas redes surgiu o grupo TrendFoods, com o que ele se tornou a maior rede de *delivery* de comidas orientais da América Latina.

Durante todos esses anos Robinson Shiba sempre aceitou participar de eventos para contar sua história e incentivar as pessoas a se tornarem empreendedores, sem medo de contar sobre seus fracassos!!! Num desses eventos ele disse: "Sim precisei fechar alguns negócios, pois agi sem um foco. Vendi outros, mas obviamente em todos esses casos eu fui aprendendo e amadurecendo. Sem dúvida o fracasso acaba sendo uma lição importante, mas isso não obriga uma pessoa a desistir do empreendedorismo. Aliás, segundo dados do Sebrae cerca de 65% dos empreendedores que falharam ao voltar a empreender acabam tendo o desempenho desejável.

A mensagem, porém, que eu quero deixar é sobre **'acreditar'**. Eu sempre acreditei muito e, por isso, sempre dei o melhor de mim. Acredito e falo com convicção sobre minhas ideias. Portanto, cada um deve acreditar também com muita fé naquilo que deseja fazer."

Robinson Shiba ficou mais famoso ainda no País depois de participar de um programa de TV chamado *Shark Tank*, no qual ele era um dos "tubarões", ou seja, um dos empresários que escolhia em que empreendimento (s) iniciante (s) investiria!!!

Infelizmente em fevereiro de 2019 Robinson Shiba sofreu um gravíssimo acidente de moto, ficou muito tempo em coma e só saiu do hospital em março de 2021...

OI

Quem quiser ler um livro muito interessante sobre como assimilar e lidar com o **fracasso**, deve recorrer a obra escrita por Leonardo Matos, cujo título é *Quebrei – Guia Politicamente Incorreto do Empreendedorismo*.

Um estudo muito interessante sobre fracassos empresariais foi realizado em 2014 pela professora Kathryn Shan, da Universidade de Stanford (EUA). Nele foram analisados muitos de empreendedores, chegando-se à conclusão de que quanto maior for o número de empresas fundadas por um indivíduo – **mesmo que elas tenham ido à falência** – mais fácil se torna chegar finalmente a um negócio de grande sucesso.

Desses estudos feitos por Kathryn Shan, pode-se concluir que os fracassos anteriores foram **"bons"**, pois no final das contas chegou-se ao sucesso!?!?

Um bom exemplo disso no Brasil foi sem dúvida o empreendedor curitibano Tiago Dalvi, que falhou três vezes antes de criar sua *startup* Olist, que como já foi dito acabou chegando à categoria de unicórnio no final de 2021. Vale lembrar que quando tinha 19 anos, Tiago Dalvi abriu uma loja em um *shopping*, depois uma distribuidora e na terceira tentativa um *site* que aproximava consumidores de vendedores de produtos artesanais, chamado Solidarium. Quando esse último negócio estava perto de quebrar Tiago Dalvi passou pelo programa de aceleração da norte-americana 500 Startups, e aí aprendeu como deveria mudar sua *startup*, que a partir de 2015 passou a ser Olist.

Na época Tiago Dalvi comentou: "O aprendizado oriundo dos equívocos cometidos em cada etapa anterior foi fundamental para chegar aonde estamos agora. Eu já estava '**cansado'** de errar e chorar em cada saída... Empreender é no final das contas um contínuo exercício de humildade e toda vez que algo começa a dar errado é fundamental expor isso para bons amigos e para os mentores."

Infelizmente, em geral os empreendedores **demoram demais** para admitir que seus negócios deram errado!!! Claro que a maioria deles age assim porque se sentem **envergonhados**!!! Eles ficam com muita raiva, sentem-se deprimidos, demonstram falta de esperança e passam a viver um período de "**luto**"!!! A melhor forma de lidar com essas emoções, entretanto, é **antecipar-se** à possibilidade de o negócio falhar, ou seja, antes de essa derrocada começar!!!

Para os especialistas em empreendedorismo, embora o mote **"falhar rápido e falhar com frequência"** soe bonito na teoria, na prática é bem diferente, **pois ninguém gosta de fracassar**!!! Mas entre as lições que se deve aprender daqueles empreendedores que falharam, uma **vital** é que eles sempre tiraram um tempo para **reflexão**, isto é, fazer uma **introspeção** sobre o motivo do fechamento de sua empresa.

Com isso puderam meditar sobre o que aprenderam com o fracasso, para não cometer os mesmos erros na próxima vez!!! Além disso chegaram à conclusão que é fundamental alcançar logo aos resultados que se desejava obter. E se após as diferentes estratégias adotadas eles não surgissem, não deveriam demorar mais para fechar seus negócios, para poder seguir em frente com algo novo... Os criadores ou fundadores das *startups* sempre dizem que procuram dar autonomia aos seus funcionários para que estes assumam riscos e entendam os motivos de seus erros!!! Entretanto, na realidade, poucos deles sabem falar de forma clara sobre o **fracasso** quando este de fato acontece, e um número ainda menor sabe como **tirar lições** dos negócios que **faliram**!!!

Os especialistas nessa área, particularmente os professores de renomadas universidades de todo o mundo identificaram três tipos de falhas: **deslizes** e **equívocos** que podem ser **evitados**; **contratempos** que surgem de situações **complexas** e **imprevisíveis** e **falhas exploratórias** que merecem **encorajamento** como parte do **processo criativo**.

Gestores têm procurado implementar diferentes estratégias para lidar com falhas. Assim, em algumas empresas decidiu-se por manter uma agenda dos deslizes do dia a dia e discutir o que deu errado e porque, pois isso pode revelar oportunidades para aprimorar os processos e melhorar o treinamento de seus funcionários, reduzindo dessa forma a possibilidade de nova ocorrência desses erros.

Porém, para que os funcionários falem sobre o que não deu certo, eles precisam saber que será seguro fazê-lo (!?!?), ou seja, não tenham medo de **ser demitidos** por terem falhado... Certamente, não se ficará sabendo de nada se os funcionários que falarem sobre seus **erros** forem **crucificados**, pois se souberem disso eles irão preferir **ficar quietos, não é?**

Num ambiente em que predomina a **punição** para aqueles que erraram é evidente que poucos vão querer se envolver com experimentos criativos, aos quais estão associados riscos, de **não levarem** a inovações significativas!?!? Por isso, o objetivo primordial deveria ser o de estimular a existência de um ambiente em que fique bem claro que os funcionários que cometeram **erros honestos** ou fizeram **julgamentos errados** não sofrerão nenhuma medida punitiva!!!

Houve uma época em que a farmacêutica Eli Lilly costumava fazer as chamadas "**festas de fracassos**" (!!!) para homenagear os originadores de tratamentos promissores que não deram certo nos testes!?!? Mas posteriormente a companhia percebeu que essa era uma **psicologia motivacional bem fraca**!!!

Acostumados a aprender com a experimentação seus cientistas não gostaram de ver os seus melhores esforços exibidos como fracassos e assim a Eli Lilly deixou de promover a "**festa dos fracassos**". Entretanto, ela continua aplaudindo e estimulando as pessoas que trabalham nela para que não deixem de realizar testes e experimentos que contribuam para **incrementar seus conhecimentos**, **seja comprovando uma teoria** ou **acabando com ela**!?!?

A alta administração da Eli Lilly chegou a seguinte conclusão: "Como empregadora em uma indústria em que a maioria das boas ideias **não resulta** em inovações comercialmente bem-sucedidas, não queremos **rotular** nossos especialistas como fracassados. Queremos, isso sim, que eles permaneçam sempre entusiasmados e otimistas para continuarem a ter novas ideias que queiram transformar em algo real."

Mas o que de fato não se pode admitir são **falhas enormes**, que certamente pode-se incluir na categoria de **fraudes**, como foi por exemplo o caso da *startup* unicórnio de análises clínicas Theranos. Sua fundadora, Elizabeth Holmes, disse um dia: **"Primeiro acham que você é louca e aí, de repente, você muda o mundo!!!**

Pois bem, em 2015, a Theranos alcançou um valor de US$ 9 bilhões. Essa *startup* pretendia oferecer uma grande variedade de exames laboratoriais utilizando apenas **algumas gotas de sangue**, dispensando a coleta de amostras maiores obtidas com agulhas padrão, obtendo delas resultados confiáveis, mas por um **custo muito menor**!!!

Note-se que em 2015, o setor de exames de sangue movimentou cerca de US$ 75 bilhões somente nos EUA. Mas aí no 4º trimestre de 2015 começaram a surgir os primeiros "alertas" que a Theranos **não poderia** cumprir suas promessas. Aliás, a própria Food and Drug Administration (FDA), agência de vigilância sanitária dos EUA, não aprovou os exames feitos pela Theranos e, paralelamente, algumas gigantes do setor farmacêutico começaram a criticar fortemente a tecnologia criada pela *startup*...

Ano após ano isso foi deteriorando a situação da Theranos, cujo valor de mercado em 2017 caiu para US$ 50 milhões, e em 2018 **para zero**!!! Nesse período foram abertos diversos processos contra a Theranos, e Ian Gilbbons, que chegou a ocupar o posto de cientista-chefe da *startup*, e assinou algumas patentes, **suicidou-se** pouco antes de prestar depoimento sobre uma de suas supostas **invenções**!?!?

Num documentário sobre a Theranos, lançado pelo canal HBO em 1o de julho de 2019, "sugere-se" que ele tenha confidenciado para a mulher que nada funcionava direito na *startup* e que fora pressionado a mentir... Não ficou claro até agora se Elizabeth Holmes realmente acreditava que em algum momento a Theranos daria certo, porém, o que ficou evidente é que no seu trabalho de tornar sua *startup* reconhecida, ela "atropelou" as fronteiras da ética!!!

Elizabeth Holmes e Ramesh Balwani, seu antigo namorado e ex-presidente da Theranos, foram processados, embora o processo tenha progredido lentamente. Aliás, em 9 de setembro de 2020, a pedido da Justiça dos EUA, feito pelo juiz Edward Davila, Elizabeth Holmes foi ordenada a passar por uma avaliação psiquiátrica, de forma que o seu julgamento – e o de Balwani – foi transferido para 2021...

Mas em 4 de janeiro de 2022, Elizabeth Holmes (foto abaixo) foi considerada culpada por um júri de conspirar contra seus investidores, enganando-os no período de 2010 a 2015. Essa fraude, perpetrada por Elizabeth Holmes gerou muito interesse, o que motivou a produção de uma minissérie – *The Dropout* (cuja tradução literal é "*Cair Fora*" se bem que a tradução mais comum deveria ser *Desistência*) – que começou a ser exibida no Brasil em abril de 2022.

Elizabeth Holmes enganou muita gente por bastante tempo...

À frente da Theranos, Elizabeth Holmes prometeu uma verdadeira revolução no campo da medicina, tornando-se na época uma das pessoas mais ricas e influentes dos EUA. Porém, depois de gerar nas pessoas um clima de muita incerteza e de descrença numa solução totalmente disruptiva no campo da saúde (!?!?), ela acabou levando muitos investidores a contabilizar enormes perdas nos negócios, tornando-se uma pária dentro do setor e perdendo tudo o que havia conquistado.

RESPOSTAS E SOLUÇÕES PARA OS BRILHE

BRILHE 3

a. Aí vão cinco exemplos:

- Ótimo, sou eu que os omito
- Rir, o breve verbo rir.
- A droga do dote é todo da gorda.
- A mala nada na lama.
- Roda esse corpo, processe a dor!

Aliás, como curiosidade, o maior palíndromo que se conhece é a palavra finlandesa *saippuakivikauppias* (com 19 caracteres), cujo significado é "vendedor de soda cáustica".

b. Começo da sequência

73 + 37 = 110

110 + 11 = 121 (palíndromo na 2ª adição)

121 + 121 = 242 (palíndromo na 3ª adição)

242 + 242 = 484 (palíndromo na 4ª adição)

484 + 484 = 968

968 + 869 = 1837

1837 + 7381 = 9218

9218 + 8129 = 17.347

17347 + 74371 = 92.718

91718 + 81719 = 173.437

Eu parei aí, mas você, esforçado (a) leitor (a), se continuar até a 27ª adição obterá o palíndromo numérico **8 813 200 023 188**. Então não desista, pois só faltam mais **17 adições** para chegar a esse incrível resultado. Isso mostra como a matemática é **maravilhosa** (!?!?), e ainda comprova a sua persistência.

BRILHE 4

a. Inicialmente podia-se usar o círculo com o contorno principal para caracterizar várias expressões...

e em seguida tentar representar algumas nacionalidades.

... e também para representar as seguintes placas de trânsito...

b. Bem, aí vão algumas sugestões em que o círculo é o elemento principal...

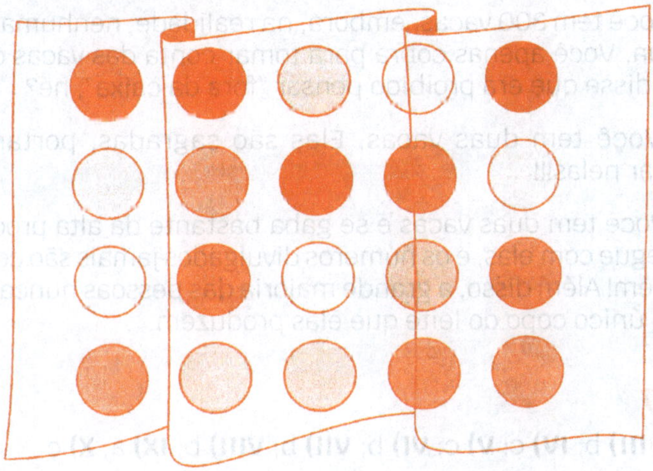

BRILHE 5

Aí vão algumas possíveis "respostas" que provavelmente não coincidem com as suas!!!

Capitalismo tradicional – Você tem duas vacas. Vende uma e compra um touro. Com a procriação seu rebanho cresce e o seu negócio cresce bastante. Você vende o rebanho e se aposenta, bem rico.

EUA – Você tem duas vacas. Vende uma e força a outra a produzir leite de 4 vacas. Fica surpreso quando o animal morre.

França – Você tem duas vacas. Então faz greve porque quer que o governo lhe dê mais uma...

Japão – Você tem duas vacas. Redesenha os animais para que tenham um décimo do tamanho e produzam 20 vezes mais leite que uma vaca normal!!! Depois cria desenhos de vacas chamadas Vaquimon e os vende para o mundo inteiro.

Inglaterra – Você tem duas vacas, mas se desespera quando ambas ficam "loucas".

Suíça – Você tem 300 vacas, embora, na realidade, nenhuma delas seja de fato sua. Você apenas cobra para tomar conta das vacas dos outros. Ninguém disse que era proibido pensar "fora da caixa", né?

Índia – Você tem duas vacas. Elas são sagradas, portanto, ai de quem tocar nelas!!!

China – Você tem duas vacas e se gaba bastante da alta produtividade que consegue com elas, e os números divulgados jamais são contestados por ninguém! Além disso, a grande maioria das pessoas nunca consegue beber um único copo do leite que elas produzem.

BRILHE 7

I) c; **II)** b; **III)** b; **IV)** c; **V)** c; **VI)** b; **VII)** b; **VIII)** b; **IX)** a; **X)** c

BRILHE 8

Aí estão algumas outras possibilidades:

- Fazer transparente.
- Utilizar um material mais opaco.
- Mudar a embalagem.
- Tornar mais frágil.
- Permitir que voe.
- Afiar mais.
- Automatizar.
- Purificar.
- Contaminar.
- Acrescentar mais conforto.
- Tornar portátil.
- Fazer mais curvilíneo.
- Aumentar/diminuir sua velocidade.
- Alterar seu contorno.
- Transformar em um substituto.

Claro que se você ficar estimulado (a) leitor (a), poderá aumentar bastante essa amostra de comandos verbais!!!

BRILHE 9

Aí vão algumas respostas bem suscintas ou resumidas, uma vez que para cada questão seria possível escrever páginas e páginas.

a. O **prazer sexual** é tão importante para nós que se ele não existisse talvez não fôssemos uma espécie tão evoluída!!!

b. Uma **lei severa** como essa não duraria muito tempo. Qual poderia ser o direito que os seres humanos deveriam atribuir a si mesmos para poderem trucidar seus semelhantes?

c. A **boca** é a primeira zona erógena de contato entre duas pessoas, sendo assim, a primeira forma para que elas demonstrem seu amor e sua paixão.

d. Paixão é um sentimento que dá mais vazão a impulsividade e ao encantamento, ou seja, é mais intenso num determinado momento. O amor desponta quando esse sentimento – a **paixão** – amadurece e se transforma numa relação mais estável, com afeto e outras emoções. O amor pode ser definido como a união da paixão à intimidade, mais o compromisso entre duas pessoas.

e. Disseram que a atriz se **suicidou**, mas não dá para acreditar nisso. É bem provável que nunca se descubra quem a matou, mas um fato é indiscutível: na época em que foi divulgado que ela "ingeriu uma grande dose de barbitúrico", a atriz não apresentava qualquer sinal de ter uma personalidade suicida!!!

f. A origem do **agradecimento** é obscura, mas houve um tempo em que quando alguém recebia um favor ou um presente era obrigatório retribuir. Mas como o passar do tempo, tornou-se comum por educação, aquele que prestou um favor responder "**de nada**", o que equivale a algo como "imagine", "não há de quê", isto é, você de modo algum é meu devedor!?!?

g. Não só para fazer suas necessidades, mas também para retocar seu visual, a presença de outra (ou mais amigas) serve para dar opinião sobre "ajustes" necessários na maquiagem. Entretanto a presença dela (s) serve também para ouvir algum desabafo ou comunicar alguma "fofoca".

h. A mitologia e o folclore estão repletos de histórias sobre as propriedades sobrenaturais do reflexo, fornecendo algumas pistas para a origem dessa superstição. Uma delas está associada a Narciso, que se apaixonou pela própria imagem refletida num lago e acabou morrendo de inanição ao passar o resto da vida tentando acariciá-la. Mas há outras explicações, algumas até vinculadas ao vampirismo, uma vez que, supostamente, os vampiros não refletem no espelho pelo fato de não possuírem alma!?!?

BRILHE 12

a. É a girafa, cuja pressão é duas ou três vezes mais alta que a de um ser humano. Aliás, devido à força necessária para bombear o sangue até o topo do pescoço, o coração da girafa é enorme, pesando cerca de 12 kg.

b. O pinguim é a única ave no mundo que sabe nadar, mas não sabe voar!!!

c. Mantendo a hipótese de que o rendimento do Coelho não baixará, ele empatará com o Tartarugão aos 94 m. Quanto aos 6 m restantes, o Coelho continuará a movimentar-se mais rápido que o Tartarugão, e por uma diferença de tempo bem pequena vencerá a corrida no final!!!

d. Para se chegar à solução é preciso "fugir" inicialmente do comportamento estereotipado – o de cortar bolos sempre na vertical –, o que inibe soluções originais. Nesse caso, deverão ser feitos dois cortes verticais, dividindo-se assim o bolo primeiramente em 4 fatias grandes. Posteriormente um terceiro corte deverá ser feito na horizontal, (no meio dele) o que possibilitará ter-se oito pedaços iguais (veja a figura abaixo).

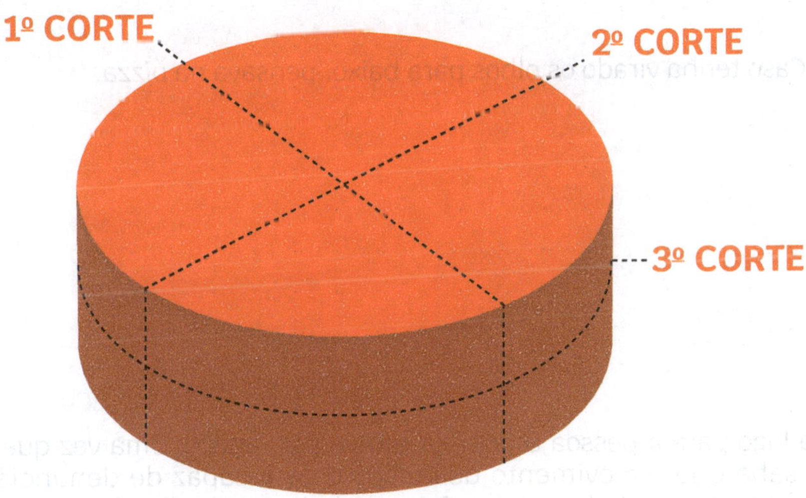

BRILHE 14

Pois bem, aí estão as respostas:

a. Se ela olhou para cima, então estava pensando no pássaro no passeio no bosque.

b. Se olhou para um dos lados, estava pensando no alarme.

c. Caso tenha virado os olhos para baixo, pensava na *pizza*.

Diga logo para a pessoa o que ela estava pensando!!! Uma vez que ela não sabe que o movimento dos olhos dela é capaz de denunciá-la, ficará perplexa pelo fato de você ter descoberto no que ela **realmente estava pensando**!!!

BRILHE 15

a. Aí vão 10 ideias para o presente:

- Oferecer-lhe um buquê com 25 rosas colhidas num jardim público, numa praça...
- Presenteá-la com uma joia obtida implorando uma doação em uma joalheria.
- Encher a casa com bilhetinhos picantes...
- Torcer para chover e convidá-la (o) para um banho na chuva!!!
- Dar-lhe um relógio bem antigo e quebrado para que as horas não passem quando estiverem juntos.
- Oferecer-lhe uma caixa de lenços de papel para enxugar suas lágrimas quando abrir o presente: a minha camiseta usada que ela (ele) mais gosta.
- Uma planta que você mesmo tenha cultivado.
- Um longo cafuné durante toda a noite!!!
- Uma carta inventada projetando um futuro feliz [hoje o ideal seria uma mensagem por WhatsApp, disfarçando o (a) autor (a)].
- Um embrulho vazio com a seguinte mensagem em seu interior: "**Nenhum presente do mundo chega aos seus pés**!?!?"

Se você elaborou 10 sugestões diferentes, parabéns!!!

b. Entre tantas possibilidades, que tal essas?

- Xícara sem alça em cima do pires.
- Verruga grande na ponta do seu dedo!?!?
- Nariz de palhaço com uma pinta no meio.
- Chapéu de casamento, usado pelas mulheres.
- Um cantor careca com uma coroa de flores na cabeça.

Essas ideias podem até lhe parecer meio malucas, mas atendem perfeitamente ao que foi solicitado, não é?

c. Nessa lista tem-se:

- **Panda-gigante** – Caso a fêmea dê cria a gêmeos, ela escolhe só um deles para cuidar. O outro é abandonado sem recursos na floresta, para se virar sozinho ou morrer!!!
- **Hamster** – Em cativeiro, a fêmea sempre dá à luz muitos filhotes. Mas se nos primeiros dias identificar algum tipo de anomalia física ou doença neles, ela os rói vivos com seus dentes incisivos. Ela também age assim quando há falta de comida ou espaço na gaiola.
- **Lebre** – A mãe lebre praticamente abandona os filhotes durante todo o primeiro mês de vida, visitando-os na toca apenas uma vez por dia, e isso durante alguns minutos, para que se alimentem. Ela faz isso porque o local é muito visado por predadores, então ela evita ficar nele muito tempo!?!?
- **Chimpanzé-pigmeu** – Os chimpanzés vivem em um sistema de matriarcado, assim a "melhor maneira" de o macho se impor é ameaçando o futuro do bando inteiro, com o que não raro ele despedaça os próprios filhotes, devorando-os diante da fêmea. Aliás, de vez em quando, as fêmeas também cometem infanticídio...
- **Coala** – De fato, coalas não gostam da aproximação de ninguém. Nem mesmo de seus "familiares"!!! As mães, por exemplo, expulsam os próprios filhotes das árvores com chutes e mordidas, assim que eles completam 1 ano (!!!) com o que eles têm que sobreviver por conta própria.

BRILHE 16

a. Os cães são:
1 – Capeto; 2 – Emir; 3 – Hércules; 4 – Shadow; 5 – Tufão

b. Bem, uma possibilidade seria pegar a folha que vai na mão esquerda e amassá-la bastante até que fique com o formato de uma bola. Naturalmente, se você soltá-la ela irá para o chão bem mais depressa que a outra folha na mão direita. Aliás, esta segunda flutuará no ar, caindo aleatoriamente em algum lugar....

Claro que existem outras possibilidades para se conseguir o mesmo resultado, como fazer um "aviãozinho" de papel" e soltá-lo na vertical com a mão esquerda!!!

Mas e você, criativo (a) leitor (a), consegue pensar em outras maneiras de fazê-lo?

c. Você deve ter descoberto que 14 foi multiplicado por 3 para se ter 42. Esse número foi então multiplicado por 4 para se chegar a 168, que por sua vez foi multiplicado por 5 para se obter 840. Depois o fator foi 6 e assim se obteve 5040, que multiplicado po 7 resultou em 35.780. Este número, multiplicado por 8 resultou em 282.240. Finalmente chega-se à resposta multiplicando o resultado anterior por 9 e chegando a 2.540.160.

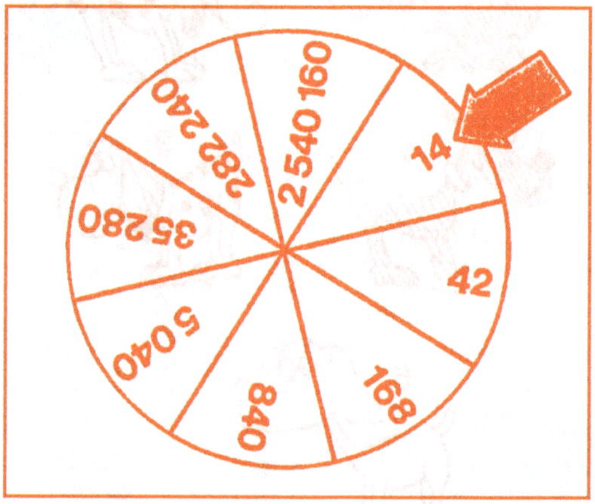

d. O caminho desconhecido está indicado no desenho abaixo:

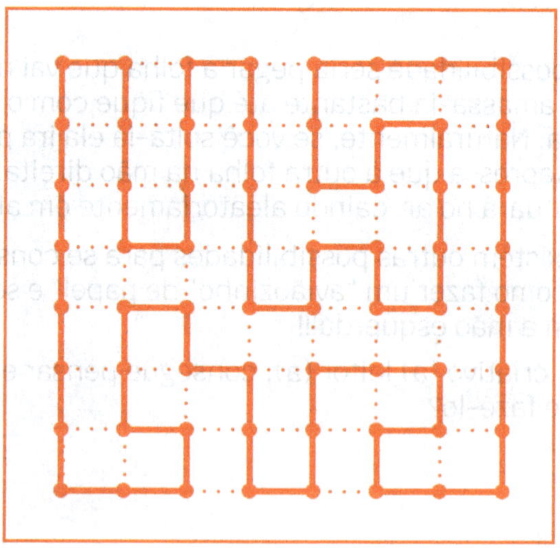

BRILHE 17

a. Todas as três têm o mesmo comprimento. São os diferentes ângulos que fazem com que as três linhas horizontais pareçam desiguais.

b. F, pois o seu bigode difere de B e G.

c. É a C, pois essa espiral está no sentido contrário aos ponteiros do relógio, deferentemente de todas as demais, ao se "fechar" de fora para dentro.

d. A resposta é a D, pois os três quadrados formam quatro triângulos:

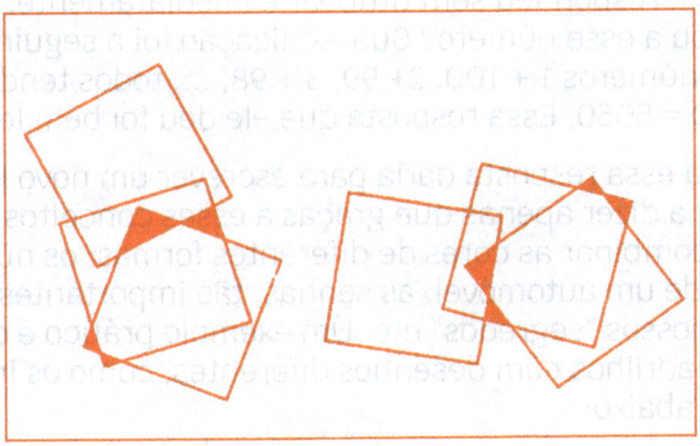

e. Não, são do mesmo comprimento, e você pode verificar com uma régua!!!

BRILHE 18

a. Bem, a resposta está em saber somar os termos de uma progressão geométrica. O primeiro termo é 2^0, e o último é 2^{63}, tendo razão 2. Esta soma dá um número "monstruoso", de 20 dígitos. A resposta precisa é: 18.446.744.073.709.551.615 grãos, ou seja, aproximadamente 18 trilhões de toneladas, uma quantidade muito maior (mas muito maior mesmo) do que toda a produção anual de grãos do Brasil.

Mexa-se um pouco e descubra qual foi essa produção no País em milhões de toneladas no último ano. Hoje, qualquer jovem que termine o ensino médio com proficiência deveria chegar a essa conclusão, não é?

b. Naturalmente isso depende da condição econômica do casal. Considerando o fato de tratar-se de uma criança de pelo menos 10 anos, ela precisa receber alimento, vestimenta, instrução formal, transporte, entretenimento e acesso à saúde. Se tais custos forem todos somados, o valor mensal chegará facilmente a um (ou vários) salário (s) mínimo (s).

Pois é, ter filhos significa não apenas responsabilizar-se por eles, mas também saber o quanto se irá gastar com eles, valores que fazem com que as famílias sejam cada vez menores!!!

c. Aqui vale a pena recordar com o genial menino Carl Gauss, com apenas 7 anos, em 1777, vivendo na Alemanha, na cidade de Brunswick, respondeu sem titubear e imediatamente: **5050**. Como ele chegou a esse número? Sua explicação foi a seguinte: "São 50 pares de números 1 + 100, 2+ 99, 3 + 98, ..., todos tendo soma 101, e 101 x 50 = 5050. Essa resposta que ele deu foi bem legal, não é?

Bem, para essa resposta daria para escrever um novo livro vou me restringir a dizer apenas que graças a esses conceitos tornou-se possível combinar as cores de diferentes formas; os números da placa de um automóvel; as senhas, tão importantes para se guardar nossos "segredos" etc. Um exemplo prático é como se pode ter ladrilhos com desenhos diferentes, como os indicados na figura abaixo:

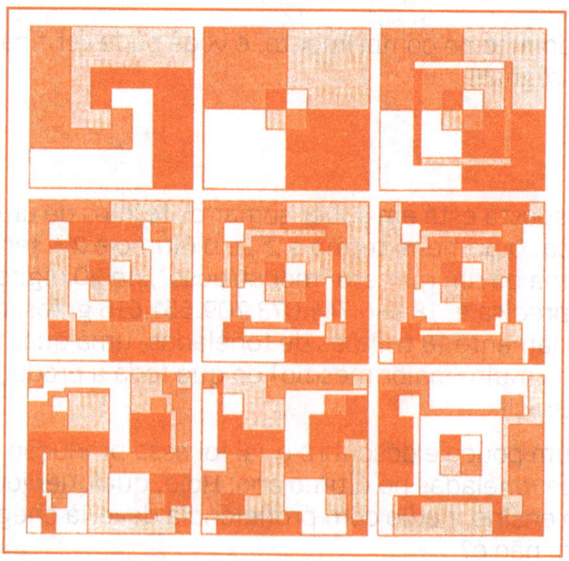

BRILHE 19

Evidentemente não daremos as respostas detalhadas, pois isso cabe ao (à) diligente leitor (a) conseguir, mas indico ao menos um motivo, como sendo a pista principal para se chegar a uma explicação convincente:

- O **bocejo** é um sinal causado por um reflexo involuntário de que o corpo necessita de sono!!! Uma vez iniciado o bocejo, é quase **impossível** interrompê-lo.

- As **cócegas** estão relacionadas à reação do organismo a situações de medo e pânico. É por isso que as cócegas geralmente se manifestam por meio de **risadas desconfortáveis**.

- O **soluço** é uma contração involuntária do diafragma – músculo que separa o tórax do abdome, localizado logo abaixo do pulmão. Esse músculo, responsável pelo controle da respiração, é acionado pelo chamado **nervo frênico**, também relacionado com o soluço.

- Na realidade, o choque elétrico é um engano dos nossos sentidos, conhecido como **parestesia**. Essa expressão é usada para designar qualquer tipo de sensação não causada por estímulos externos, como picadas, queimaduras ou dores.

- O fenômeno da **gagueira** tem sempre **implicações psicológicas**, mesmo que haja também algum problema físico. Em geral, quando a criança tem cerca de dois a três anos e está aprendendo a falar, ela gagueja naturalmente.

- Mesmo quando o nosso corpo está imobilizado durante o sono, nosso sistema nervoso continua enviando **impulsos elétricos** para os músculos, mantendo-os **tensos**. Quando ficamos em uma mesma postura por muito tempo, uma parte dos músculos se ressente por estarem alargados ou contraídos demais e aí surgem as câimbras. As câimbras também são causadas pela prática de esportes ou por determinadas atividades de forma exagerada.

- O **fenômeno do ronco** é provocado pela vibração de alguns tecidos por onde o ar passa quando respiramos. O ruído mais frequente é causado pela passagem do ar na **parte mole do palato** ("céu da boca") e na **úvula** (campainha, dentro da cavidade bucal).

- Nós **tossimos** para **eliminar substâncias estranhas** das vias respiratórias e dos pulmões. A tosse é uma expulsão ruidosa do ar pela boca, causada por uma contração súbita do diafragma.
- **Emoções fortes**, como por exemplo, um susto, fazem as glândulas adrenais (localizadas na parte superior dos rins) liberar adrenalina. Essa substância entra na corrente sanguínea e prepara o organismo para enfrentar a situação emotiva e, especificamente no coração, ela provoca o aumento dos batimentos.
- O **suor** é a forma mais rápida e eficiente de controlar a temperatura interna do nosso organismo, que precisa ser mantida próxima de 36,5°C para que nos sintamos bem. Acima dos 45°C o calor começa a matar algumas células e "cozinhar" os órgãos internos.
- Tudo não passa de uma coincidência. Na verdade, isso não tem nada a ver com o **sono**!?!? Os olhos costumam coçar no fim do dia, depois de terem **ficado abertos por várias horas**. Além disso, quando estamos cansados, diminuímos o ritmo das piscadas, o que deixa os olhos menos lubrificados.
- Pode até **parecer que sim**, ou seja, que os homens são mais flatulentos que as mulheres, pois eles transformaram essa necessidade biológica em diversão!?!? Mas na verdade não existe diferença no aparelho digestivo dos dois sexos.
- O número de horas que uma pessoa pode ficar **sem dormir** varia bastante, sendo difícil de ser avaliado cientificamente. No livro de recordes, o máximo alcançado foi de 164 h.
- Não é ler um livro que dá sono, mas sim as substâncias químicas que agem no corpo. Uma delas é a **adenasina**, que se acumula ao longo do dia. Quanto mais adenasina, mais sono sentimos!!!
- Em 1900, o psicólogo austríaco Sigmund Schlomo Freud (1856-1939) causou uma revolução no estudo da mente ao publicar *A Interpretação dos Sonhos*. Neste livro o pai da psicanálise contestava a noção bíblica de que os sonhos eram fenômenos sobrenaturais, dizendo que derivavam da **psique humana**. Decifrá-los, portanto, seria a chave para estimular o que se passa dentro da nossa cachola.

Bem, estimado(a) leitor(a), essas curtas respostas foram apenas o início para se chegar às explicações mais amplas, **não é**?

BRILHE 20

a. A tampa quadrada poderia cair no buraco, mas não a tampa circular!!! Isso ocorre porque a diagonal de um quadrado é $a\sqrt{2}$, ou seja, 1,4142 vezes o seu lado **a**. Assim, se alguém segurar essa tampa quadrada quase verticalmente e virá-la um pouco para baixo, ela cairá facilmente pelo buraco quadrado, cuja diagonal mede $a\sqrt{2}$.

O círculo, por outro lado, tem o mesmo diâmetro em todas as direções, e a pequena reentrância na parte inferior da tampa impede-a de cair....

Claro que há outras justificativas!!!

b. Comece enchendo os dois baldes. Claro que se você tivesse uma visão supergraduada poderia separar a olho exatamente 1 litro do balde maior e com isso se resolveria o problema, mas isso é coisa para o Superman, que não é obviamente o seu caso. Você então vai ter de aplicar o raciocínio de retirar e subtrair. Assim, jogue fora toda a água que recolheu no seu balde de 3 litros e em seguida despeje nele a água que tem no balde 5 litros. Claro, faça isso com muito cuidado para não derramar nem um pouco fora do balde, e aí você terá no balde de 5 litros somente 2 litros de água.

Agora esvazie novamente o balde com 3 litros de água e então despeje nele os 2 litros que restavam no balde de 5 litros. A seguir o que você tem de fazer é encher novamente o balde de 5 litros até a borda. Finalmente, com cuidado, despeje uma parte dessa água no balde de 3 litros, que já tem 2 litros de água, preenchendo-o até a borda. Nessa operação retira-se exatamente 1 litro do balde maior, deixando-o finalmente como se queria, com **4 litros de água**!!!

c. Uma possível resposta que deixaria o entrevistador espantado é se você lhe dissesse: "Vou transportar esse avião a jato até um porta-aviões ou a uma outra embarcação grande o suficiente para acomodá-lo. Aí, com o avião colocado nesse navio, faz-se uma marca na quilha da mesma indicando o nível da água. Claro que quando se remove o avião a embarcação sobe. Aí iria encher a embarcação com itens de peso conhecido, como por exemplo muitos sacos de arroz de 50 kg, até que ela afunde exatamente até a linha que se marcou na quilha. O peso total de todos esses sacos seria o mesmo que o do avião, com uma diferença mínima, **não é**?

BRILHE 21

Certamente que não!!!

Você deveria ter percebido que está sendo ludibriado escandalosamente nessa demonstração, pois se x = 1, então x – 1 = 0 e **não é possível dividir nada por zero**, pois o resultado é infinito (∞), como foi comentado antes, e, portanto, o matemático e cientista Alphonsus é, além de tudo, **um larápio e manipulador numérico**!!!

BRILHE 22

a. Aí vai a resposta: 1 + 2 + 3 + 4 + 5 + 6 + 7 + (8 x 9) = 100

   Foi fácil, não é?

b. 123 – 56 – 67 + 89 = 90

c. Quanto foi que você disse que é a soma final?

   Eu utilizei essa "brincadeira" em muitas palestras que ministrei e posso dizer que 95% dos que "gritavam" a resposta erravam dizendo que o total era 5000, quando na realidade é 4100!!!

   O motivo disso dependia da forma como se apresentava a sequência de adições e várias outras coisas que vou deixar de comentar...

d. Com a peça que ela vendeu com 20% de lucro, isso indica que ela lhe custou R$ 500. Já a peça que lhe deu prejuízo de 20% foi comprada por R$ 750. Assim, como no total o vendedor gastou R$ 1250 para adquiri-las, mas recuperou apenas R$ 1200, acabou perdendo R$ 50!?!?

e. Após 12s, pois se está a 10^1m após 1s; 10^2m após 2s; 10^3m após 3s, seguindo essa lei de formação se estará a uma altura de 10^{12}=1.000.000.000.000 m ou seja, a 1 trilhão de metros.

BRILHE 23

a. Alguns estudos comprovaram que existe uma boa correlação entre a altura aos 3 anos e a que se terá quando adulto. Pode-se calcular a mesma com boa precisão multiplicando a altura da criança de 3 anos por 1,87, se for menino, e por 1,73, se for menina.

b. Pesquisas indicaram que os meninos têm um risco maior, ou seja, de 25% a 30% de morrer na hora do parto!?!?

c. Levantamentos recentes feitos em alguns hospitais mostraram que as mulheres são as que têm mais problemas com pressão alta, ao contrário do que se poderia imaginar... Os homens, contudo, morrem mais frequentemente devido aos danos provocados pela pressão alta.

d. Correr sistematicamente em áreas urbanas, onde o ar é poluído, é frequentemente mais prejudicial para a saúde do que o benefício do próprio exercício físico no seu todo.

e. É muito grande, ou seja, algo em torno de 52%, sendo que mais mulheres (58%) do que homens (46%) usarão óculos como uma necessidade.

f. Um equipamento sai perfeito quando passa por todas as etapas com 0,98 de "perfeição" em cada uma delas, com o que essa probabilidade é:

$$0{,}98.0{,}98.0{,}98.0{,}98.0{,}98.0{,}98.0{,}98.0{,}98.0{,}98.0{,}98 = 0{,}98^{10} = 0{,}817$$

Isso significa que 81,7% dos equipamentos produzidos foram corretamente, mas 18,3% deles têm ao menos um defeito.

g. De fato, o maior perigo seria para aqueles que deparassem com o tal "monstro"...

O fato é que se alguém não fizesse a barba, de fato economizaria algo em torno de 3.350 h de sua vida. Porém, em contrapartida, essa pessoa teria grandes dificuldades para andar sem se machucar e/ou tropeçar numa barba de 10 m de comprimento!!! Também não se pode esquecer do peso dessa barba, que aumentaria em 1 kg a cada 20 anos...

Como se pode perceber, essa não é uma boa prática, como exaltam todos os profissionais ligados à venda de lâminas para barbear...

BRILHE 25

a. A operação é subtração e o número é o 2.

b. Na coluna E devem estar de cima para baixo os números 48, 64 e 80. Você obviamente percebeu que a lei de formação é a soma de dois números consecutivos da coluna anterior, que geram o novo número na coluna seguinte, não é?

c. Basta inserir da seguinte forma: 5:60 = 6:00, pois essa é a maneira de indicar as horas, ou seja, 5 h 60 min à esquerda, e como 60 min é igual a 1 h, tem-se à direita 6 h.

d. Obviamente se for mantida a lei de formação dos fatores binomiais, ter-se-ia na expressão matemática o termo (x-x), que é igual a zero. Isso torna toda a expressão nula, isto é: P = 0

BRILHE 32

- **Atrevido** – Aquele que se mete na conversa da mulher com o Ricardão.
- **Burro** – Aquele que segue a mulher o **tempo todo** e **quando a flagra** saindo do motel com o Ricardão exclama: "Eu não entendo!!!"
- **Manso** – O que evita qualquer confusão com o Ricardão.
- **Masoquista** – Que leva chifre e não larga a mulher.
- **Crente** – Que sempre crê que a mulher é honesta.

Você consegue se lembrar de outros apelidos para inserir nessa lista?

No decorrer da mais importante exposição de livros dos EUA, ou seja, na Book Expo America, de 2013, em Nova York, tive o prazer de receber o autógrafo da 2ª pessoa a pisar na Lua em 1969, o astronauta Edwin Eugene Aldrin Jr., ou simplesmente Buzz Aldrin, que estava lançando o seu livro *Mission to Mars* no qual escreveu o que devia ser feito para que o ser humano pudesse se estabelecer no planeta Marte até 2035.

Já se passaram 9 anos e algumas coisas nesse sentido emergiram como o oferecimento de turismo no espaço por empreendedores biliónários como Elon Musk, Jeff Bezos e Richard Branson. E o próprio Elon Musk está agilizando projetos para que se tenha um pouso tripulado em Marte ("o planeta vermelhor") até 2026...

www.dvseditora.com.br